Mécanique classique et chaos

Livre 1 de La physique à partir de l'émanation maximale de l'information , une série de sept livres sur la physique.

Mécanique classique et chaos

par

Stephen Winters-Hilt

ISBN 979-8-9888160-4-1

Éditions Golden Tao
Angel Fire, Nouveau-Mexique
Etats-Unis

Dévouement

Ce livre est dédié à ma famille qui m'a aidé sur ce long chemin de découverte : Cindy, Nathaniel, Zachary, Sybil, Eric, Joshua, Teresa, Steffen, Hannah, Anders, Angelo, John et Susan.

Dévouement

Ce livre est dédié à ma famille qui m'a aidé sur ce long chemin de découverte : Cindy, Nathaniel, Zachary, Sybil, Eric, Joshua, Teresa, Steffen, Hannah, Anders, Angelo, John et Susan.

Contenu

Préface à la série Traduction de Physique sur :
  La physique à partir de l'émanation maximale de l'information

Pour le tome n°1, sur :
  Mécanique classique et chaos

Ce livre a été traduit de la version anglaise à l'aide de Google Translate par l'auteur et ses fils Nathaniel Winters-Hilt et Zachary Winters-Hilt. Les efforts de validation de la traduction consistaient principalement à retraduire vers l'anglais et à vérifier la cohérence. Google Translate fait un travail remarquablement bon, comme vous le verrez. Notez que la traduction décale la pagination, ce qui nécessite d'ajuster la table des matières en conséquence, et cela a été fait. Cependant, l'index avec ses références de pages n'a pas été corrigé, donc la pagination qui y est indexée (par rapport à la version originale anglaise) sera décalée d'un petit nombre de pages dans la version traduite.

La physique à partir de l'émanation maximale de l'information

> "La route continue sans cesse
> depuis la porte où elle a commencé. Maintenant, la route est
> loin devant, et je dois la suivre, si je peux, la poursuivant d'un
> pied impatient, jusqu'à ce qu'elle rejoigne un chemin plus
> large où se rencontrent de nombreux chemins et courses. .Et
> où alors ? Je ne peux pas dire"
>
> **- JRR Tolkien, La Communauté de l'Anneau**

Variation, propagation et émanation

Il s'agit d'une série de sept livres sur la physique qui commence par la mécanique classique (livre 1 [46]), puis la théorie classique des champs, comme l'électromagnétisme (livre 2 [40]), puis la dynamique des variétés, comme la relativité générale (livre 3 [41]).). Le passage à une description de la mécanique quantique est donné dans le Livre 4 [42], et à une théorie quantique des champs, QED en particulier, dans le Livre 5 [43]. Une « théorie de la variété quantique » serait la prochaine étape évidente, sauf que cela ne peut pas être fait (il n'existe pas de théorie des champs renormalisable pour la gravitation). Au lieu de cela, une théorie des variétés quantiques thermiques est considérée, ainsi que la thermodynamique des trous noirs en général, dans le livre 6 [44]. Le livre 7 [45] décrit une nouvelle théorie, la théorie de l'émanateur, qui fournit une construction mathématique plus profonde qui sous-tend la théorie quantique, tout comme la théorie quantique peut s'avérer fournir une construction mathématique plus profonde (complexifiée) basée sur la théorie classique.

Il s'agit d'une exposition moderne où les subtilités de la théorie du chaos sont décrites dans le livre 1, de l'invariance de Lorentz dans le livre 2, des dérivés covariants (relativité générale) et des dérivés covariants de jauge (théorie des champs de Yang-Mills) dans le livre 3. Le livre 4 sur la mécanique quantique fournit une revue approfondie de la gestion de la qualité, puis considère une analyse auto-adjointe complète de la solution relativiste générale complète au système de chute de coque sphérique (un résultat repris du livre 3). Le livre 5 examine les bases de QFT en détail, ainsi que des solutions alternatives dans des scénarios spécifiques. Le livre 6 considère la thermodynamique depuis les bases jusqu'à la thermodynamique hamiltonienne de certains systèmes de trous noirs. Tout au long, l'étrange récurrence du paramètre alpha est notée. Dans le livre 7, nous examinons une formulation mathématique plus profonde dont résulterait la formulation Quantum Path Integral, ainsi que l'explication des paramètres et des structures étranges qui ont été découverts (tels que l'alpha et l'invariance de Lorentz).

La description physique commence par les formulations classiques du mouvement des particules ponctuelles. La première approche pour y parvenir consiste à utiliser des équations différentielles (1ère ^{et} 2ème $^{lois de}$ ^{Newton}) ; la seconde utilise une formulation de fonction variationnelle pour sélectionner l'équation différentielle (variation lagrangienne) ; la troisième utilise une formulation fonctionnelle variationnelle (formulation d'action) pour sélectionner la formulation de fonction variationnelle. Historiquement, on n'a réalisé que bien plus tard qu'il existe deux domaines de mouvement dans de nombreux systèmes : non chaotique ; et chaotique.

Dans une description du mouvement des particules, en supposant qu'il ne s'agisse pas d'un domaine de paramètres avec un mouvement chaotique, plusieurs limites importantes existent. Les exemples incluent : les constantes universelles du phénomène de chaos susmentionné, qui sont encore rencontrées dans les régimes non-chaos s'ils sont poussés « au bord du chaos ». On trouve des limites où la diffusion est définie dans la limite asymptotique et où la théorie des perturbations est bien définie dans le sens où elle est convergente. Globalement, si l'évolution est décrite comme un « processus », il s'agit souvent d'un processus Martingale, qui a des limites bien définies. Ainsi, nous avons des descriptions du mouvement, généralement réductibles à une équation différentielle ordinaire (ODE), et pour lesquelles des solutions (nécessitant des définitions limites) existent généralement.

La description physique affronte ensuite la dynamique des champs en 2D, 3D et 4D (dans le Livre 3 [41]). La dynamique de champ bidimensionnelle (« 2D ») peut être décrite comme une fonction complexe (qui mappe des nombres complexes à des nombres complexes). Une nouveauté de la fonction complexe 2D est qu'elle montre également comment gérer de nombreux types de singularités (le théorème des résidus), fournissant ainsi des informations importantes sur les structures fondamentales en physique ainsi que des techniques mathématiques fondamentales pour résoudre de nombreuses intégrales. Pour la dynamique du champ 3D nous effectuons une analyse du champ électromagnétique en 3D. Le niveau de couverture commence par un aperçu de l'électrostatique au niveau du texte universitaire de Jackson [123]. Certains problèmes des chapitres 1 à 3 de Jackson sont examinés de près lors du développement de la théorie elle-même. Pour certains, ce matériel (dans le Livre 2 [40]) pourrait fournir un accompagnement utile au texte de Jackson dans un cours complet sur la MÉ (basé sur le texte de Jackson). Un aperçu rapide de l'électrodynamique et des phénomènes d'ondes électromagnétiques est ensuite donné. Essentiellement, nous voyons de nombreux autres exemples de problèmes ODE avec solutions, comme pour le Laplacien 3D, impliquant généralement la séparation des variables. Nous passons ensuite en revue la célèbre transformée, découverte par Lorentz en 1899 [1 24], qui relie le champ EM vu par deux observateurs différant par une vitesse relative. Avec l'existence de cette transformation, qui intègre la dimension temporelle ainsi que la vitesse relative, nous avons effectivement une théorie 4D.

De l'invariance de Lorentz, nous avons, comme transformation ponctuelle, l'invariance rotationnelle sous SO(3) ou SU(2). Si l'invariance de Lorentz est fondamentale, alors nous devrions voir les deux formes d'invariance par rotation, une de type vecteur/tenseur de SO(3) et une de type spinorial de SU(2). C'est le cas, car les champs de jauge sont vectoriels et les champs de matière sont spinoriaux. De l'invariance de Lorenz en tant qu'invariance locale, nous avons la métrique de l'espace-temps de Minkowski (plate), qui se généralise ensuite à la métrique riemannienne (en relativité générale).

Comme pour la dynamique des particules ponctuelles, pour la dynamique des champs, nous avons trois manières de formuler le comportement : (1) équation différentielle ; (2) variation de fonction (sur Lagrangien) ; et (3) fonctionnel variation (sur l'Action). Nous verrons des phénomènes limites similaires à ceux précédents, mais aussi de nouveaux phénomènes, notamment (i) la formation inévitable de singularité BH (le théorème de singularité de Penrose) ; (ii) formation de l'univers FRW (à partir de l'homogénéité et de l'isotropie) ; (iii) la singularité de l'effondrement BH ; (iv) la « singularité » radiative de l'effondrement atomique.

La dynamique classique a donc deux formulations de type champ pour décrire le monde : champ et variété. De telles formulations peuvent être liées mathématiquement entre elles, ce qui se produit est donc davantage une question de physique et de commodité. L'accent mis sur cette différence, qui semble n'en être aucune (mathématiquement), est que différentes phénoménologies physiques sont en jeu. Les descriptions de champs semblent fonctionner pour la « matière », dont les éléments fondamentaux sont spinoriaux. Les descriptions multiples semblent fonctionner mieux pour la géométrodynamique (GR), où les éléments fondamentaux sont vectoriels (ou tensoriels, comme la métrique). Les champs de matière sont renormalisables, donc quantifiables dans la formulation QFT standard (à décrire dans le Livre 5 [43]), tandis que les variétés gravitationnelles ne sont pas renormalisables, et ont des contraintes (condition d'énergie faible et condition d'énergie positive étant donné l'existence de champs de spineurs sur la surface). collecteur).

La présentation dans les Livres 1 à 3 [40, 41, 46], sur la physique « classique », est en partie faite pour rendre la transition vers la physique quantique simple, évidente et, dans certains cas, triviale. Considérons la formulation de la variation fonctionnelle (Action) du comportement (qu'il s'agisse d'une particule ponctuelle ou d'un champ), elle peut être capturée sous forme intégrale, comme l'a fait très tôt D'Alembert [7] (puis par Laplace [6]). Notez l'utilisation d'une grande constante pour effectuer une intégrale « hautement amortie » à des fins de sélection (sur l'extremum variationnel de l'action). Pour passer à la théorie quantique, nous avons également la grande constante de 1/h, et donc la seule différence est l'introduction d'un facteur « i », pour effectuer une intégrale « hautement oscillatoire » à des fins de sélection.

Après le passage à une théorie quantique, pour les descriptions de particules ponctuelles, le problème classique d'effondrement des noyaux atomiques est éliminé. Les prédictions spectrales sont en excellent accord avec la théorie, mais il existe encore une structure fine dans les spectres qui n'est pas entièrement expliquée. La théorie n'est pas relativiste et certaines corrections initiales sont possibles (sans passer par une théorie des champs) et celles-ci indiquent un accord plus étroit et expliquent la majeure partie de l'écart constant de structure fine (et révèlent alpha à un autre endroit de la théorie). Il est montré dans le Livre 3 [41] et le Livre 4 [42] que le problème de singularité GR reste cependant non résolu (pour le cas test d'effondrement d'une coquille de poussière sphérique, effectué dans une analyse GR complète, puis quantifié dans une analyse entièrement autonome). -analyse de quantification adjointe [42]).

Dans le livre 5 [43], la transition vers la théorie quantique se poursuit avec les descriptions de la théorie des champs. Une description/accord précis des noyaux atomiques est désormais possible avec la QED, et au sein des noyaux eux-mêmes (confinement des quarks) avec la QCD. Les théories des champs ont cependant un petit ensemble d'infinis gênants, qui sont finalement résolus par la renormalisation [43]. Comme mentionné, la quantification de diverses théories, telles que GR, ne semble pas possible en raison de la non-renormalisabilité. Pour ne pas nous laisser décourager, dans le Livre 6 [44] nous considérons une description hamiltonienne d'un système GR dont la quantification impliquerait un spectre d'énergie basé sur cet hamiltonien, si nous utilisons ensuite la continuation analytique pour nous amener à la théorie de l'ensemble thermique basée sur la partition fonction qui en résulte, on peut considérer la gravité quantique thermique (TQG) de tels systèmes.

Ce dernier exemple (extrait du Livre 6), montrant une théorie TQG cohérente si nous utilisons l'analyticité, fait partie d'une longue séquence de manœuvres réussies impliquant des continuations analytiques dans différents contextes. Ce qui est indiqué est la présence d'une structure complexe réelle par rapport à la théorie énoncée. Il existe l'extension de structure complexe triviale mentionnée ci-dessus qui nous a amenés de la théorie physique classique standard à la théorie quantique intégrale de chemin standard. Mais nous voyons également une structure complexe réelle au niveau des composants avec une complexation temporelle (qui est liée à la version thermique de la théorie en définissant la fonction de partition), et nous avons une structure complexe au niveau dimensionnel sous la forme de la procédure de régularisation dimensionnelle appliquée avec succès. utilisé dans le programme de renormalisation.

En plus de couvrir l'ensemble des sujets fondamentaux de physique au niveau du premier cycle et des cycles supérieurs (pour les cours suivis à Caltech et Oxford), y compris une présentation approfondie des problèmes et de leurs solutions, la série examine également, dans des cas spécifiques, les limites du monde physique. « de l'intérieur » (puis plus tard « de l'extérieur »). À cette fin, l'exploration de l'effondrement de poussières sphériques pour former une singularité est examinée dans un formalisme relativiste entièrement général, puis transférée à une analyse de minisuperespace quantique (gravité quantique) (dans les livres 3 et 4 [41, 42]). Les sujets de la thermodynamique des trous noirs et de la théorie quantique des champs avec vide alternatif (partie des livres 5 et 6 [43, 44]) sont également examinés en profondeur . Le matériel approfondi comprend les sujets abordés dans ma thèse de doctorat [81], dont des parties sont publiées [82-85].

Dans des travaux récents sur l'apprentissage automatique, qui incluent l'apprentissage statistique sur les neurovariétés [24], nous trouvons une nouvelle source possible pour un élément fondamental de la mécanique statistique (entropie) via la recherche d'un processus/chemin d'apprentissage minimal sur une neurovariété [24]. Au moment où la série atteint la thermodynamique dans le livre 6, les éléments fondamentaux de la thermodynamique ont tous été établis à partir des descriptions physiques découvertes dans les livres 1 à 5, ils n'ont tout simplement pas été rassemblés dans une analyse complète qui nous donne les constructions fondamentales. de thermodynamique et de mécanique statistique. Cela dit, il semblerait que la thermodynamique soit donc entièrement dérivée d'autres théories véritablement fondamentales. Ce n'est pas le cas, dans l'assemblage des parties pour réaliser la thermodynamique, nous avons quelque chose de plus grand que la somme des parties. Dans les descriptions du « système », nous constatons l'existence de phénomènes émergents. Ceci, au moins, est propre à la thermodynamique, donc fondamental dans cet aspect « somme supérieure à l'aspect des parties ».

Dans le tome 7 (le dernier) de la série, nous considérons le monde physique standard, décrit par la physique moderne, « depuis l'extérieur ». Ce faisant, nous avons déjà éliminé une partie du mystère de l'entropie grâce à la description géométrique des « neurovariétés ». Si nous pouvons comprendre d'autres bizarreries de la théorie standard et y parvenir naturellement, nous pourrions alors plonger encore plus profondément dans la physique moderne, tester les limites de ce qui est possible et voir les développements et les unifications futurs possibles de la théorie. C'est ce qui est décrit dans les articles [70, 87-90] et organisé avec les résultats actuels dans le livre final de la série.

Les efforts du dernier livre de la série impliquent des choix et des concepts identifiés dans les six livres précédents de la série, ainsi que des manœuvres théoriques glanées dans les cours les plus avancés de physique et de physique mathématique suivis à Caltech (en tant qu'étudiant de premier cycle puis diplômé). et l'Oxford Mathematics Institute (en tant que diplômé) et l'Université du Wisconsin à Milwaukee (en tant que diplômé).

Le large éventail de sujets abordés dans la série est, dans un premier temps, similaire à la série de manuels d'études supérieures de Landau &

Lifshitz (voir [27]), avec une exposition similaire sur la mécanique classique au début du livre 1. Même avec une mécanique classique bien établie Cependant, il existe des mises à jour importantes et modernes, telles que la théorie (moderne) du chaos. Dans les deux derniers livres de la série (Livres 6 et 7 [44,45]), nous abordons la mécanique statistique et la thermodynamique, ainsi que des sujets modernes tels que la thermodynamique des trous noirs, la gravité quantique thermique et la théorie des émanateurs.

Les constantes et structures clés de la physique, leur découverte à partir des données expérimentales et leur placement théorique dans le « Grand Schéma » sont mis en avant tout au long de la série. L'alpha constant, également appelé constante de structure fine, apparaît dans de nombreux contextes, c'est pourquoi une note particulière sur l'apparition de l'alpha sera faite dans chaque chapitre. C'est le cas dès le début du Livre 1, en raison des constantes numériques fondamentales issues de la théorie du chaos. Dans le livre 7, nous voyons l'origine de l'alpha, en tant que quantité de perturbation maximale, apparaître naturellement dans un formalisme pour « l'émanation » d'information maximale. Mais perturbation maximale dans quel espace et de quelle manière ? Dans le livre 7 de la série [45], nous verrons une représentation possible d'une telle entité informationnelle, et de son espace d'existence, en termes de trigintaduonions chiraux.

Ainsi, en fin de compte, il s'agit d'un effort pour raconter un voyage vers un lieu spécial « où de nombreux chemins et courses se rencontrent », donnant naissance à la théorie de l'émanateur et à une réponse au mystère de l'alpha. Une partie de ce voyage équivaut à « trouver l' arkenstone » (alpha) dans l'endroit le plus improbable, les mathématiques d'émanation du trigintaduonion qui sous-tendent le formalisme de l'émanateur (par exemple, l'Antre de Smaug, décrit dans le Livre 7 [45]). La raison pour laquelle j'aurais dû m'aventurer dans un endroit aussi étrange (mathématiquement parlant) et pourquoi je devrais proposer une forme plus profonde de propagation quantique utilisant des trigintaduonions hypercomplexes, appelée ici émanation, est la raison pour laquelle il existe une telle expérience sur des sujets standards. Cette vaste expérience a même un impact sur la description de la mécanique classique via son matériel de théorie du chaos moderne (en raison d'une relation possible entre C_∞ et alpha). Le rôle critique des phénomènes émergents n'est compris qu'à la fin, y compris pour les variétés en géométrie et les neurovariétés en mécanique statistique, et conduit à un Livre 6 qui va du très basique (thermodynamique initiale) au très avancé (phénomènes émergents). La théorie des émanateurs révèle beaucoup de choses, notamment le fait que la réalité est à la fois fractale et émergente. À ce stade du voyage, comme avec Tolkien, je peux dire ceci : « La Route continue encore et encore... Et où alors ? Je ne peux pas dire".

Les sept livres de la série sont les suivants :
  Livre 1. Mécanique classique et chaos
  Livre 2. Théorie classique des champs
  Livre 3. Théorie classique des variétés
  Livre 4. La mécanique quantique et la fondation Path Integral
  Livre 5. Théorie quantique des champs et modèle standard
  Livre 6. Mécanique thermique et statistique et thermodynamique des trous noirs
  Livre 7. Émanation d'information maximale et théorie de l'émanateur

Aperçu du tome 1

Le livre 1 est une exposition moderne de la mécanique classique, y compris la théorie du chaos, ainsi que des liens avec des développements théoriques ultérieurs. L'exposition consiste tout au long de la présentation de problèmes intéressants dont beaucoup sont résolus, les autres étant laissés au lecteur. Les problèmes sont tirés des cours de mécanique classique (CM) et de mathématiques suivis à Caltech, Oxford et à l'Université du Wisconsin. Les cours vont du niveau du premier cycle au niveau des cycles supérieurs. Les cours comportaient une sélection riche et sophistiquée de manuels et de matériel de référence, comme on peut s'y attendre, et ces textes de référence sont également repris ici. Ces textes de mécanique classique, répertoriés par auteur, comprennent : Landau et Lifshitz [27] ; Goldstein [25]; Fetter et Walecka [29]; Percival et Richards [28] ; Arnold (ODE) [32] ; Arnold (CM) [37] ; Maison en bois [38] ; et Bender et Orszag [39]. Remarquez comment la première référence Arnold et la référence Bender et Orszag impliquent des manuels axés sur les équations différentielles ordinaires (ODE). De même, une analyse de l'excellent et rapide exposé de Landau et Lifshitz révèle qu'elle progresse en partie à travers la matière en passant par des ODE de complexité croissante (correspondant à un mouvement pendulaire plus compliqué, par exemple, comme en ajoutant une force de friction). Ce fort alignement avec les mathématiques sous-jacentes aux ODE se poursuit dans cet exposé, à tel point qu'une annexe est fournie pour un examen rapide des ODE du point de vue des mathématiques appliquées.

La dynamique des particules, avec et sans forces, est décrite, toutes arrivant à des descriptions de mouvement chaotique, le chaos étant décrit dans la seconde moitié du livre 1 [46]. De manière universelle, il est constaté que les systèmes passant à un comportement chaotique le font avec un processus remarquable de doublement de période et cela sera décrit à la fois mathématiquement et avec des résultats informatiques. Dans l'analyse de tels systèmes dynamiques, nous découvrirons que les systèmes physiques périodiques peuvent être décrits en termes de « cartographies » répétées, par exemple, les cartographies dynamiques classiques [91], et lorsqu'elles sont décrites de cette manière, la transition vers le chaos devient mathématiquement beaucoup plus évidente. (comme cela sera montré). L'ensemble familier de Mandelbrot est généré par une telle cartographie répétée, où son « bord du chaos » est défini par la limite fractale de l'image classique de Mandelbrot.

Les propriétés de l'ensemble classique de Mandelbrot seront pertinentes pour la physique discutée dans les Livres 1 et 7, y compris la propriété selon laquelle la frontière fractale a une dimension fractale de 2 (la dimension fractale de la frontière peut être comprise entre 1 et 2, pour être égale à 2 est spécial). Avec l'ensemble de Mandelbrot, nous récupérons également les constantes bien étudiées associées aux constantes universelles de Feigenbaum [19]. Dans l'ensemble de Mandelbrot, nous pouvons clairement voir la constante fondamentale pour une perturbation maximale qui est à l'antiphase maximale (négative) de magnitude C_∞, où les mêmes résultats s'appliquent à une famille de formulations de base (pour une variété de formulations lagrangiennes, par exemple).

À partir de la formulation variationnelle lagrangienne de « l'action » pour le mouvement des particules, nous définirons éventuellement la formulation variationnelle fonctionnelle intégrale de chemin impliquant ce même lagrangien pour arriver à une description quantique du mouvement quantique non relativiste des particules (décrit en détail dans le Livre 4 [42] , et relativiste dans le livre 5 [43]). De la description quantique, nous arrivons au formalisme du propagateur pour décrire la dynamique (cela existe également dans la formulation classique, mais n'est généralement pas beaucoup utilisé dans ce contexte). On découvrira alors que les propagateurs complexes ont des liens avec les propriétés de la mécanique statistique et de la thermodynamique (Livre 6 [44]). Les liens avec la mécanique statistique sont encore plus accentués lorsque l'on se trouve au « bord du chaos », mais que le mouvement de l'orbite est encore confiné. Celui-ci peut être associé à un régime ergodique, donc un régime d'équilibre et de martingale, dont l'existence peut alors être utilisée au début du Livre 6 [44] pour des dérivations de mécanique statistique et de thermodynamique avec l'existence d'équilibres établis au départ. L'existence des mesures d'entropie familières est déjà indiquée dans la description des neurovariétés (Livre 3 [41]), ainsi, avec les équilibres, la description de la thermodynamique du Livre 6 peut commencer avec une fondation bien établie qui n'est pas revendiquée par décret, plutôt revendiqué comme le résultat direct de ce qui a déjà été déterminé dans la théorie/expérience décrite dans les livres précédents de la série.

Aperçu des livres 2 et 3

Lorsque l'on passe d'une théorie des particules ponctuelles à une théorie des champs, il n'y a pas beaucoup de discussion dans les livres de physique de base sur les champs au sens général, cela passe généralement directement au domaine principal de pertinence, l'électromagnétisme (EM). S'il est avancé, il peut également couvrir la Relativité Générale (GR), comme dans [125]. Dans ce qui suit, nous aborderons ces sujets, mais nous aborderons également les domaines plus fondamentaux en 1, 2 et 3D (y compris la dynamique des fluides), ainsi que les formulations de champ lorentzien 4D (pour la relativité restreinte), la formulation de champ de jauge (donc Yang Mills abordé dans un contexte classique), et les formulations géométriques et de jauge GR. Cela établit les bases des forces standard et, lors de la quantification (livres 4 et 5 de la série), jette les bases des forces renormalisables standard (toutes sauf la gravitation).

La constante de couplage gravitationnel « G » est un couplage dimensionnel (pas comme avec alpha dans EM), et la gravitation avec construction multiple peut être décrite comme une construction de champ de jauge, bien que non renormalisable. La gravitation, et la géométrie/variétés associées, semblent être liées à sa propre structure émergente, comme cela sera discuté dans le livre 6. À partir de la géométrie lorentzienne locale et des descriptions des champs lorentziens, nous voyons également le premier de nombreux exemples où il y a des informations système dans la complexification. d'un paramètre, ici la composante temporelle. Si le Lorentzien est déplacé vers un temps complexe, cela le transforme en champ euclidien, avec des propriétés de convergence formellement bien définies (comme cela se produit en mécanique statistique). Le temps complexe montre également des liens profonds entre le mouvement classique et le mouvement brownien associé (où la marche aléatoire révèle pi). Ainsi, il ne devrait pas être surprenant qu'une variété émergente puisse avoir une structure complexe telle qu'il existe également une variété « thermique » émergente, éventuellement la neurovariété décrite dans le livre 3 et les fonctions de partition associées examinées dans le livre 6. Tout comme l'espace localement plat - le temps est une construction naturelle en GR, tout comme les étapes « d'apprentissage » d'optimisation sur une neurovariété de telle sorte que l'entropie relative est sélectionnée comme mesure préférée, et à partir de là l'entropie de Shannon et l'entropie statistique de Boltzmann. Ainsi, la construction multiple apparaissant dans le livre 3 a un impact considérable sur les fondements de la théorie thermodynamique et mécanique statistique décrite dans le livre 6.

Avant même d'aborder les complexités de variété/géométrie de GR, cependant, nous avons déjà établi beaucoup de choses avec la partie champ EM de la théorie : (i) à partir d'EM "libre" sans matière, nous obtenons la vitesse de la lumière c, l'invariance de Lorentz, et de cette relativité restreinte et de cet espace-temps localement plat ; (ii) de l'EM avec la matière, nous obtenons la constante de couplage sans dimension alpha.

En passant en revue les théories des champs pour décrire la matière, les champs de force et le rayonnement, nous décrivons d'abord les théories classiques des champs (CFT) de la mécanique des fluides, de la EM et de la relativité générale, avec de nombreux exemples présentés. Ceci est ensuite reporté à la description de la théorie quantique des champs (QFT) dans le livre 5. Un examen des constructions mathématiques de base utilisées dans CFT et QFT est donné en annexe. Même si l'approche de la physique mathématique gagne en sophistication, nous obtenons toujours des solutions via des extrema variationnels. Ainsi, déterminer l'évolution du système à partir de son optimum variationnel devient désormais le point central de l'effort. La « propagation » du système d'une heure à une heure ultérieure peut être décrite par un propagateur. Bien qu'une formulation « propagatrice » soit mathématiquement possible en mécanique classique (CM) et en théorie classique des champs (CF), qui sont présentées, cela n'est généralement pas fait, en faveur de représentations plus simples pour l'application expérimentale en question. Cependant, à mesure que nous passons aux descriptions dans le domaine quantique, l'utilisation du formalisme du propagateur devient typique, et lorsqu'il est utilisé dans les formulations d'intégrales de chemin, nous arrivons à une formulation compacte décrivant à la fois l'évolution et la solution de phase stationnaire.

Dans le livre 2, l'accent est mis sur la théorie classique des champs dans une géométrie fixe, le principal exemple physique étant l'EM. Dans ce contexte, alpha apparaît, par exemple, dans la description d'une paire électron-positon : $F = e^2/(4\pi\varepsilon a^2)$ pour la distance électron-positon « a », où alpha apparaît comme constante de couplage. Plus tard, en mécanique quantique (QM), à la fois moderne et dans le premier modèle de Bohr, nous avons cet alpha $= [e^2/(4\pi\varepsilon)]/(c\hbar)$. L'apparition de l'alpha dans ces situations se produit dans des systèmes liés. En revanche, si nous examinons les interactions EM non liées, comme avec la force de Lorentz $F = q(E \times v)$, aucun paramètre alpha n'apparaît ici, ni avec les premières analyses de mécanique quantique de tels systèmes, comme avec la diffusion Compton. Ainsi, nous voyons un rôle précoce pour alpha, mais uniquement dans les systèmes liés, donc uniquement dans les systèmes avec des expansions perturbatives (convergentes) dans les variables système.

Dans le livre 3, théorie classique des champs à géométrie *dynamique* , c'est-à-dire GR, nous ne voyons pas du tout d'alpha. Au lieu de cela, nous voyons des constructions multiples et les mathématiques de la géométrie différentielle (et dans une certaine mesure la topologie différentielle et la topologie algébrique). Les constructions multiples sont entièrement encapsulées dans le contexte mathématique donné dans le livre 3 et son annexe. Une application dans le domaine des neurovariétés (voir [24]), montre que l'équivalent d'un chemin géodésique dans ce contexte est une évolution impliquant des étapes d'entropie relative minimales. Semblable à la description d'un espace-temps localement plat, nous avons maintenant une description de « l'entropie » augmentant/évoluant en fonction de l'entropie relative minimale.

La relativité générale (GR) se distingue des autres champs de force. Tous les autres champs de force font partie d'une représentation adjointe du modèle standard vis-à-vis du sous-groupe de stabilité U(1) xSU (2) ₗxSU (3). Dont la forme est dérivée des produits chiraux T unilatéraux décrits dans le livre 7. Le modèle standard est obtenu de manière unique dans ce procédé, et sans mention de GR. Gardez cependant à l'esprit que la représentation adjointe opère sur un certain espace (hyperspinorial dans le cas de produits droits d'octonions simples, par exemple). La « force » due à la gravité est celle due à la courbure multiple, où la construction multiple est peut-être émergente sur l'espace d'opération. Ainsi, l'origine de la force GR est entièrement différente, et elle ne permettra pas la quantification comme les autres forces, et ses solutions singulières ne pourront pas non plus être résolues via la seule physique quantique, comme avec l'EM dans les livres 4 et 5, mais nécessiteront également la physique thermique (comme sera décrit dans le livre 6).

L'existence de solutions GR singulières, en dehors des cas spécialement symétriques (les solutions classiques des trous noirs), n'a été fermement établie qu'avec le théorème de singularité de Penrose [93] (qui a reçu le prix Nobel de physique en 2020). Une partie de ce matériel est couverte dans le livre 3 pour montrer comment le formalisme mathématique passe aux méthodes de topologie différentielle pour décrire les singularités, avec des exemples faisant référence au classique de Hawking et Ellis [94] et utilisant des diagrammes de Penrose. Ceci, à son tour, s'avérera utile pour décrire les cosmologies FRW classiques avec des phases dominées par le rayonnement et la matière (en utilisant les notes de Peebles [95], Peebles a remporté le Nobel de physique en 2019).

Le développement du GR serait négligent s'il ne s'intéressait pas brièvement aux modèles cosmologiques, en particulier aux cosmologies FRW classiques. Avec les outils GR développés, les résultats cosmologiques sont examinés, en commençant par l'entrée de la constante cosmologique dans le formalisme (candidat pour l'énergie noire). Diverses données d'observation sur les rotations des galaxies et des simulations universelles de la formation d'amas de galaxies indiquent toutes deux l'existence de la matière noire. Cela signifie donc que nous avons une nouvelle matière, n'interagissant pas sauf gravitationnellement, et cela est en fait cohérent avec les dernières données d'observation sur la valeur du muon g-2 [96], où l'écart entre la théorie et l'expérience s'est accru jusqu'à 4,2 écarts types. , où une extension du modèle standard semble être en préparation. Ceci est pratique puisque la théorie d'Emanator (Livre 7 [45]) prédit une telle extension.

Nous pouvons ainsi arriver à des équations de champ pour les champs de jauge EM, GR et Yang-Mills (forts et faibles). Nous pouvons obtenir des phénomènes d'ondes et de vortex (comme le suggère la dynamique des fluides). Nous montrons l'instabilité classique de la matière atomique (instabilité EM classique) et l'instabilité gravitationnelle classique (conduisant à la formation de trous noirs avec singularité). A partir des formulations lagrangiennes on peut alors arriver à une formulation QFT

(Livre 5). La formulation QFT complète le traitement QM (Livre 4) de «
l'instabilité atomique non relativiste » avec le traitement de la description
atomique entièrement relativiste de l'instabilité d'effondrement radiatif.
L'introduction de QFT conduit également à de nouvelles instabilités ou
infinis, mais celles-ci peuvent être éliminées par renormalisation pour les
formulations EM et électrofaibles, et la formulation forte de Yang-Mills,
mais pas la formulation GR (jauge). La formulation théorique actuelle de
la physique moderne présente donc une lacune flagrante : une théorie
quantique de la gravitation. Ce n'est peut-être pas un élément manquant,
cependant, si la géométrie/GR est un phénomène dérivé, comme le
domaine de la mécanique statistique et de la thermodynamique apparaît
comme un phénomène dérivé lorsque le propagateur quantique
complexifié donne naissance à une véritable fonction de partition
(quantique). L'allusion d'une théorie plus profonde de l'émanateur suggère
que des structures émergentes de géométrie et de thermodynamique sont
obtenues au cours du processus d'émanation, les informations émanant
étant celles des champs de matière quantique renormalisables. Dans le
Livre 7 [45], nous trouverons une signification mathématique précise
pour décrire l'émanation maximale d'information.

Aperçu du tome 4
En 1834, avec le principe de Hamilton, il existait une base solide pour ce
qu'on appelle aujourd'hui la mécanique classique. En 1905, avec la
publication d'Einstein sur l'effet photoélectrique [97], les règles de la
mécanique classique étaient remplacées par les nouvelles règles de la
mécanique quantique. Cependant, les premières apparitions de la
mécanique quantique ont commencé avec les diverses observations de
quantification de la lumière, à commencer par l'apparition étrange de raies
spectrales pour l'hydrogène. Le spectre de l'hydrogène a été rendu encore
plus étrange par une adaptation précise à une formule empirique succincte
de Balmer en 1885 [98]. C'est le début d'une étonnante période de
découverte. Les développements de la gestion de la qualité, de
l'introduction à l'avancée, suivent à peu près cette histoire.

La première phase de découverte de la mécanique quantique s'est
déplacée vers le formalisme moderne de la mécanique quantique avec la
découverte par Heisenberg de l'application réussie de la mécanique
matricielle et du principe d'incertitude qui en résulte (1925) [16]. En
1926, Schrödinger montra que le problème de trouver une matrice
hamiltonienne diagonale dans la mécanique de Heisenberg équivaut à
trouver des solutions de fonction d'onde à son équation d'onde [17]. Une

interprétation de la fonction d'onde a ensuite été précisée en 1927 par Born [107]. Dirac a développé un formalisme manifestement relativiste pour la fonction d'onde et l'équation d'onde pour la matière fermionique (1928) [108]. Une reformulation axiomatique de la mécanique quantique a ensuite été donnée par Dirac (1930) [18], posant les bases d'une grande partie de la notation quantique moderne et de questions critiques telles que l'auto- adjointement . Dirac a ensuite décrit une formulation d'un chemin de propagation quantique, avec un propagateur quantique ayant le facteur de phase familier impliquant l'action, dans son article « The Lagrangian in Quantum Mechanics » en 1933 [109]. En substance, Dirac avait obtenu un chemin unique, ce qui sera finalement généralisé par Feynman à tous les chemins avec l'invention du formalisme intégral de chemin (1942 et 1948) [110, 111]. L'équivalence d'une formulation de mécanique quantique en termes d'intégrales de chemin et du formalisme de Schrödinger a été montrée par Feynman en 1948 [111].

Dans une description intégrale de chemin, l'état de mélange quantique, la physique semi-classique et les trajectoires classiques sont tous donnés par la composante dominée par la phase stationnaire. Une solution en phase stationnaire dominée par un seul chemin est typique d'un système classique. Ainsi, les méthodes variationnelles sont fondamentales pour l'analyse des systèmes physiques, que ce soit sous la forme d'analyses lagrangiennes et hamiltoniennes, ou dans diverses formulations intégrales équivalentes.

La découverte par Feynman du formalisme intégral de chemin n'était pas uniquement basée sur les travaux antérieurs de Dirac (1933) [109], bien qu'en annexant cet article à sa thèse de doctorat (1946), son importance ait été clairement soulignée. Feynman a également bénéficié de travaux remontant à Laplace [6] pour un processus de sélection basé sur des constructions intégrales hautement oscillatoires qui s'auto-sélectionnent pour leur composante de phase stationnaire. Cette branche des mathématiques fut finalement associée à la méthode des descentes les plus raides de Laplace, puis aux travaux de Stokes et Lord Kelvin, puis à ceux d'Erdelyi (1953) [112-114].

Feynman et d'autres ont ensuite inventé la théorie quantique des champs pour l'électromagnétisme (QED) entre 1946 et 1949 (nous y reviendrons plus tard). L'extension à l'électrofaible a eu lieu en 1959, à la CDQ en 1973 et au « Modèle Standard » en 1973-1975. Ainsi, l'impact de la révolution des intégrales de chemin en physique quantique s'est fait sentir jusque dans les années 1970, mais ce n'était que le début. À leur création, les intégrales de chemin ont été examinées par Norbert Wiener, avec l'introduction de l'intégrale de Wiener, pour résoudre des problèmes de mécanique statistique en diffusion et en mouvement brownien. Dans les années 1970, cela a conduit à ce que l'on appelle aujourd'hui « la grande synthèse » qui a unifié la théorie quantique des champs (QFT) et la théorie statistique des champs (SFT) d'un champ fluctuant proche d'une transition de phase du second ordre, et où l'utilisation de méthodes de groupe de renormalisation a permis de transférer des avancées significatives de QFT vers SFT.

La grande synthèse est l'un des nombreux exemples à venir où nous voyons la continuation analytique d'une constante ou d'un paramètre donnant naissance à une physique familière dans les domaines de la thermodynamique et de la mécanique statistique, montrant un lien plus profond (encore pas entièrement compris, voir Livre 7). L'équation de Schrödinger, par exemple, peut être considérée comme une équation de diffusion avec une constante de diffusion imaginaire. De même, l'intégrale de chemin peut être considérée comme une continuation analytique de la méthode de synthèse de toutes les marches aléatoires possibles.

Dans le livre 4, nous examinons également attentivement l'équivalent gravitationnel le plus proche de l'atome d'hydrogène (effondrement de la coquille de poussière). Il en résulte une formulation incomplète en raison des conditions aux limites, où pour obtenir le choix de temps, vous devez saisir ce choix de temps. Aucun choix précis de moment n'est indiqué pour éviter l'effondrement. Les résultats, cependant, peuvent montrer la stabilité et la cohérence dans une description « complète » de la gravité quantique thermique où l'analyticité est utilisée. Le succès de cette manière, et pas d'autres, suggère un rôle fondamental possible de l'analyticité et de la thermalité (Livres 6 et 7) et suggère également que la gravité quantique thermique TQG peut « exister » ou être bien formulable, alors que la gravité quantique QG pourrait généralement ne pas « exister ». '. Ces résultats, présentés dans le livre 6, constituent le point de départ de la discussion du livre 7 sur la théorie de l'émanateur, où les concepts fondamentaux des livres 1 à 6 liés à la théorie de l'émanateur sont rassemblés dans une nouvelle synthèse théorique.

Aperçu du tome 5

Dans le livre 5, nous montrons les QFT dans la représentation du champ de jauge, qui relie clairement le choix de la théorie des champs à un choix de l'algèbre de Lie, qui, à son tour, peut être liée à un choix de théorie des groupes (telle que U(1) et SU (3)). De là, nous pouvons voir que les constructions algébriques non classiques sont omniprésentes dans QM et QFT, c'est pourquoi une revue de la théorie des groupes et des algèbres de Lie est donnée en annexe, ainsi qu'une revue des algèbres de Grassman et d'autres algèbres spéciales nécessaires dans QM et QFT. De même, en ce qui concerne le choix de l'approche, nous constatons que les formulations de Schrödinger et Heisenberg constituent souvent le seul moyen pratique d'obtenir une solution pour les systèmes liés. Cependant, dans des considérations théoriques critiques, l'approche intégrale de chemin est la meilleure (comme nous le montrerons). En recherchant une théorie plus profonde, l'approche plus unifiée de l'intégrale de chemin (PI) fournit des indications importantes quant à une théorie plus profonde (voir Livre 7).

Dans le livre 5, nous obtenons le résultat le plus précis pour la valeur de alpha, dans son rôle de paramètre de perturbation. Si un calcul du paramètre de moment magnétique électronique g-2 est effectué, avec tous les diagrammes de Feynman appropriés aux expansions jusqu'au 5ème ^{ordre}, nous obtenons une détermination d'alpha jusqu'à 14 chiffres, où 1/alpha=137,05999…... . Cela nous donne l'une des mesures d'alpha les plus précises connues. Lorsqu'une analyse similaire est effectuée pour le muon g-2, étant donné la masse beaucoup plus grande du muon, les paires de production de particules d'autres particules ont un effet mesurable, et nous sommes en mesure de sonder les masses inférieures du modèle standard qui sont présentes. Ce faisant, dans les expériences préliminaires, il y a une divergence indiquant qu'il y a plus de particules, par exemple le modèle standard devra être étendu (éventuellement avec un type de neutrino « stérile »). Ces particules manquantes pourraient être la « matière noire » manquante. La prédiction de cela dans la théorie de l'émanateur et la raison pour laquelle il devrait y avoir un déséquilibre entre les neutrinos gauche et droit (indice : transmission maximale de l'information) sont décrites dans le livre 7.

Une partie de la description de la théorie quantique des champs implique l'utilisation de l'analyticité et d'autres structures complexes pour encapsuler davantage de physique dans une extension complexe de l'espace (ou de la dimension). Cela conduit souvent à des formulations en termes d'intégration complexe, avec le choix de contours complexes spécifiés, comme avec le propagateur de Feynman. L'une des principales méthodes de renormalisation, par exemple, consiste à utiliser la régularisation dimensionnelle, qui implique une continuation analytique des expressions avec une dimensionnalité à une dimensionnalité comme paramètre complexe. Il y a également le passage susmentionné aux expressions complexes et à « rotation de mèche » en temps réel vers des expressions en temps complexe pur. Ce faisant, la fonction de partition mécanique statistique du système est obtenue, avec une sommation bien définie. Ainsi, un lien entre la « thermalité » et la structure complexe, au moins dans la dimension temporelle, est indiqué.

La deuxième partie du Livre 5 décrit le QFT sur l'espace-temps courbe (CST), où nous arrivons à une première analyse de la thermodynamique des trous noirs. Nous constatons ici que la courbure de l'espace-temps donne lieu à des effets de thermalité et de production de particules. La thermalité du trou noir a été révélée par le rayonnement de Hawking [118], en raison de la limite causale à l'horizon. Une telle thermalité est même observée dans un espace-temps plat (Livre 5) si des limites causales sont induites, comme dans le cas d'un observateur accéléré [143].

QFT sur CST a un autre don, essentiel au formalisme de la mécanique statistique à suivre dans le livre 6, et c'est la relation spin-statistiques. Cette relation est généralement supposée, avec d'autres notions critiques, telles que l'entropie et la relation entre l'entropie et la densité d'états. Ceux-ci sont tous montrés, avec le chemin de présentation choisi dans cette série de physique, comme étant fondamentaux ou dérivés du formalisme déjà établi dans les livres 1 à 5 (pour préparer le livre 6).

Le choix du temps est lié au choix du vide, qui est lié au choix de la géométrie du champ ou du mouvement de l'observateur (comme une accélération ou une expansion constante). Si vous avez un QFT espace-temps plat avec une limite, alors vous avez des effets thermodynamiques (par exemple, l'observateur Rindler). Dans ce contexte, nous pouvons comparer la dérivation Hawking du rayonnement Hawking en utilisant le « truc » d'euclideanisation par rapport aux transformations de Bogoliubov du champ à la géométrie de Rindler à partir de la géométrie de Minkowski (si elle est choisie comme référence de vide asymptotique). Avec QFT sur CST, nous arrivons également aux statistiques de spin comme mentionné, et obtenons l'extension finale de la théorie au moyen des algèbres de Grassman, pour arriver à des descriptions statistiques de

Bose et Fermi thermodynamiquement cohérentes sur la matière quantique.

Aperçu du tome 6

La thermodynamique est la plus ancienne des disciplines de la physique (le feu), avec une utilisation sans vergogne d'arguments phénoménologiques et de mystérieux potentiels thermodynamiques (entropie). Évidemment, la thermodynamique est toujours présente aujourd'hui, y compris sous sa forme la plus quantifiée via la mécanique statistique. Comment n'est-ce pas un échec de la description mécaniste de l'univers indiquée par CM et même QM ? Des concepts apparus dans la gestion de la qualité, comme la probabilité, réapparaissent aujourd'hui. D'autres nouveaux concepts apparaissent également, notamment : les lois statistiques approximatives ; équations d'état; la chaleur comme forme d'énergie ; l'entropie comme variable d'état ; existence d'équilibres; ensembles/distributions ; et existence de la fonction de partition. Beaucoup de ces concepts apparaissent dans les descriptions intégrales du chemin avec les méthodes/extensions d'analyticité mentionnées précédemment, il y a donc des indices d'une théorie plus profonde qui arrive à une grande partie des fondements de la thermodynamique/mécanique statistique à partir de la théorie quantique existante.

Le livre 6 a été placé après les autres chapitres en attendant que l'entropie soit identifiée comme fondamentale dans la mesure où elle peut être identifiée comme une fonction intrinsèque du système avant même d'aborder la thermodynamique. Nous avons également déjà de l'expérience avec de nombreux systèmes de particules, via QFT (en particulier dans CST où la création de particules est presque inévitable), sans aborder directement ce scénario (car QFT est effectivement déjà à plusieurs particules, avec détermination analytique des fonctions du système à plusieurs particules, comme l'entropie). L'entropie étant présentée au départ comme une variable importante du système, la dérivation des potentiels thermodynamiques est alors un processus simple, comme nous le montrerons. Les connexions standards du SM à la thermodynamique peuvent alors être données. Ainsi, en abordant la thermodynamique et la mécanique statistique, nous commençons par les fondements de la théorie les plus établis, comme l'entropie (également avec une équipartition équivalente à la somme sur des chemins sans pondérations, etc.), sans hypothèses. Tout découle directement des découvertes théoriques exposées dans les livres précédents de la série.

Nous ne voyons pas de nouvelles connexions avec l'alpha, mais nous voyons de nouvelles structures/effets, en particulier des constructions multiples (comme avec GR, où nous n'avons également vu aucun rôle pour l'alpha).

Les liens étroits entre QM complexifié donnant naissance à une fonction de partition d'ensemble de particules, et QFT complexifié et fonction de partition d'ensemble de champs, sont désormais simplement un aspect dérivé de la complexation fondamentale postulée. Cette complexation sera posée dans le Livre 7 avec émanation dans un espace de perturbation complexifié.

De la physique atomique, décrite dans le livre 4, nous obtenons également les règles standard sur l'achèvement de la couche électronique (qui sont codées dans le tableau périodique). De la même manière, nous pouvons également comprendre les origines des règles intermoléculaires de la chimie quantique. Lorsqu'on le pousse à l'extrême de la mécanique statistique (SM), nous avons un équilibre thermodynamique émergeant de la loi des grands nombres (LLN) et de la convergence inverse de la martingale. Avec l'achèvement de l'application aux processus chimiques, nous avons des effets clairs de transition de phase, ainsi que l'équilibre et effets proches de l'équilibre. Les résultats chimiques familiers, avec les phases de la matière.

De l'équilibre chimique au quasi-équilibre, avec 10^{23} des éléments qui interagissent faiblement ou pas du tout, nous avons deux généralisations. La première est de considérer le quasi-équilibre chimique et d'obtenir directement un processus émergent à ce niveau, c'est la branche qui nous donne la biologie/vie à son niveau le plus primitif. La seconde consiste à considérer l'équilibre et le quasi-équilibre en général lorsque les éléments interagissent fortement (avec 10^{10} des éléments, par exemple), c'est la branche qui décrit la biologie/la vie à son niveau social et économique le plus avancé. Dans le bruit de tir classique, la granularité du flux de faible courant (en raison de la discrétion de la charge électronique) conduit à un effet de bruit. Ainsi, lorsque nous considérons des situations comportant moins d'éléments, il y a plus de complications, et non moins, en raison des effets de bruit de granularité, et nous entrons dans le domaine de l'apprentissage automatique avec des données clairsemées. Les effets du bruit peuvent être importants dans les systèmes complexes, notamment en biologie où il fait partie de ce qui est sélectionné (comme dans l'audition, pour l'annulation du bruit de fond).

La deuxième partie du livre 6 explore le rôle de la thermodynamique dans les efforts d'extension à TQFT et TQG. Cela se fait en explorant les paramètres du Black Hole. La reconnaissance du rôle de la structure complexe sur les variables du système devient apparente dans ce processus (en plus de la généralisation aux algèbres non triviales comme déjà révélé).

Dans le livre 6, partie 2, nous examinons la thermodynamique hamiltonienne de certaines géométries de trous noirs avec des conditions aux limites stabilisantes. Dans cette incursion dans l'exploration directe d'une solution de gravité quantique thermique (TQG), nous supposons une forme intégrale de chemin pour le problème GR et passons directement à une fonction de partition (par la « rotation de mèche » mentionnée ci-dessus). Nous voyons que TQG est possible, où la capacité thermique positive montre une stabilité. Un autre résultat encourageant quant à une éventuelle théorie unificatrice vient de la théorie des cordes via son explication de la thermodynamique BH et des effets de l'horizon BH avec la solution fuzz BH (via l'utilisation de l'hypothèse holographique et de la relation AdS -CFT associée [120, 121]).

Dans le livre 6, partie 2, nous examinons également la transformation du propagateur en fonction de partition lors de la complexation, ce qui conduit à une théorie thermodynamique pour une formulation d'équilibre, avec certains réglages de paramètres requis pour la stabilité (capacité thermique positive). Ceci est réalisable dans une variété de contextes, suggérant comment de telles conditions aux limites thermodynamiquement cohérentes peuvent être ce qui contraint la formulation classique du mouvement et de la singularité BH par l'effet de cette stabilisation se manifestant pour certaines géométries internes. Les formulations réussies de TQG (Thermal Quantum Gravity), telles que pour les espaces-temps RNadS et Lovelock présentés dans le livre 6, via une reformulation utilisant l'analyticité, et non via des approches non analytiques, suggèrent une fois de plus un rôle fondamental possible de l'analyticité et suggèrent également que TQG peut ' exister » ou être bien formulé, alors que QG pourrait généralement ne pas « exister ». Ces résultats, ainsi que les concepts fondamentaux des Livres 1 à 6 liés à la théorie des émanateurs, sont rassemblés dans une nouvelle synthèse théorique dans le Livre 7.

Aperçu du livre 7

Dans les livres 4, 5 et 6 de la série, nous avons exploré des exemples de QM avec un temps imaginaire, QFT dans CST, Thermal QFT, minisuperspace QG et Thermal QG. Dans cet effort, nous trouvons que l'intégrale de chemin et le propagateur PI fournissent la représentation la plus générale. En cherchant une théorie plus approfondie dans le livre 7, nous nous appuyons sur la formulation somme sur chemins avec propagateur pour arriver à une formulation somme sur émanations avec émanateur.

La propagation dans un espace de Hilbert complexe, dans une formulation QM ou QFT standard, nécessite que la fonction de propagateur soit un nombre complexe (non réel ou quaternionique, etc., [122]). Cela interdit ce qui serait autrement une généralisation évidente aux algèbres hypercomplexes. Afin de parvenir à cette généralisation, nous devons introduire une nouvelle couche dans la théorie, une avec une émanation universelle impliquant des algèbres hypercomplexes (trigintaduionions) qui est supposée se projeter dans la propagation complexe familière de l'espace de Hilbert avec des éléments fixes associés (par exemple, le formalisme de l'émanateur projette les constantes observées et la structure de groupe du modèle standard). La « projection » est une construction mathématique induite, comme avoir SU(3) sur les produits d'octonions, mais ici nous sommes le modèle standard U(1) xSU (2) xSU (3) sur les produits de trigintaduionions émanateurs. Ainsi, dans le Livre 7, une formulation variationnelle unifiée est posée, qui arrive à l'alpha en tant qu'élément structurel naturel, entre autres choses, spécifié de manière unique par la condition d'émanation maximale de l'information.

Dans le livre 7, nous notons également les implications d'une opération mathématique fondamentale sur un espace répété ou ajouté. Les forces non GR sont données par la forme de l'opération (la séquence formant une algèbre associative), les forces GR sont données indirectement par la forme de l'espace, cela laisse l'aspect « répété ou ajouté » à considérer avec précaution. Si une opération purement « répétée », ou cartographie, se produit, nous pouvons revenir à la discussion sur la cartographie dynamique du livre 1, où le chaos peut survenir et est omniprésent. Là, la « transition de phase » primordiale, la transition vers le chaos, est évidente. S'il s'agit d'une opération avec addition (au sens statistique d'éléments multiples), ainsi que d'étapes globales répétées, on arrive au cadre général de la mécanique statistique avec les effets de la Loi des

Grands Nombres (LLN) et de la convergence inverse de la Martingale, entre autres. choses (Livre 6). Le plus remarquable, cependant, est la prévalence d'un nouvel effet, celui des transitions de phase et l'émergence de nouvelles structures (l'ordre à partir du désordre), y compris les structures remarquables de la chimie et de la biologie.

Pourquoi cette « formule cabalistique » récurrente ? C'était déjà une question à l'époque de Sommerfeld [58]. Or, le parallèle numérologique est plus exact qu'on ne le pensait à l'époque, c'est donc trop une coïncidence pour être le fruit du hasard. La non-coïncidence semble être due à la nature maximale de la transmission de l'information dans diverses circonstances (en physique, en biologie et même dans la communication humaine avec une optimisation suffisante) ainsi qu'à la répétition fractale d'ensembles de paramètres clés qui se produit dans ces différents paramètres $\{10, 22, 78, 137 \cong 1/alpha\}$. Nous voyons que 10 exprime la dimensionnalité de la propagation (ou nœuds de connectivité), tandis que 22 correspond au nombre de paramètres fixes dans la propagation (dans le livre 7, nous explorons la propagation dans un sous-espace à 10 dimensions de l'espace trigintaduion à 32 dimensions, laissant 22 dimensions à des valeurs fixes qui apparaissent comme paramètres dans la théorie). Nous verrons que le nombre 78 concerne les générateurs du mouvement, et qu'il existe 4 chiralités du mouvement (« doublement chiral »). Nous verrons également que 137 est simplement le nombre de termes de produits tri-octonioniques indépendants dans « l'émanation » générale du trigintaduion chiral.

Synopsis – Frodon vit
Tolkien a écrit sur les eucatastrophes [127], peut-être avait-il anticipé le rôle constructif des phénomènes émergents dans la transmission maximale de l'information.

Préface à la série Physique, tome n°1, sur :

Mécanique classique et chaos

Ce livre fournit une description de la mécanique classique, en commençant par les formulations classiques du mouvement des particules ponctuelles. La première approche pour y parvenir consistait à utiliser des équations différentielles (1ère et 2ème lois de Newton [)] ; la seconde utilisait une formulation de fonction variationnelle pour sélectionner les équations différentielles (variation lagrangienne) ; la troisième utilisait une formulation fonctionnelle variationnelle (formulation d'action) pour sélectionner la formulation de fonction variationnelle. Ce livre décrira les trois formulations et résoudra les problèmes de chacune.

Ce n'est que lorsque la mécanique classique était déjà bien établie qu'on s'est rendu compte qu'il existe deux domaines de mouvement dans de nombreux systèmes : non chaotique ; et chaotique. Il s'agit d'une exposition moderne de la mécanique classique, incluant ainsi la théorie du chaos, ainsi que des liens avec des développements théoriques ultérieurs. L'exposition consiste tout au long de la présentation de problèmes intéressants dont beaucoup sont résolus, les autres étant laissés au lecteur. Les problèmes sont tirés des cours classiques de mécanique et de mathématiques suivis à Caltech, Oxford et à l'Université du Wisconsin. Les cours vont du niveau du premier cycle au niveau des cycles supérieurs. Les cours comportaient une sélection riche et sophistiquée de manuels et de matériel de référence, comme on peut s'y attendre, et ces textes de référence sont également repris ici. Au fur et à mesure que nous progressons dans le matériel, nous verrons que nous étudions effectivement des équations différentielles ordinaires (ODE) de complexité croissante (correspondant à un mouvement pendulaire plus compliqué, par exemple, par exemple en ajoutant une force de friction). Ce fort alignement avec les mathématiques sous-jacentes aux ODE motive le placement d'une annexe pour un examen rapide des ODE du point de vue des mathématiques appliquées.

En plus d'une exposition moderne de la théorie sous-jacente de l'ODE, y compris le chaos, les autres principaux éléments modernes doivent indiquer où la théorie de la mécanique classique peut faire le lien avec les théories à venir, telles que la mécanique quantique et la relativité restreinte. Il existe cinq domaines théoriques de mise en œuvre de la mécanique classique dans lesquels la mécanique quantique est trivialement indiquée (par extension/continuation analytique, ou par modification algébrique d'abélienne à non-abélienne), et ces domaines sont décrits en détail. De même, il existe trois domaines d'application expérimentale dans lesquels la relativité restreinte est indiquée, qui sont également décrits.

Chapitre 1 Introduction

Ce livre fournit une description de la mécanique classique, en commençant par les formulations classiques du mouvement des particules ponctuelles. La première approche pour y parvenir consistait à utiliser des équations différentielles (1ère et 2ème lois de Newton); la seconde utilisait une formulation de fonction variationnelle pour sélectionner les équations différentielles (variation lagrangienne) ; la troisième utilisait une formulation fonctionnelle variationnelle (formulation d'action) pour sélectionner la formulation de fonction variationnelle. Ce livre décrira les trois formulations et résoudra les problèmes de chacune.

Dans une description du mouvement des particules, en supposant qu'il ne s'agisse pas d'un domaine de paramètres avec un mouvement chaotique, plusieurs limites importantes existent. Les exemples incluent : les constantes universelles du phénomène de chaos susmentionné, qui sont encore rencontrées dans les régimes non-chaos s'ils sont poussés « au bord du chaos ». La diffusion est définie dans la limite asymptotique et la théorie des perturbations est bien définie dans le sens où elle est convergente. Globalement, si l'évolution est décrite comme un « processus », il s'agit souvent d'un processus Martingale, qui a des limites bien définies. Ainsi, nous avons des descriptions du mouvement, généralement réductibles à une équation différentielle ordinaire, et pour lesquelles des solutions (nécessitant des définitions limites) existent généralement.

Le développement de la mécanique classique s'est principalement produit entre 1687 et 1834 [1-13]. Il y eut alors un écart considérable tandis que d'autres découvertes furent faites, allant des quaternions [14,15] à l'électromagnétisme, en passant par la mécanique quantique [16-18]. Finalement, en 1976, le dernier élément clé de la théorie classique a été révélé avec la découverte de l'universalité du chaos [19]. De plus, pendant cette période, des approches mathématiques plus sophistiquées sont devenues plus courantes [20,21].

Un écart théorique majeur par rapport à la mécanique classique s'est produit avec la relativité restreinte, qui a été révélé par la découverte de la transformée de Lorentz en 1899 (il y a eu des premières allusions dans les études de Fizeau [22] en 1851, mais cela n'a été compris que par Einstein des décennies plus tard. 23]). Le développement de méthodes de mécanique classique est toujours très pertinent de nos jours, en partie en raison des développements connexes de l'IA moderne. L'une des méthodes de classification les plus puissantes connues, la Support Vector Machine (SVM), par exemple, est basée sur une formulation mécanique classique (lagrangienne) dans une application de théorie du contrôle (avec contraintes d'inégalité) [24].

Une description moderne de la mécanique classique sans théorie du chaos peut être trouvée dans Goldstein [25]. Un développement clé de la théorie, en termes d'invariants variationnels, a été apporté par Noether en 1918 [26]. D'autres manuels modernes utilisés dans ce livre incluent les classiques de Landau et Lifshitz [27], Percival & Richards [28] et Fetter & Walecka [29]. L'analyse à deux temps [30] et l'analyse de stabilité [31,32] sont également incluses dans ce travail, suivies des développements critiques susmentionnés de la théorie du chaos [19,33,34] et de l'apparence critique des fractales [35,36].

Il s'agit d'une exposition moderne de la mécanique classique qui consiste, tout au long, en la présentation de solutions à des problèmes intéressants tirés d'un certain nombre de textes de mécanique classique, notamment : Landau et Lifshitz [27] ; Goldstein [25]; Fetter et Walecka [29]; Percival et Richards [28] ; Arnold (ODE) [32] ; Arnold (CM) [37] ; Maison en bois [38] ; et Bender et Orszag [39]. Remarquez comment la première référence Arnold et la référence Bender et Orszag impliquent des manuels axés sur les équations différentielles ordinaires (équations différentielles ordinaires). De même, une analyse de l'excellent et rapide exposé de Landau et Lifshitz révèle qu'il progresse en partie à travers le matériau en passant par des équations différentielles ordinaires de complexité croissante. Ce fort alignement avec les mathématiques sous-jacentes aux équations différentielles ordinaires se poursuit dans cet exposé (de sorte qu'une annexe est fournie pour un examen rapide des équations différentielles ordinaires du point de vue des mathématiques appliquées).

En commençant par l'équation différentielle de Newton F=ma, on rencontre progressivement des équations différentielles plus complexes. Réduire un système dynamique à un ensemble d'équations différentielles n'est pas une tâche simple, et l'apprentissage de l'analyse lagrangienne pour ce faire sera l'objectif initial, mais le résultat final peut toujours être considéré comme une forme en termes d'équation différentielle ordinaire, ou un ensemble de telle. Nous pouvons donc réduire le problème de la description du mouvement d'un système à celui de la résolution d'une équation différentielle ordinaire, cela signifie-t-il que nous avons terminé ? Pour les équations différentielles ordinaires plus simples, oui, analytiquement en fait (en annexe on voit, par exemple, que les équations différentielles linéaires du second ordre à coefficients constants peuvent toujours être résolues). Pour les équations différentielles ordinaires plus complexes, toujours oui, mais des outils informatiques sont nécessaires (solution non sous forme fermée). Parfois, les équations différentielles ordinaires démontrent des instabilités, et pour cela, une analyse plus sophistiquée est nécessaire et il peut ne pas y avoir de réponses simples (comme l'existence du phénomène d'attracteur étrange) [37]. La découverte du chaos est plus révolutionnaire que la simple instabilité. Une équation différentielle ordinaire peut se comporter correctement dans un régime mais peut évoluer vers un « mouvement chaotique » dans un autre régime. Le « bord du chaos » est marqué par un comportement universel de doublement des périodes et est décrit au chapitre 7. Tout ce qu'un spécialiste des équations différentielles ordinaires aurait pu craindre, en ce qui concerne la complexité, s'avère être le cas (avec des instabilités et des phénomènes étranges). attracteurs, etc.), puis cela s'est doublé avec la découverte du nouveau phénomène du Chaos via l'Universalité. Pour les exemples d'équations différentielles ordinaires décrits ici, l'accent est mis sur les problèmes de physique, de sorte que les solutions chaotiques sont directement liées au mouvement chaotique.

En plus d'une exposition moderne de la théorie sous-jacente de l'équation différentielle ordinaire, y compris le chaos, les autres principaux éléments modernes doivent indiquer où la théorie de la mécanique classique peut faire le lien avec les théories à venir, telles que la mécanique quantique [42] et la relativité restreinte. [40]. Pour la théorie des perturbations impliquant des solutions à une équation différentielle ordinaire, diverses techniques sont présentées. Si une analyse complexe est utilisée, nous obtenons des solutions, par exemple, mais nous apercevons également les problèmes généraux d'équation différentielle ordinaire rencontrés en mécanique quantique. Les équations différentielles ordinaires générales décrites en annexe arrivent par exemple à la forme de Sturm-Liouville, qui a une formulation auto-adjointe pertinente pour la mécanique quantique. Encore plus générale est l'équation de Navier-Stokes (relative à la dynamique des fluides), et plus générale que cela est l'équation NS sans conservation d'espèce (comme dans un semi-conducteur où il peut y avoir génération de porteurs, donc pas de conservation, avec une équation de continuité modifiée, etc.). Les couplages requis dans la formulation relativiste créent à leur tour un désordre assez complexe qui n'est presque jamais résolu directement sans approximation. En pratique, « l'équation maîtresse de Navier-Stokes » est approximée dans un certain domaine opérationnel pertinent.

Dans ce qui suit, il existe cinq domaines théoriques de mise en œuvre de la mécanique classique, où la mécanique quantique est indiquée de manière triviale (par extension/continuation analytique), et ces domaines sont décrits en détail. De même, il existe trois domaines d'application expérimentale dans lesquels la relativité restreinte est indiquée, et ceux-ci sont également décrits.

1.1 La *condition sine qua non* du chaos et des phénomènes émergents

On verra que la mécanique classique est un cas particulier d'une théorie de la mécanique quantique plus large, il pourrait donc sembler que nous ayons rétrogradé la mécanique classique au rang de théorie dérivée d'une autre… *n'eut été de* l'existence de la théorie du chaos. Le chaos est un aspect dynamique fondamentalement nouveau (de toutes les théories classiques, quantiques, statistiques, avec une forme différentielle appropriée), mais c'est le plus simple (tout en restant familier) dans le régime de la mécanique classique. Le mouvement chaotique est omniprésent, mais peut également être évité dans de nombreux problèmes de mécanique classique, tels que les problèmes de petites oscillations. Le chaos, en tant que phénomène universel, possède également des constantes universelles qui seront explorées. Une manière simple de trouver le chaos consiste à utiliser la représentation hamiltonienne et à examiner tout mouvement périodique impliquant des non-linéarités. Considérés comme une carte itérative, les domaines du chaos sont alors clairement exposés (comme nous le montrerons au chapitre 7). De même, la mécanique statistique pourrait être considérée comme une théorie dérivée de la mécanique classique, *sans* l'apparition de la mesure entropique et des phénomènes émergents (transition de phase) (à discuter dans d'autres livres de cette série [40-46], en particulier [41] et [44]).

1.2 Le rôle des équations différentielles ordinaires, de la phénoménologie et de l'analyse dimensionnelle

Une lecture attentive de la table des matières révélera de nombreuses sous-sections relatives à l'application des équations différentielles ordinaires. Cet accent mis sur les équations différentielles ordinaires n'est pas le fruit du hasard, pas plus que l'inclusion d'un grand appendice

(Annexe A) sur les équations différentielles ordinaires. (L'Annexe A décrira les méthodes générales d'équation différentielle ordinaire et les méthodes avancées, avec de nombreuses solutions élaborées.) Presque toujours, le problème de mécanique classique peut être réduit à la résolution d'une équation différentielle ordinaire. Puisque c'est ce avec quoi nous avons commencé, avec Newton (une équation différentielle ordinaire du 2 ème ordre), cela peut ne pas sembler être un progrès, cependant, arriver à l'équation différentielle ordinaire correcte pour un système est souvent difficile, voire presque impossible, sans le techniques intermédiaires (lagrangien et hamiltonien). De telles méthodes sont donc évidemment nécessaires, mais une connaissance approfondie des équations différentielles ordinaires est également nécessaire. Sachant que nous aurons une équation différentielle, et en nous limitant aux équations compatibles avec l'analyse dimensionnelle, nous pouvons souvent arriver directement à la base d'un certain nombre d'arguments phénoménologiques pour les équations du mouvement et leurs solutions via les équations différentielles ordinaires (et des suggestions ou explications quant à phénomènes nouveaux). L'analyse dimensionnelle et la phénoménologie sont décrites au chapitre 9.

1.3 Sources de problèmes ; Niveau de couverture ; Solutions détaillées ; Méthodes avancées

Certains des problèmes (avec et sans solutions) se situent au niveau des questions de l'examen de candidature au doctorat (un examen, ou « examen préliminaire », qui est passé à la fin de la deuxième année d'un programme de doctorat en physique afin de passer à la candidature, dans certaines institutions, comme l'UWM et l'U. Chicago). Ces problèmes ont tendance à être les plus difficiles. Certains des problèmes, presque aussi difficiles, sont liés à des problèmes qui m'ont été assignés dans le cadre de cours de premier cycle et de cycles supérieurs suivis alors que j'étais étudiant à Caltech. Dans de nombreux cas, mes solutions soigneusement élaborées ont été utilisées dans les « ensembles de solutions » fournis ultérieurement à la classe. De tels problèmes et mes solutions sont présentés pour les problèmes des cours suivants de Caltech (vers 1987) : Sujets de physique classique ; Dynamique avancée ; et Méthodes de mathématiques appliquées (à l'annexe A). Souvent, les problèmes, ou les exemples, présentés dans les cours étaient dérivés de problèmes issus des principaux manuels disponibles en mécanique classique. Ainsi, ces sources ont également été directement utilisées pour certains des problèmes résolus ici, et incluent des solutions aux problèmes tirées des textes classiques suivants : Goldstein [25] ; Landau&Lifschitz [27];

5

Percival et Richards [28] ; et Fetter et Walecka [29]. Les solutions sont fournies avec des détails mathématiques approfondis, comme ce qui pourrait être fourni dans un cours magistral, afin d'enseigner en détail la technique de résolution (index « gymnastique »).

1.4 Synopsis des chapitres à suivre

Pour commencer, nous considérons la théorie classique du mouvement des particules ponctuelles et la mécanique classique. Cela commence, dans la section 2.1, par une brève description de la formulation du calcul de Newton (1687) [1], où la force newtonienne est égale à la masse multipliée par l'accélération (une dérivée seconde de la position dans la notation de Leibnitz). Leibnitz fut l'autre inventeur majeur du calcul, avec l'utilisation du calcul intégral dans des notes non publiées en 1675 [2] et publiées en 1684 (pour la traduction, voir Struik [3]). Leibnitz a également décrit le théorème fondamental du calcul (moderne) (la relation inverse entre intégration et différenciation) en 1693 [4]. Le rôle précoce des mathématiciens polyvalents dans le développement des fondements mathématiques de la mécanique classique s'est poursuivi avec Euler et Laplace. Euler a apporté des contributions très tôt, avec Mechanica (1736) [5], mais a continué à développer les mathématiques et la physique mathématique sous-jacentes pendant plusieurs décennies, impactant Lagrange plus de cinquante ans plus tard, en 1788 (avec la synthèse connue sous le nom d'équations d'Euler-Lagrange).). De même, la méthode de Laplace décrite dans (1774) [6] a eu un impact majeur sur la reformulation de Hamilton en 1834 (qui donne naissance au propagateur classique associé à $\int e^{Mf(x)} \, dx$, for $M \gg 1$) [6] , ainsi que sur les méthodes d'intégrales de chemin dans les années 1940 (propagateur quantique associé à $\int e^{iMf(x)} \, dx, M \gg 1$) [48] .

Après Newton, la prochaine formulation majeure de la théorie classique fut la description de la force par D'Alembert dans le contexte du travail virtuel (1743) [7]. Le travail virtuel, équilibrant le travail réellement effectué à zéro, est équivalent à une forme des équations d'Euler-Lagrange [8,9], qui réacquièrent les équations du mouvement comme auparavant mais maintenant avec une description beaucoup plus simple des contraintes holonomiques (comme pour les contraintes rigides). corps, où l'équation de contrainte n'est pas une équation différentielle). Dans la section 3.3.1, nous passons en revue les types de contraintes, telles que les contraintes holonomiques. Dans de nombreuses situations, nous avons des contraintes non holonomiques (comme pour un objet roulant). La complication des contraintes non holonomiques est facilement gérée dans la reformulation de Hamilton en termes du principe de moindre action (1833, 1834) [10-13], décrit au chapitre 3. Hamilton déplace le fondement mathématique de la formulation théorique vers une approche variationnelle. extremum d'une fonctionnelle d'action définie comme l'intégrale d'une fonction lagrangienne pour une particule ponctuelle dans le temps (le long d'une trajectoire ou d'un chemin). Le minimum variationnel, par exemple le principe de moindre action, récupère alors les équations d'Euler-Lagrange pour décrire les mêmes équations de mouvement qu'avec D'Alembert, sauf que nous avons maintenant les moyens de gérer les contraintes non holonomiques au moyen de multiplicateurs de Lagrange (brièvement décrits). dans la section 3.3.1, puis utilisé dans quelques exemples dans la section 3.3.2). Hamilton a également co-découvert les quaternions (1843-1850) [14], avec Olinde Rodrigues (1840) [15], qui seront utilisés pour exprimer l'électromagnétisme précoce par Maxwell (à discuter dans [40]), et pour indiquer davantage les algèbres complexes (un prélude à la mécanique quantique – à discuter dans [42]).

La formulation variationnelle présentée au chapitre 3 « unifie » également la théorie classique d'autres manières [7-14], ainsi qu'un pont vers la « nouvelle » théorie quantique (détails dans [42]). En effet, la théorie quantique peut être exprimée en termes d'une formulation intégrale oscillatoire, où la contrainte d'avoir une action minimale n'est pas obtenue comme une règle variationnelle fondamentale, mais comme une conséquence de la sommation de toutes les trajectoires de mouvement dont les actions entrent comme termes de phase dans une intégrale hautement oscillatoire (développement mathématique initial à partir de la méthode de Laplace [6]), qui à son tour sélectionne les équations classiques du mouvement comme approximation d'ordre zéro de l'intégrale oscillatoire (phase stationnaire). Au premier ordre, nous avons des effets semi-classiques, et une somme de la description quantique complète donne la théorie quantique complète (voir [42] pour plus de détails).

Le chapitre 3 explore spécifiquement l'application de la formulation de l'action minimale en termes de fonctionnelle (l'action) sur la fonction lagrangienne intégrée le long d'un chemin spécifié. Une large gamme de systèmes classiques peut être décrite avec une telle application de la méthodologie variationnelle. Il existe deux manières principales de formuler la fonctionnelle d'action qui sont liées par la transformation de Legendre : (i) la méthode lagrangienne susmentionnée et (ii) la méthode hamiltonienne. L'hamiltonien, qui sera décrit (avec applications) au chapitre 6, est associé aux quantités conservées du système, si elles existent, comme l'énergie. Dans ce dernier sens, pour décrire les quantités conservées du système, l'hamiltonien est introduit au chapitre 3, pour exprimer ces quantités conservées dans les solutions. Cependant, l'analyse du point de vue d'une analyse variationnelle hamiltonienne complète n'est effectuée qu'au chapitre 6. Les très brèves sections intermédiaires comprennent le chapitre 4 Mesure classique ; et chapitre 5 Mouvement collectif.

Les chapitres 3, 6 et 8 décrivent la formulation hamiltonienne du premier ordre en termes de coordonnées canoniques. La représentation dans l'espace des phases de la dynamique du système en termes de coordonnées canoniques permet ensuite d'explorer les propriétés de l'hamiltonien vu comme une fonction de cartographie sur un espace des phases. Nous constatons que de telles cartographies conservent la zone et nous permettent de décrire facilement le comportement asymptotique du système dans de nombreuses situations, y compris des situations qui démontrent clairement un phénomène radicalement nouveau : le « chaos ». L'omniprésence du chaos et des systèmes classiques « au bord du chaos » est ensuite décrite au chapitre 7.

L'« universalité » du chaos a été démontrée dans l'article de Feigenbaum de 1976 [19]. Cette universalité se produit en supposant que la fonction de cartographie a un maximum local quadratique (parabolique). Feigenbaum indique qu'il s'agit d'une relation normale mais ne donne pas plus de détails. Il s'avère qu'avoir une forme quadratique pour le maximum local (près d'un point critique) est une propriété générale issue du calcul des variations et des espaces de Hilbert connue sous le nom de lemme de Morse-Palais [20,21]. L'hypothèse qui sous-tend l'universalité du chaos est valable s'il existe une fonction suffisamment lisse à proximité des points d'intérêt critiques, par exemple s'il existe une description multiple (avec une fonction lisse). Supposons que nous renversions cela (comme nous le ferons dans [47]) et supposons que le chaos soit une limite fondamentale, toujours présente. Si cela est vrai, alors Morse-Palais doit toujours être applicable, nous avons donc une variété (géométrie). Ceci est intéressant car avant même d'arriver aux champs/géométries dynamiques (variétés) dans [41], nous voyons la preuve d'une telle construction mathématique existant en tant que conséquence de l'universalité de, eh bien, l'universalité [19].

Le chapitre 8 aborde les propriétés plus explicites des coordonnées canoniques et des transformations entre elles. Cela permet de choisir des coordonnées canoniques qui simplifient grandement l'analyse en découplant les équations du mouvement et en les rendant constantes du mouvement, ou coordonnées du mouvement, dans de nombreux cas. Le cas le plus découplé est décrit par ce que l'on appelle l'équation de Hamilton-Jacobi, qui, lorsqu'elle est déplacée vers le formalisme des opérateurs pour la théorie quantique, décrit dans [42], devient l'équation familière de Schrödinger. Une autre formulation, en termes de variables canoniques correctement choisies, donne naissance à la formulation de Poisson Bracket. Ceci est également discuté, non pas pour son application à la physique classique *en soi*, mais en raison de son passage trivial à une formulation de commutateur d'opérateur pour arriver à l'autre (la première) reformulation quantique de la théorie classique (la formulation de Heisenberg). Le chapitre 9 continue avec un autre avantage de la formulation hamiltonienne, une quantité conservée dans de nombreux systèmes, via son application à la théorie des perturbations. L'utilisation des hamiltoniens dans des contextes *de perturbation* classique et quantique est discutée. Le chapitre 9 décrit également l'analyse dimensionnelle qui, combinée à une analyse des quantités conservées, peut donner lieu à des solutions surprenantes basées sur la seule autosimilarité – avec quelques exemples classiques donnés. Des exercices supplémentaires sont placés au chapitre 10.

La mécanique classique décrite dans ce livre n'aborde que brièvement les corrections relativistes restreintes, c'est-à-dire qu'elle se concentre sur les particules se déplaçant à des vitesses non relativistes. Ainsi, dans ce livre, il y a l' approximation du temps absolu, une notion de simultanéité et de transmission instantanée de force avec changement de position de la source. Notez que cette séparation de la relativité restreinte de la physique classique de ce livre est également raisonnable, physiquement, dans la mesure où au niveau de la matière particulaire non relativiste examinée, il y a peu de possibilités de voir des effets relativistes restreints. Voir la section 3.3.2 pour une première indication expérimentale de l'existence d'une magnitude à 4 vecteurs pour l'énergie-impulsion dans la formule de diffusion Compton. Un autre exemple où des effets relativistes ont été observés, bien que non réalisés à l'époque, était celui des expériences de Fizeau sur la propagation de la lumière dans l'eau qui coule (1851) [22]. (Einstein remarqua que « les résultats expérimentaux qui l'avaient le plus influencé étaient les observations de l'aberration stellaire et les mesures de Fizeau sur la vitesse de la lumière dans l'eau en mouvement » [23].)

L'expérience de Fizeau (Section 4.3) donne lieu à une vitesse relativiste 4. -calcul d'addition vectorielle (pour l'effet Doppler relativiste). Une fois l'effet Doppler relativiste révélé, toute la relativité restreinte peut être récupérée au moyen du K-calcul de Bondi (décrit dans [40]).

Une fois que nous arrivons aux notions de champs de force dynamiques dans [40], la transformation de Lorentz sur les équations de Maxwell (en tant que 4 vecteurs) est révélée (1899), et l'extension de ces transformations à toute la matière *à la* Einstein suit alors en 1905. Pour cela Pour cette raison, la théorie de la relativité restreinte et les solutions de fond et de problèmes sont placées dans [40] sur Fields.

Ainsi, les champs décrits dans ce livre, voire pas du tout, sont statiques ou stationnaires, la discussion de leur rôle dynamique général étant renvoyée à [40]. Les systèmes mécaniques classiques considérés sont également simples dans la mesure où seuls quelques éléments interagissent et sont en mouvement à un moment donné. Les connexions aux systèmes comportant de nombreux éléments sont principalement laissées à [44] sur la mécanique statistique. Cependant, même au niveau de la mécanique classique, nous pouvons encore voir des signes préliminaires de nouveaux phénomènes (dus aux phénomènes émergents de Martingale et au comportement de la loi des grands nombres, LLN). À partir de là, nous pouvons commencer à voir qu'il existe de nouveaux paramètres fondamentaux, tels que l'entropie (discutée dans [41], en ce qui concerne la géométrie de l'information, et dans le livre 6 sur la mécanique statistique).

Notez qu'avant d'arriver à [44] sur la mécanique statistique, où le rôle fondamental de l'entropie est principalement exploré, nous aurons déjà « découvert » l'entropie dans le contexte de la théorie de l'apprentissage statistique sur une *variété neuro* (donnée dans [41]. Lorsque l'apprentissage statistique est effectué sur une construction de réseau neuronal (NN) avec apprentissage NN via l'attente/maximisation, le processus d'apprentissage peut être décrit en utilisant la géométrie de l'information. La géométrie de l'information est un formalisme de géométrie différentielle appliqué aux familles de distributions dans les processus d'apprentissage statistique. apprentissage statistique optimal, on peut montrer que l'entropie est sélectionnée pour les notions « locales » de distance de distribution dans un processus similaire à la distance euclidienne (espace-temps plat) étant sélectionnée comme notion géométrique locale de distance multiple. en tant que mesure locale, tout comme l'espace-temps localement plat est sélectionné (avec la métrique locale de Minkowski), la mise en œuvre directe de l'apprentissage statistique, sous la forme d'un apprentissage SVM basé sur l'IA [24], est en fait un exercice . en optimisation lagrangienne avec contraintes d'inégalités non holonomiques (voir [24]), et sera donc directement accessible à ceux qui maîtrisent le matériel de ce livre.

Maintenant, commençons... par Newton.

Chapitre 2. Newton, Leibnitz et D'Alembert

Les descriptions mathématiques de la physique doivent tenter de justifier pourquoi leur description devrait être d'une certaine manière ou évoluer d'une certaine manière, parmi toutes les possibilités mathématiquement exprimables. La réponse, surtout à la suite de la philosophie adoptée par Maupertus et Leibnitz [2], est généralement une forme d'optimum sélectionné sur l'état ou le chemin du mouvement (le chemin le plus court, par exemple). Étant donné l'idée de rechercher un extremum variationnel, il est alors logique qu'il y ait l'invention (ou la découverte) du calcul variationnel.

Avant 1660, la physique pré-calcul avait acquis un ensemble de données d'observation, mais ne disposait pas encore des mathématiques inventées pour affronter la description des trajectoires et des chemins extrêmes (ce que nous montrerons comme étant ces trajectoires). Cela ne veut pas dire qu'un développement critique des mathématiques n'ait pas déjà eu lieu, remontant à l'invention de la trigonométrie primitive avec le concept du sinus de l'angle (le sinus était utilisé dans le suivi des étoiles par les astronomes indiens, période Gupta, mais l'utilisation de la méthode pourrait remonter aux anciens Babyloniens avec des découvertes futures [75]).

Le calcul fluxionnel de Newton a été inventé en 1665-1666 (pendant la peste de Londres), mais il a évité l'utilisation directe des infinitésimaux pour exprimer ses conclusions. Le calcul de Leibniz accepte dès le départ l'utilisation et la validité des infinitésimaux et a commencé le développement de la notation pour les infinitésimaux en 1675 qui est toujours utilisé aujourd'hui. La validité mathématique formelle de l'utilisation des infinitésimaux a dû attendre jusqu'en 1963 pour « l'analyse non standard » d'Abraham Robinson [76,77].

La description mathématique et physique de la réalité s'est ainsi établie avec le développement du calcul dans les années 1660 [1,2]. Le calcul variationnel, en particulier, fournit des solutions physiques et des descriptions de la réalité conformes à l'observation, où la description physique de la réalité se présente sous la forme d'un extremum variationnel [6,10,11]. Ceci est décrit en détail dans Mécanique classique et Théorie classique des champs. Disposer d'un processus variationnel pour sélectionner l'optimum revient souvent à résoudre une certaine forme d'équation différentielle (examinée en détail dans l'annexe). C'est bien si vous pouvez résoudre l'équation différentielle, mais si vous n'y parvenez pas, il est avantageux de disposer d'une autre méthodologie d'analyse pour sélectionner les équations de mouvement. Ainsi, il a été reconnu très tôt qu'il était possible d'avoir un processus de sélection basé sur des constructions intégrales hautement oscillatoires qui s'auto-sélectionnent pour leur composante de phase stationnaire [6]. Cette dernière voie finira par jeter les bases de l'approche Path Integral de la physique quantique (voir [42]), et de toute la physique classique qui l'a précédée comme un cas particulier.

L'introduction de concepts de physique mathématique avant la validation mathématique formelle est un thème récurrent en physique. Un autre exemple de ce type est l'introduction de la fonction delta par Dirac, formalisée via la théorie de la distribution L^2 [78] (c'est ce qui est absolument nécessaire dans la formulation quantique sous-jacente, auto-adjointe).

2.1 Loi des forces de Newton et, avec Leibnitz, invention du calcul
Commençons par reformuler les trois lois de Newton :

1ère ^{Loi} : $\frac{dp}{dt} = 0$ si $F = 0$, où $p = mv$ et m est la masse et v la vitesse.

2ème ^{loi} : $\frac{dp}{dt} = F \rightarrow F = ma$.

3ème ^{Loi} : La force exercée entre deux objets est égale et opposée.

(2-1)

Et, lorsqu'il y a plus d'une particule, nous avons pour équation du mouvement de la i ^{ème} particule :

$$\sum_j \vec{F}_{ji} + \vec{F}_i = \dot{\vec{p}}_i \,,$$

(2-2)

où $\vec{F}_{ji}$ est la force de la j ^{ème} particule sur la i ^{ème} particule ($\vec{F}_{ii} = 0$), $\vec{F}_i$ est la force externe nette sur la i ^{ème} particule et $\dot{p}_i$ est la dérivée temporelle de l'impulsion de la i $^{ème \ particule.}$ Rappelez-vous la 3 ^{ème} loi de Newton , où la force exercée entre deux objets est égale et opposée, c'est-à-dire $\vec{F}_{ji} = -\vec{F}_{ij}$ que c'est ce qu'on appelle la loi faible d'action et de réaction [25].

Dans le chapitre 1, problème 6 (p. 31) de Goldstein [25], décrit ci-dessous, nous constatons que les équations standards du mouvement pour la position et la quantité de mouvement du centre de masse, prises comme point de départ, n'indiquent pas seulement la loi d'action faible. et la réaction, mais aussi la loi forte, *où les forces se situent strictement le long de la ligne joignant les objets* . Ce résultat pratique se produit parce que les équations du mouvement du système sont implicitement liées aux lois de conservation au niveau du système. Ainsi, prises à l'envers, nous voyons des lois de conservation globales contraignant la dynamique locale et les descriptions de forces locales telles que les forces entre les objets se situent strictement le long de la ligne joignant les objets. Ceci est développé plus en détail dans le contexte du théorème de Noether [26] dans une section ultérieure. Pour l'instant, considérons le système de centre de masse en détail, en commençant par une description de la coordonnée du centre de masse qui a l'équation du mouvement :

$$\vec{R} = \frac{\sum m_i \vec{r}_i}{\sum m_i}; \quad M = \sum m_i; \quad M \frac{d^2 \vec{R}}{dt^2} = \sum_i \vec{F}_i = \vec{F}^{(ext)},$$

où cela concerne les équations de mouvement des objets individuels lors de l'élimination des coordonnées du centre de masse :

$$\sum m_i \frac{d^2 \vec{r}_i}{dt^2} = \sum_i \vec{F}_i.$$

Une comparaison directe avec l'équation individuelle du mouvement ci-dessus, lorsqu'elle est additionnée sur des objets, montre que nous devons avoir :

$$\sum_{i,j} \vec{F}_{ji} = 0 \rightarrow \quad \vec{F}_{12} = -\vec{F}_{21},$$

(2-3)

Dans le cas fondamental de deux objets, nous obtenons ainsi la loi faible d'action et de réaction (jusqu'à présent). Tournons maintenant notre attention vers la description du système du mouvement angulaire (autour du centre), qui concerne la conservation du moment cinétique. En commençant par le moment cinétique du système et la variation du moment cinétique avec le couple externe :

$$L = \sum_i \vec{r}_i \times \vec{p}_i; \quad \frac{dL}{dt} = \sum_i \vec{r}_i \times \vec{F}_i,$$

on prend d'abord directement la dérivée temporelle :

15

$$\frac{dL}{dt} = \sum_i \dot{\vec{r}}_i \times \vec{p}_i + \vec{r}_i \times \dot{\vec{p}}_i = \sum_i \vec{r}_i \times \dot{\vec{p}}_i$$

Une comparaison directe des dérivées temporelles du moment cinétique indique alors qu'il faut avoir :

$$\sum_{i,j} \vec{r}_i \times \vec{F}_{ji} = 0.$$

(2-4)

Encore une fois, concentrons-nous sur deux objets en interaction (étiquetés 1 et 2) : $\vec{r}_1 \times \vec{F}_{21} + \vec{r}_2 \times \vec{F}_{12} = 0$,et puisque $\vec{F}_{ji} = -\vec{F}_{ij}$ déjà, nous devons avoir : $(\vec{r}_1 - \vec{r}_2) \times \vec{F}_{12} = 0$,complétant la loi forte de la preuve action-réaction -- les forces se situent strictement le long de la ligne joignant les objets (permettant une description potentielle de la fonction dans une analyse ultérieure).

2.2 Le principe du travail virtuel de D'Alembert

Cette section résume l'argument de D'Alembert en notation moderne selon [25,37]. Supposons que le système soit en équilibre, c'est-à-dire $\vec{F}_i = 0$, alors clairement $\vec{F}_i \cdot \delta \vec{r}_i = 0$. Donc $\sum \vec{F}_i \cdot \delta \vec{r}_i = 0$, que nous décomposons maintenant comme :

$$\vec{F}_i = \vec{F}_i^{(a)} + f_i,$$

(2-5)

où $\vec{F}_i^{(a)}$ est la force appliquée et f_i est la force de contrainte. Ainsi,

$$\Sigma_i^{\square} \vec{F}_i^{(a)} \cdot \delta \vec{r}_i + \Sigma_i^{\square} \vec{f}_i \cdot \delta \vec{r}_i = 0,$$

où il $\delta \vec{r}_i$ peut y avoir des déplacements arbitraires. On se limite maintenant à la situation où le travail virtuel net dû aux forces de contrainte est nul, $\Sigma_i^{\square} \vec{f}_i \cdot \delta \vec{r}_i = 0$, pour obtenir alors :

$$\Sigma_i^{\square} \vec{F}_i^{(a)} \cdot \delta \vec{r}_i = 0.$$

Supposons que le système se trouve maintenant dans un cadre général, $\vec{F}_i = \dot{\vec{p}}_i$ si nous divisons la force de contrainte comme précédemment :

$$\Sigma_i^{\square} \left(\vec{F}_i^{(a)} - \dot{\vec{p}}_i \right) \cdot \delta \vec{r}_i + \Sigma \vec{f}_i \cdot \delta \vec{r}_i = 0$$

et, avec la même hypothèse de travail virtuel net nul dû aux contraintes, on obtient :

$$\Sigma_i^{\square} \left(\vec{F}_i^{(a)} - \dot{\vec{p}}_i \right) \cdot \delta \vec{r}_i = 0 , \qquad D'Alembert's\ principle$$

(2-6)

16

De la forme ci-dessus, nous devons transformer en coordonnées généralisées indépendantes les unes des autres, de telle sorte que les coefficients des déplacements puissent être mis à zéro séparément :

$$\vec{r}_i = \vec{r}_i(q_1, q_2, \dots q_n, t) \;\rightarrow\; \delta\vec{r}_i = \Sigma_j^{\square} \frac{d\vec{r}_i}{\partial q_j} \delta q_j \,.$$

Considérons d'abord la transformation de la $\vec{F}_i^{(a)} \cdot \delta\vec{r}_i$ pièce (en supprimant l'exposant « appliqué ») :

$$\Sigma_i^{\square} \vec{F}_i \cdot \delta\vec{r}_i = \Sigma_{i,j}^{\square} \vec{F}_i \cdot \frac{\partial\vec{r}_i}{\partial q_j} \delta q_j = \Sigma_j^{\square} Q_j \delta q_j$$

$$\rightarrow \quad Q_j = \Sigma_i^{\square} \vec{F}_i \cdot \frac{\partial\vec{r}_i}{\partial q_j}$$

(2-7)

où la dimension de Q n'a pas besoin d'être la dimension de la force, ni les coordonnées généralisées les dimensions de la longueur, mais leur produit doit quand même être la dimension du travail. Considérons maintenant la transformation du $\Sigma_i^{\square} \dot{p}_i \cdot \delta\vec{r}_i$ terme :

$$\Sigma_i^{\square} \dot{p}_i \cdot \delta\vec{r}_i = \Sigma_i^{\square} m_i \ddot{\vec{r}}_i \cdot \delta\vec{r}_i = \Sigma_{i,j}^{\square} m_i \ddot{\vec{r}}_i \cdot \frac{\partial\vec{r}_i}{\partial q_j} \delta q_j$$

$$= \Sigma_{i,j}^{\square} \left\{ \frac{d}{dt}\left(m_i \dot{\vec{r}}_i \cdot \frac{\partial\vec{r}_i}{\partial q_j} \right) - m_i \dot{\vec{r}}_i \frac{d}{dt}\left(\frac{\partial\vec{r}_i}{\partial q_j} \right) \right\} \delta q_j$$

maintenant,

$$\frac{d}{dt}\left(\frac{\partial\vec{r}_i}{\partial q_j} \right) = \Sigma_k^{\square} \frac{\partial^2\vec{r}_i}{\partial q_j \partial q_k} \dot{q}_k + \frac{\partial^2\vec{r}_i}{\partial q_j \partial t} = \frac{\partial}{\partial q_j} \frac{d\vec{r}_i}{dt} = \frac{\partial\vec{r}_i}{\partial q_j}\,.$$

De plus, passer à $\dot{\vec{r}}_i = \vec{v}_i$:

$$\frac{\partial\vec{v}_i}{\partial \dot{q}_j} = \frac{\partial}{\partial \dot{q}_j}\left\{ \Sigma_k^{\square} \frac{\partial r_i}{\partial q_k} \dot{q}_k + \frac{\partial r_i}{\partial t} \right\} = \frac{\partial r_i}{\partial q_j}$$

Nous pouvons maintenant écrire

$$\Sigma_i^{\square} \dot{p}_i \cdot \delta\vec{r}_i = \Sigma_i^{\square} \left\{ \frac{d}{dt}\left(m_i \vec{v}_i \cdot \frac{\partial\vec{v}_j}{\partial \dot{q}_j} \right) - m_i \vec{v}_i \cdot \frac{\partial\vec{v}_j}{\partial q_j} \right\}$$

$$= \Sigma_i^{\square} \left\{ \frac{d}{dt}\left(\frac{\partial}{\partial \dot{q}_j}\left(\Sigma_i^{\square} \frac{1}{2} m_i \vec{v}_i^{\,2} \right) \right) - \frac{\partial}{\partial q_j}\left(\Sigma_i^{\square} \frac{1}{2} m_i \vec{v}_i^{\,2} \right) \right\}$$

et en écrivant le terme d'énergie cinétique $\Sigma_i^{\square} \frac{1}{2} m_i \vec{v}_i^{\,2} = T$, on obtient le principe de D'Alembert sous la forme :

$$\Sigma_j^{\square} \left[\left\{ \frac{d}{dt}\left(\frac{\partial T}{\partial \dot{q}_j} \right) - \frac{\partial T}{\partial q_j} \right\} - Q_j \right] \partial q_j = 0.$$

(2-8)

17

En utilisant la Force écrite en termes de fonction potentielle $\vec{F}_i = -\nabla_i V$ (où les surfaces équipotentielles sont bien définies par rapport aux « lignes de champ »), nous avons :

$$Q_j = \Sigma_i^{\square} \vec{F}_i \cdot \frac{\partial \vec{r}_i}{\partial q_j} = -\Sigma \nabla_i V \cdot \frac{\partial \vec{r}_i}{\partial q_j} = -\frac{\partial V}{\partial q_j}$$

(2-9)

Si nous introduisons maintenant le lagrangien standard $L = T - V$, nous constatons que le principe de D'Alembert donne naissance aux équations du mouvement exprimées en termes de lagrangien :

$$\frac{d}{dt}\left(\frac{\partial L}{\partial \dot{q}_j}\right) - \frac{\partial L}{\partial \dot{q}_j} = 0,$$

(2-10)

où cette dernière forme succincte des équations du mouvement est connue sous le nom d'équations d'Euler-Lagrange (EL). Ceci termine la dérivation des équations EL au moyen du principe de D'Alembert ; nous effectuerons une dérivation différente de l'équation EL dans le contexte du principe de moindre action de Hamilton dans le prochain chapitre.

Considérons maintenant certains des champs de force ou phénoménologie les plus simples. Supposons que la force agisse dans une seule direction (uniformément) et soit constante, tel serait un exemple de force due à la gravité à la surface de la Terre, où $F = -mg$. Lorsqu'on le prend avec le pendule simple, nous avons une description complète puisque tous les autres paramètres du « système » impliquent le pendule (longueur du bras, qui est sans masse, et masse du pendule) :

Exemple 2.1. Le pendule simple

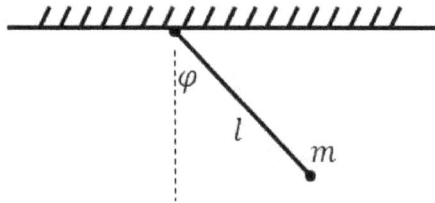

Figure 2.1 Pendule simple.

Le lagrangien est donné par $L = KE - PE$ où:

18

$$KE = \frac{1}{2}m(l\dot{\varphi})^2 \quad and \quad PE = -lgm\cos\varphi, \quad thus \; L$$
$$= \frac{1}{2}m(l\dot{\varphi})^2 + lgm\cos\varphi$$

Exercice 2.1. *Quelles sont les équations du mouvement du pendule simple ?*

Exemple 2.2. Le ressort simple
Considérons maintenant où la force n'est pas constante, mais linéaire dans un certain déplacement, comme ce serait le cas pour un simple ressort où $F = -kx$. Ici, k entre en tant que paramètre phénoménologique, et non en tant que simple paramètre dimensionnel, et dépend du matériau. Les équations du mouvement sont donc :

$$m\ddot{x} = -kx \rightarrow x = \cos(\omega t) + B\sin(\omega t), \quad where \; \omega = \sqrt{\frac{k}{m}}.$$

Exercice 2.2. *Qu'est-ce que le lagrangien ?*

Exemple 2.3. Le problème des ressorts de table.
Considérons un ressort dont une extrémité est attachée à une surface de table, l'autre extrémité est attachée à une masse m. Pour un mouvement planaire en coordonnées polaires nous avons pour énergie cinétique : $T = \left(\frac{1}{2}\right)m(\dot{r}^2 + r^2\dot{\theta}^2)$. Pour l'énergie potentielle, d'après la loi de Hooke : $\delta W = -kr\delta r$. Les équations du mouvement donnent alors : $m\ddot{r} - mr\dot{\theta}^2 = -kr$ et $\frac{d}{dt}\left(mr^2\dot{\theta}\right) = 0$.

Exercice 2.3. Refaire en coordonnées rectilignes.

Le dernier exemple montre à quel point la familiarité avec la manipulation des équations différentielles sera utile dans ce qui suit. Pour cette raison, une revue des équations différentielles ordinaires est donnée dans l'annexe (Annexe A), avec un bref aperçu de ce qui suit immédiatement pour plus de commodité. Ensuite, plusieurs autres exemples EOM et Lagrangiens seront donnés dans la section 3.3.2, une fois que nous aurons appris à gérer les contraintes.

2.3 Aperçu des équations différentielles ordinaires simples basées sur une trajectoire

Quelques brefs commentaires sur le rôle des équations différentielles ordinaires à ce stade précoce sont maintenant donnés, avec plus de contexte et de nombreux exemples donnés dans l'Annexe A. Pour ce qui suit, nous nous intéressons aux forces qui sont polynomiales en déplacement et d'ordre faible, donc ma= F devient : ma=0 ; ma=constante ; ou ma=- kx ; comme déjà mentionné. Depuis $a = \ddot{x}$, nous voyons que nous décrivons la famille des équations différentielles ordinaires impliquant des dérivées du second ordre. Les termes dérivés du premier ordre seraient absents d'une forme plus générale d'une telle équation différentielle ordinaire, et en les ajoutant, nous avons maintenant inclus les forces de friction standard (si elles sont linéaires en dérivée première et négatives). Ainsi, nous découvrons, presque sans effort, comment les termes ajoutés dans l'équation différentielle ordinaire sont liés à la physique, à la cinématique et à la phénoménologie, et peuvent même être utilisés par ceux-ci (à l'envers) pour identifier de nouveaux effets physiques, comme l'ont fait Landau et Lifshits dans la découverte de l'équation différentielle ordinaire. LL équation [49], et dans la catégorisation de divers phénomènes de couplage [50]. Une analyse plus approfondie de l' interaction entre les équations différentielles ordinaires et la phénoménologie, ainsi que l'analyse dimensionnelle, est donnée au chapitre 9.

Chapitre 3. Le principe de moindre action de Hamilton

Nous obtenons maintenant les équations d'Euler-Lagrange d'une manière différente, comme résultat d'un minimum variationnel donné par le principe de moindre action de Hamilton [10-13]. Cette approche est plus qu'une reformulation newtonienne car c'est la formulation racine de la théorie quantique complète qui sera décrite dans [42] et brièvement discutée dans la section 3.2. Ainsi, cette section revêt une importance particulière dans sa partie du fondement conceptuel de la théorie quantique (propagatrice) entièrement généralisée ([42-44]) et de la théorie des émanateurs ([47]).

3.1 Lagrangien pour particule ponctuelle

Considérons un objet ponctuel et définissons sa position par les coordonnées généralisées $\{q_k\}$, où pour K dimensions nous avons les coordonnées : $q_1 \ldots q_k \ldots q_K$. Introduisons maintenant un paramétrage temporel (coordonnées) t et définissons les changements de coordonnées (position) généralisés associés avec le temps, par exemple les vitesses. Ainsi, pour les coordonnées $\{q_k\}$ et les vitesses $\{v_k\}$ on a :

$$v_k = \frac{dq_k}{dt} = \dot{q}_k,$$

(3-1)

pour le temps t. Au début de la physique, il a été soutenu [2-13] que les constructions variationnelles minimisées (comme les chemins) ou maximisées (comme l'entropie) devraient déterminer la manière dont les systèmes évoluent, se propagent ou s'équilibrent. Dans ces discussions, nous voyons comment la première description dynamique de Newton, $F = ma$, est une formulation dérivée seconde.

Le nom de la fonction variationnelle des coordonnées et des vitesses, comme précédemment, est le « Lagrangien », et noté L :

$$L = L(\{q_k\}, \{\dot{q}_k\}) = L(\{q_k\}, \{v_k\}),$$

où $L = L(\{q_k\}, \{\dot{q}_k\})$ est la forme d'un préambule qui sera souvent utilisé pour indiquer les variables indépendantes (variationnellement pertinentes) dans la définition de la fonction, ici les coordonnées et leurs vitesses. Considérons la [2ème loi] de Newton sans force présente, le lagrangien pour cela est :

$$L = L(\{q_k\}, \{v_k\}) = \sum_k \frac{1}{2} m (v_k)^2,$$

ou, pour 1 dimension, avoir L= $(1/2)mv^2$, l'expression classique de l'énergie cinétique. Pour récupérer la [2ème loi] de Newton , nous mettons ensuite à zéro la dérivée temporelle de chacune des dérivées lagrangiennes de vitesse (*et non la dérivée temporelle de la fonction lagrangienne elle-même*) :

$$\frac{d}{dt}\frac{dL}{dv} = \frac{d}{dt}\frac{d}{dv}\left(\frac{1}{2}mv^2\right) = m\frac{dv}{dt} = ma = 0,$$

récupérant ainsi l'équation du mouvement lorsqu'aucune force n'est présente (ma=F=0). Ainsi, une expression directe d'une variation d'une fonction, telle que mettre cette variation à zéro donne les équations du mouvement, est ce qui est obtenu dans la « formulation d'action » (exprimée pour la première fois par Hamilton en 1834 avec le principe de moindre action [10 -13]). L'action S est introduite en fonction d'une fonction (une fonctionnelle) définie par la relation intégrale suivante le long de chemins paramétrés par le paramètre temporel t (voir Figure 2.1) :

$$S = \int_{t_1}^{t_2} L(q, \dot{q}, t)\, dt$$

(3-2)

où les indices des composants sont supprimés (ou cas unidimensionnel). Nous supposerons qu'il s'agit d'un point de départ valable pour dériver des équations de mouvement et nous prouverons que c'est le cas plus tard dans l'analyse (où cette notion d'action est redérivée dans la formulation de Hamilton-Jacobi au chapitre 8).

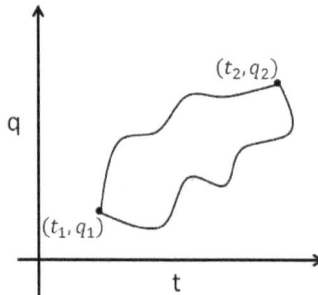

Graphique 3.1. L'action consiste en l'intégration du lagrangien le long d'un chemin spécifié. La stationnarité de la variation de l'action, avec des extrémités fixes, donne naissance aux équations

habituelles d'Euler Lagrange. Deux chemins d'intégration pour le lagrangien sont illustrés dans la figure, avec des points finaux partagés (fixes) tels que $q_1 = q(t_1)$ et $q_2 = q(t_2)$.

Dans la formulation de Hamilton, le mouvement est donné par le chemin paramétré dans le temps $q(t)$ qui donne une valeur stationnaire pour l'action (la variation fonctionnelle est nulle), et où les conditions aux limites typiques sont que les extrémités des chemins de mouvement sont fixes au début t_1 et à la fin. t_2, c'est à dire $\delta q(t_1) = \delta q(t_1) = 0$. En supposant qu'il n'y a pas de dépendance directe au temps dans le Lagrangien, on a alors pour la dérivée fonctionnelle :

$$0 = \delta S = \delta \int_{t_1}^{t_2} L(q, \dot{q}) dt$$

$$= \int_{t_1}^{t_2} \delta L(q, \dot{q}) dt = \int_{t_1}^{t_2} \left[\left(\frac{\partial L}{\partial q}\right) \delta q + \left(\frac{\partial L}{\partial \dot{q}}\right) \delta \dot{q} \right] dt$$

$$\delta S = \int_{t_1}^{t_2} \left[\left(\frac{\partial L}{\partial q}\right) \delta q + \left(\frac{\partial L}{\partial \dot{q}}\right) \frac{d\delta q}{dt} \right] dt$$

$$= \int_{t_1}^{t_2} \left[\left(\frac{\partial L}{\partial q}\right) \delta q - \frac{d}{dt}\left(\frac{\partial L}{\partial \dot{q}}\right) \delta q + \frac{d}{dt}\left(\frac{\partial L}{\partial \dot{q}} \delta q\right) \right] dt$$

$$\delta S = \left[\frac{\partial L}{\partial \dot{q}} \delta q \right]_{t_1}^{t_2} + \int_{t_1}^{t_2} \left[\left(\frac{\partial L}{\partial q}\right) - \frac{d}{dt}\left(\frac{\partial L}{\partial \dot{q}}\right) \right] \delta q \, dt$$

Le terme limite issu de l'intégration par parties est nul puisque les frontières sont fixes pour les variations considérées. C'est le cas standard pour la plupart des problèmes variationnels qui seront décrits. Il existe des formulations alternatives, plus complexes, avec des extrémités non fixes, qui seront discutées selon les besoins. Ainsi, nous savons maintenant que le principe de moindre action de Hamilton (forme standard) récupère les équations d'Euler-Lagrange [8], mentionnées précédemment :

$$\delta S = 0 \Rightarrow \left(\frac{\partial L}{\partial q}\right) - \frac{d}{dt}\left(\frac{\partial L}{\partial \dot{q}}\right) = 0.$$

(3-3)

Les équations d'Euler-Lagrange seront utilisées dans les sections suivantes pour obtenir les équations du mouvement dans une grande variété d'applications. Avant de passer à ces exemples, cependant, il y a plus à tirer de la formulation de l'action qu'une simple récupération des équations du mouvement ; une variété de propriétés du mouvement et de lois de conservation peuvent maintenant être extraites.

3 .1.1 Propriétés mécaniques indiquées par la formulation d'action

Les sections précédentes faisaient référence au manuel de Goldstein [25] à plusieurs reprises, et une partie du développement (loi forte de l'action-réaction) résultait de la résolution de problèmes à partir de là. À l'avenir, nous résolvons en détail de nombreux problèmes présentés dans le manuel de mécanique de Landau et Lifshitz [27], et suivons leur développement mathématique en partie car il s'agit d'une exposition des équations différentielles possibles du second ordre qui peuvent se produire. L'approche centrée sur l'équation différentielle ordinaire est également utilisée dans le texte de Percival [28], c'est donc une approche populaire. Le rôle des équations différentielles ordinaires dans le développement de la mécanique est cependant rendu encore plus explicite dans l'effort présenté ici, avec un grand appendice sur les équations différentielles ordinaires et les problèmes/solutions pour celles-ci (tiré de notes prises à Caltech dans AMa101, un cours de mathématiques de niveau supérieur sur les équations différentielles ordinaires). Une partie du développement présenté ici associe des classes d'équations différentielles ordinaires avec des classes de mouvement, et à partir de là, montre comment arriver à des systèmes généraux, y compris ceux comportant du chaos. La partie chaos de la discussion se fait principalement dans la formulation hamiltonienne similaire au manuel de Percival [28]. Les sections de dynamique avancée s'inspirent des solutions aux problèmes donnés dans les manuels de Goldstein [25], Landau et Lifshitz [27], et Fetter & Walecka [29] ; et à partir de notes des cours Dynamics (Ph 106) et Advanced Dynamics (Aph107) suivis à Caltech (vers 1986).

Suivant la description donnée par Landau et Lifschitz, dans Mechanics [27], considérons d'abord un système composé de deux parties avec une interaction négligeable. Nous écrivons le système Lagrangien total comme la simple addition de leurs deux parties :

$$L = L_1 + L_2.$$

La propriété additive implique un découplage de systèmes sans interaction mais avec une constante partagée commune (par exemple, choix des unités). Pour le montrer, envisagez de multiplier le lagrangien par une constante, les équations de mouvement résultantes ne sont pas modifiées et les termes séparés partagent tous le même multiplicateur. Poursuivant dans cette veine, envisagez d'ajouter une dérivée temporelle totale d'une fonction (dépendante des coordonnées et du temps) à la définition donnée d'un lagrangien :

$$\tilde{L} = L + \frac{d}{dt}f(q, t)$$

La nouvelle fonctionnelle d'action obtenue est :

$$\tilde{S} = S + f(q(t_2), t_2) - f(q(t_1), t_1)$$

pour lequel la variation est la même lorsque les extrémités sont fixes :

$$\delta\tilde{S} = \delta S.$$

Ainsi, un lagrangien définit la même équation du mouvement pour toute variation si elle diffère par une dérivée temporelle totale. (S'il existe des conditions aux limites non fixes ou non triviales, il n'y a plus d'invariance lors de l'ajout d'une dérivée temporelle totale.)

Si le lagrangien ne dépend pas des coordonnées spatiales, on dit qu'il y a homogénéité dans l'espace, idem pour le temps. Si le lagrangien ne dépend pas de la direction dans l'espace, on dit qu'il y a isotropie spatiale, tandis que pour le temps, paramètre unidimensionnel, cela équivaut à dire invariance par inversion du temps. Donc, si nous disons qu'il n'y a rien de spécial concernant la position ou le temps dans la description du mouvement libre d'une particule, alors nous disons que le lagrangien pour son mouvement ne devrait avoir aucune q, t dépendance { }. De plus, la dépendance à la vitesse ne doit dépendre que de la grandeur (pour l'isotropie) qui peut être commodément écrite comme une dépendance de la grandeur de la vitesse au carré :

$$L = L(v^2).$$

S'il s'agit d'une forme fonctionnelle valide pour le lagrangien, alors nous n'attendons aucun changement sous le changement de vitesse (vrai pour une référence temporelle absolue non relativiste, c'est-à-dire galiléenne). Essayons $\vec{v}' = \vec{v} + \vec{\varepsilon}$:

$$L' = L(v'^2) = L(v^2 + 2\vec{v} \cdot \vec{\varepsilon} + \varepsilon^2) = L(v^2) + \frac{\partial L}{\partial v^2} 2\vec{v} \cdot \vec{\varepsilon} + O(\varepsilon^2),$$

où la dérivation au premier ordre $\vec{\varepsilon}$ est explicitement indiquée. Pour que cela reste inchangé au premier ordre, alors le terme du premier ordre doit être une dérivée temporelle totale. Puisqu'il a déjà une dérivée temporelle dans la vitesse, cela n'est possible que si $\frac{\partial L}{\partial v^2}$ est indépendant de la vitesse (mais non nul), donc $L \propto v^2$, et par convention avec la spécification de Newton sur la masse et l'inertie, nous avons :

$$L = \frac{1}{2}mv^2,$$

(3-4)

pour la particule libre, d'où l'application de l'équation d'Euler-Lagrange donne pour équation du mouvement $v=$ constante, retrouvant la loi d'inertie. Notez également que $v^2 = \left(\frac{dl}{dt}\right)^2 = \frac{(dl)^2}{(dt)^2}$, où les expressions de la métrique, $(dl)^2$, dans divers systèmes de coordonnées sont :

$$\text{Cartésien: } (dl)^2 = (dx)^2 + (dy)^2 + (dz)^2$$
$$\Rightarrow L = \frac{1}{2}m(\dot{x}^2 + \dot{y}^2 + \dot{z}^2)$$
$$\text{Cylindrique:} (dl)^2 = (dr)^2 + (r\,d\varphi)^2 + (dz)^2$$
$$\Rightarrow L = \frac{1}{2}m(\dot{r}^2 + r^2\dot{\varphi}^2 + \dot{z}^2)$$
$$\text{Sphérique: } (dl)^2 = (dr)^2 + (r\,d\theta)^2 + (r\,\sin\theta\,d\varphi)^2$$
$$\Rightarrow L = \frac{1}{2}m\left(\dot{r}^2 + r^2\dot{\theta}^2 + r^2\sin^2\theta\,\dot{\varphi}^2\right)$$

(3-5abc)

3.1.2 L'action pour la libre circulation
Exemple 3.1. L'action pour la liberté de mouvement – utilisation pratique minimale, implication théorique maximale
Pour une particule libre avec un mouvement unidimensionnel, nous avons $L = T = \frac{1}{2}\dot{x}^2$, pour laquelle l'action est :

$$S = \int_{t_A}^{t_B} L\,dt = \int_{t_A}^{t_B} \frac{1}{2}v^2\,dt,$$

où $v = \frac{x_B - x_A}{t_B - t_A}$ l'équation EL. Ainsi,

$$S = \frac{1}{2}\frac{(x_B - x_A)^2}{(t_B - t_A)} \quad \rightarrow \quad S = \frac{1}{2}\frac{(\Delta x)^2}{(\Delta t)} \quad \rightarrow \quad (\Delta x)^2 \cong (\Delta t)\ if\ S$$
$$= constant.$$

Si $\Delta t = N$pas de temps, alors $|\Delta x| \approx \sqrt{\Delta t}$, comme pour une marche aléatoire (plus de détails dans [45]).

Exercice 3.1. Répétez avec $L = \cosh v$.

26

Notez que l'action pour le mouvement libre est comme la solution de l'équation de diffusion (solution de l'équation de chaleur 1D), qui est notre premier indice de la possibilité de l'équation de Schrödinger, et le premier indice des formulations Ito Integral (Weiner Integral), vu encore plus tard avec la forme quantique euclidienne via le temps analytique (via la rotation de Wick, voir [43,44]). La relation avec la relation de diffusion en une dimension est également un premier indice des liens profonds entre la dynamique et la thermodynamique en général – via la mécanique (quantique) avec un temps complexe ou une analyticité (à discuter dans [43, 44]). La réification des associations ou projections analytiques d'émanation de trigintaduion, avec l'émergence de la thermalité (thermodynamique de la martingale), de la géométrie (cosmologie standard) et de la géométrie de jauge (le modèle standard), est discutée plus en détail dans [45].

Exemple 3.2. Lagrangien avec dérivées temporelles d'ordre supérieur
Considérons un système avec le lagrangien suivant :

$$L = A\ddot{x}^2 + \frac{1}{2}m\dot{x}^2.$$

L'équation du mouvement pour un tel système peut être obtenue, uniquement, si nous exigeons que l'action soit un extremum pour tous les chemins avec les mêmes valeurs de x, et toutes ses dérivées temporelles, aux extrémités des chemins :

$$S = \int_{t_1}^{t_2}\left(A\ddot{x}^2 + \frac{1}{2}m\dot{x}^2\right)dt = \int_{t_1}^{t_2}L(\dot{x},\ddot{x})dt$$

$$0 = \delta S = \int_{t_1}^{t_2}\left(\frac{\partial L}{\partial \dot{x}}\delta\dot{x} + \frac{\partial L}{\partial \ddot{x}}\delta\ddot{x}\right)dt$$

$$= \int_{t_1}^{t_2}\left(-\frac{d}{dt}\left(\frac{\partial L}{\partial \dot{x}}\right)\delta x - \frac{d}{dt}\left(\frac{\partial L}{\partial \ddot{x}}\right)\delta\dot{x}\right)dt$$

et une autre intégration par parties (avec les termes limites supprimés, donc les dérivées totales supprimées) :

$$\delta S = \int_{t_1}^{t_2}\left(-\frac{d}{dt}\left(\frac{\partial L}{\partial \dot{x}}\right) + \frac{d^2}{dt^2}\left(\frac{\partial L}{\partial \ddot{x}}\right)\right)\delta x\, dt = 0 \rightarrow \frac{d^2}{dt^2}\left(\frac{\partial L}{\partial \ddot{x}}\right) - \frac{d}{dt}\left(\frac{\partial L}{\partial \dot{x}}\right)$$

$$= 0$$

L'équation du mouvement est donc :

$$2Ax^{(4)} - m\ddot{x} = 0,$$

où le (4) désigne une dérivée temporelle du quatrième ordre.

Exercice 3.2. Répétez avec $L = A\ddot{x}^3 + \frac{1}{2}m\dot{x}^2 + B\ddot{x}$

3.2 Moindre action des intégrales hautement oscillatoires et de la phase stationnaire

L'extremum variationnel indiqué dans le principe de moindre action de Hamilton peut également être obtenu via une intégrale fonctionnelle exponentiée de grande ampleur [6], où l'action est évaluée le long de chaque chemin, chacun contribuant à un terme exponentié avec un grand facteur constant (de telle sorte qu'un minimum variationnel domine, selon la convention du signe négatif ci-dessous). Ceci est également utilisé dans la formulation de l'intégrale de chemin quantique [48] (et [42]) où il existe toujours une grande constante (l'inverse de la constante de Planck) mais le terme exponentié est rendu imaginaire, c'est-à-dire que chaque chemin contribue désormais son action comme un terme de phase, où la phase stationnaire sélectionne ensuite l'extremum variationnel. Ainsi, la forme intégrale classique peut être poursuivie analytiquement en une forme intégrale quantique qui est directement pertinente :

$$\int e^{-Mf(x)}\, dx \quad \rightarrow \quad \int e^{iMf(x)}\, dx, \ M \gg 1.$$

$$(3\text{-}6)$$

Notez que la forme intégrale classique était une représentation étrange, peu utilisée puisqu'elle se réduisait de toute façon à la moindre action de Hamilton. Cependant, sous sa forme complexe, lorsqu'elle est réduite à une forme différentielle compatible avec la moindre action, nous obtenons l'équation de Schrödinger et récupérons la théorie classique à l'ordre le plus bas, avec des corrections quantiques à l'ordre supérieur (voir [42] pour plus de détails).

La notion de chemins multiples, à partir desquels le chemin conférant la stationnarité est sélectionné, est fondamentale dans l'approche quantique PI de la mécanique quantique. La quantification PI est équivalente dans divers domaines aux formulations opérateur/fonction d'onde (Schrödinger) ou opérateur auto-adjoint/espace de Hilbert (Heisenberg), comme cela sera montré dans [42], où le choix de la formulation pour résoudre un problème peut être critique pour sa solution. Les constructions classiques définies de manière variationnelle, en particulier celles décrites au chapitre 8, finiront par se généraliser à la formulation de la mécanique quantique complète (en termes de chemins de propagation multiples et d'action stationnaire fonctionnelle sur ces chemins). En pratique, la théorie quantique complète, en particulier pour les systèmes liés, est beaucoup plus facile à analyser si l'on passe de la représentation intégrale de chemin à l'une des formulations équivalentes de Heisenberg

[16], Schrödinger [17] ou Dirac [18], comme sera montré dans [42]. La formulation du calcul d'opérateurs de Heisenberg est basée sur une reformulation d'opérateurs de l'hamiltonien classique (chapitre 6) ; L'équation de Schrödinger est basée sur une reformulation de la fonction d'onde opérateur des équations de Hamilton-Jacobi (chapitre 8) ; et la reformulation axiomatique de Dirac [42] se déplace vers des systèmes généraux sans nécessairement avoir d'analogue classique (et fait également un pont vers l'équation d'onde relativiste pour les fermions de spin ½ dans des développements ultérieurs [18]).

Notez que la représentation intégrale classique impliquait une simple somme sur les chemins (pas de pondération) et que plus tard, avec la continuation analytique d'une formulation quantique, nous avions toujours une somme sur les chemins qui n'était pas pondérée. Cette caractéristique est reportée à la mécanique statistique pour devenir le théorème d'équipartition, et peut être trouvée via la continuation analytique (rotation de mèche) du propagateur quantique à la fonction de partition mécanique statistique (décrite dans les livres 7 et 8 de la série). Ainsi, il existe un nombre croissant de preuves selon lesquelles les théories ou représentations théoriques sous-jacentes sont analytiques, et peut-être de multiples manières, ce qui indique qu'elles pourraient être fondamentalement hypercomplexes (discuté plus en détail dans le livre 9).

3.3 Lagrangien pour système de particules
Considérons maintenant un groupe de particules en mouvement libre, le lagrangien se compose de termes d'énergie cinétique :

$$L = T = \sum_a \frac{1}{2} m_a v_a{}^2,$$

(3-7)

où l'indice « a » s'étend sur les différentes particules, le lagrangien pour le mouvement unidimensionnel étant explicite. Le mouvement multidimensionnel (généralement tridimensionnel) est implicite lorsque les indices de composants sur les quantités vectorielles sont supprimés. Considérons maintenant que les particules interagissent et exprimons cela comme un terme « d'énergie potentielle », comme l'indique la formulation D'Alembert/Newtonienne précédente :

$$L = \sum_{a=1} \frac{1}{2} m_a v_a{}^2 - U(\vec{r}_1, \vec{r}_2, \dots) = T - U,$$

(3-8)

où la notation standard « T » pour l'énergie cinétique et « U » pour l'énergie potentielle a été introduite. Les équations d'Euler-Lagrange, utilisant explicitement la notation vectorielle standard sur les vitesses, donnent alors :

$$m_a \frac{d\vec{v}_a}{dt} = -\frac{\partial U}{\partial \vec{r}_a} = \vec{F},$$

(3-9)

où F est la force newtonienne familière. Remarquez que pour arriver à cela à partir du Lagrangien, nous voyons une fois de plus l'introduction d'une fonction potentielle sans référence au temps ou à la transmission d'informations, par exemple, elle fait référence à un temps absolu galiléen implicite, avec propagation instantanée des interactions. Évidemment, cela commencera à se tromper de manière significative lorsque les vitesses deviendront relativistes, mais à ce stade, où nous examinons les propriétés mécaniques classiques dans des contextes classiques (comme le mouvement du pendule), il s'agit d'une erreur négligeable. Rappelons que le lagrangien est inchangé à une constante additive près ou à une dérivée temporelle totale. Jusqu'à présent, nous ne considérons pas les potentiels en fonction du temps, donc nous concentrer sur « inchangé à une constante additive près » signifie que nous sommes libres de déplacer notre formulation lagrangienne aussi pratique que possible pour que le potentiel tombe à zéro à mesure que la distance entre les particules augmente.

Considérons maintenant un système de deux particules vu du point de vue d'un système défini en termes de la première particule (maintenant vu comme un système ouvert). Premièrement, le lagrangien pour seulement deux particules est :

$$L = T_1(q_1, \dot{q}_1) + T_2(q_2, \dot{q}_2) - U(q_1, q_2).$$

Supposons que nous ayons une solution pour la deuxième particule en fonction du temps : $q_2 = q_2(t)$, et que nous remplacions cette solution dans notre Lagrangien. Il en résulte un terme cinétique où la seule variable indépendante est maintenant le temps, qui peut donc être considéré comme une dérivée du temps total, et donc supprimé du lagrangien sans altérer ses équations de mouvement. Le Lagrangien équivalent, où désormais la première particule est décrite dans un système « ouvert », est ainsi :

$$L = T_1(q_1, \dot{q}_1) - U(q_1, q_2(t)).$$

Le lagrangien est maintenant arrivé à sa forme principale $L = T - U$, l'énergie cinétique moins l'énergie potentielle. Il peut sembler étrange à ce stade d'avoir une entité fondamentale $T - U$ dans le formalisme variationnel, alors que la conservation de l'énergie globale prévaudrait $T + U$. (Il s'avère que ce dernier fonctionne également comme base pour un formalisme variationnel, hamiltonien, que nous aborderons dans les chapitres suivants.) Pour l'instant, restons avec la formulation lagrangienne et passons au type de « potentiel » implicite dans un système par contraintes.

3.3.1 Contraintes

Les systèmes mécaniques gèrent souvent le mouvement sous contrainte au moyen de tiges, de cordes, de charnières. Deux nouvelles problématiques se posent alors : (1) déterminer l'effet de la contrainte sur les degrés de liberté (N particules en 3D ont 3N degrés de liberté lorsqu'elles ne sont pas contraintes, si elles sont forcées sur une surface par exemple, puis réduites à 2N degrés de liberté, etc. .); et (2) le frottement. Dans les exemples de problèmes suivants, nous supposons que la friction est négligeable, mais revenons à une discussion sur la friction et d'autres forces phénoménologiques au chapitre 9.

Si une contrainte est non holonomique, les équations exprimant la contrainte ne peuvent pas être utilisées pour éliminer les coordonnées dépendantes. Considérons des équations différentielles linéaires générales de contrainte de la forme :

$$\sum_{i=1}^{n} g_i(x_1, \dots, x_n) dx_i = 0.$$

Les contraintes peuvent souvent se mettre sous cette forme mais elle n'est intégrable (et holonomique) que s'il existe une fonction intégratrice $f(x_1, \dots, x_n)$:

$$\frac{\partial(f g_i)}{\partial x_j} = \frac{\partial(f g_j)}{\partial x_i}.$$

Ainsi, les dérivées mixtes du second ordre d'une fonction intégrable ne devraient pas dépendre de l'ordre de différenciation. À titre d'exemple, considérons un disque roulant dans un plan, avec une contrainte régie par une paire d'équations différentielles (avec des facteurs nuls explicites affichés) :

$$0 d\theta + dx - a \sin\theta \, d\varphi = 0 \quad and \quad 0 d\theta + dy + a \cos\theta \, d\varphi = 0.$$

Pour cela nous avons :

$$\frac{\partial\big(f(1)\big)}{\partial\theta} = \frac{\partial\big(f(0)\big)}{\partial x} = 0 \quad \rightarrow \quad \frac{\partial f}{\partial\theta} = 0,$$

Donc f n'a aucune θ dépendance. Mais cela est incompatible avec :

$$\frac{\partial\big(f(1)\big)}{\partial\varphi} = \frac{\partial\big(f(-a\sin\theta)\big)}{\partial x},$$

où f a θ une dépendance. Ainsi, les objets roulants sont un exemple familier de système avec des contraintes non holonomiques.

3.3.2 Lagrangiens pour les systèmes simples

S'il existe des contraintes ou des couplages simples, une évaluation directe des termes cinétiques est possible. Prenons par exemple le pendule double le plus simple (illustré sur la figure 3.2, constitué de tiges sans masse joignant des masses ponctuelles). Notez que les systèmes multi-éléments généraux seront presque entièrement traités dans [44] sur la mécanique statistique.

Exemple 3.3 Le double pendule

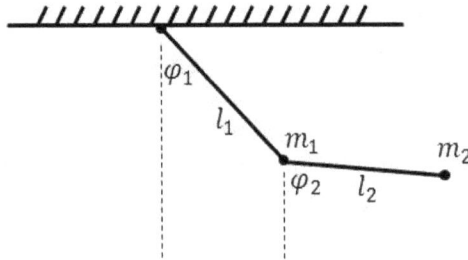

Graphique 3.2. Le double pendule.

Décrivons les coordonnées du m_2 masse par (x ,y) :

$$x = l_1 \sin\varphi_1 + l_2 \sin\varphi_2 \quad and \quad y = l_1 \cos\varphi_1 + l_2 \cos\varphi_2$$

Ensuite, en prenant le Lagrangien comme l'énergie cinétique moins l'énergie potentielle, $L = K.E. - P.E.$, nous déterminons d'abord KE :

$$K.E. = \frac{1}{2}m_1(l_1\dot{\varphi}_1)^2$$
$$+ \frac{1}{2}m_2[(l_1\cos\varphi_1\dot{\varphi}_1 + l_2\cos\varphi_2\dot{\varphi}_2)^2$$
$$+ (-l_1\sin\varphi_1\dot{\varphi}_1 - l_2\sin\varphi_2\dot{\varphi}_2)^2]$$
$$= \frac{1}{2}(m_1 + m_2)(l_1\dot{\varphi}_1)^2 + \frac{1}{2}m_2(l_2\dot{\varphi}_2)^2$$
$$+ m_2(l_1\dot{\varphi}_1)(l_2\dot{\varphi}_2)\cos(\varphi_1 - \varphi_2)$$
$$P.E. = (m_1 + m_2)g(\sin\varphi_1)l_1 + m_2 g l_2 \sin\varphi_2$$

et le Lagrangien est donc :

$$L = \frac{1}{2}(m_1 + m_2)(l_1\dot{\varphi}_1)^2 + \frac{1}{2}m_2(l_1\dot{\varphi}_1)^2 + m_2(l_1\dot{\varphi}_1)(l_2\dot{\varphi}_2)\cos(\varphi_1 - \varphi_2)$$
$$-(m_1 + m_2)gl_1\sin\varphi_1 - m_2gl_2\sin\varphi_2$$

Exercice 3.3. Déterminez les équations du mouvement.

Considérons maintenant l'effet sur un simple pendule de la modulation du point d'appui de diverses manières (horizontale dans l'exemple 3.4 ; verticale dans l'exemple 3.5 ; et circulaire dans l'exemple 3.6) :

Exemple 3.4. Le pendule unique avec support oscillant horizontalement
Considérons maintenant le pendule unique (Figure 3.3) lorsque le point d'appui est maintenant atteint m_1 et qu'il oscille horizontalement :

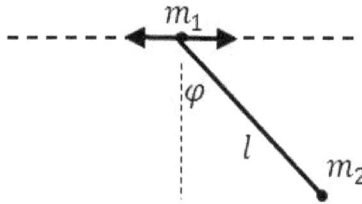

Graphique 3.3. Le pendule unique avec support oscillant horizontalement.

En spécifiant soigneusement la deuxième masse en termes de coordonnées cartésiennes, nous avons :
$$x_2 = x_1 + l\sin\varphi \quad and \quad y_2 = l\cos\varphi.$$
Alors, en définissant le Lagrangien par $L = K.E. - P.E.$ on a :
$$K.E. = \frac{1}{2}m_1\dot{x}_1^2 + \frac{1}{2}m_2[(\dot{x}_1 + l\cos\varphi\dot{\varphi})^2 + (-l\sin\varphi\dot{\varphi})^2]$$
$$= \frac{1}{2}m_1\dot{x}_1^2 + \frac{1}{2}m_2[\dot{x}_1^2 + (l\dot{\varphi})^2 + 2l\cos\varphi\dot{x}_1\dot{\varphi}]$$
$$= \frac{1}{2}(m_1 + m_2)\dot{x}_1^2 + \frac{1}{2}m_2(l\dot{\varphi})^2 + m_2l\cos\varphi\dot{x}_1\dot{\varphi}$$
$$P.E. = -lgm_2\cos\varphi$$
$$L = \frac{1}{2}(m_1 + m_2)\dot{x}_1^2 + \frac{1}{2}m_2(l\dot{\varphi})^2 + m_2l\cos\varphi(\dot{x}_1\dot{\varphi} + gl)$$

Exercice 3.4. Déterminez les équations du mouvement.

Exemple 3.5. Pendule unique avec support oscillant verticalement.

33

Considérons la figure 3.3, mais avec un support oscillant *verticalement*. En spécifiant la deuxième masse en termes de coordonnées cartésiennes, nous avons :

$$x_2 = x_1 + l\sin\varphi \quad and \quad y_2 = l\cos\varphi.$$

Alors, en définissant le Lagrangien par $L = K.E. - P.E.$ on a :

$$K.E. = \frac{1}{2}m_1\dot{x}_1^2$$
$$+ \frac{1}{2}m_2[(\dot{x}_1 + l\cos\varphi\dot{\varphi})^2$$
$$+ (-l\sin\varphi\dot{\varphi})^2]$$
$$= \frac{1}{2}m_1\dot{x}_1^2 + \frac{1}{2}m_2[\dot{x}_1^2 + (l\dot{\varphi})^2 + 2l\cos\varphi\dot{x}_1\dot{\varphi}]$$
$$= \frac{1}{2}(m_1 + m_2)\dot{x}_1^2 + \frac{1}{2}m_2(l\dot{\varphi})^2 + m_2 l\cos\varphi\dot{x}_1\dot{\varphi}$$
$$P.E. = -lgm_2\cos\varphi$$
$$L = \frac{1}{2}(m_1 + m_2)\dot{x}_1^2 + \frac{1}{2}m_2(l\dot{\varphi})^2 + m_2 l\cos\varphi(\dot{x}_1\dot{\varphi}$$
$$+ gl)$$

Exercice 3.5. Déterminez les équations du mouvement.

Exemple 3.6. Le pendule unique avec support à disque rotatif (oscillant).

Considérons la figure 3.3, mais avec un support oscillant *à disque rotatif*. En commençant par les coordonnées de la masse du pendule :

$$x = l\sin\varphi + a\sin\gamma t \quad and \quad y = l\cos\varphi + a\cos\gamma t.$$

L'énergie cinétique vaut alors :

$$K.E. = \frac{1}{2}m([l\cos\varphi\dot{\varphi} + a\gamma\cos\gamma t]^2$$
$$+ [-l\sin\varphi\dot{\varphi} + a\gamma\sin\gamma t]^2)$$
$$= \frac{1}{2}m(l\dot{\varphi})^2 + m\gamma a l\dot{\varphi}[\cos\varphi\cos\gamma t + \sin\varphi\sin\gamma t]$$
$$= \frac{1}{2}m(l\dot{\varphi})^2 + m\gamma a l\dot{\varphi}(\cos(\varphi - \gamma t))$$

et l'énergie potentielle est :

$$P.E. = -gml\cos\varphi + gma\cos\gamma t$$
$$L = \frac{1}{2}m(l\dot{\varphi})^2 + m\gamma a l\dot{\varphi}(\cos(\varphi - \gamma t)) + gm(l\cos\varphi - a\cos\gamma t)$$
$$= \frac{1}{2}m(l\dot{\varphi})^2 + mla\gamma^2\sin(\varphi - \gamma t) + mgl\cos\varphi$$

Exercice 3.6. Déterminez les équations du mouvement.

Considérons maintenant lorsque le bras du pendule est un ressort (voir Figure 3.4).

Exemple 3.7 Le pendule simple avec ressort pour support de bras de pendule .

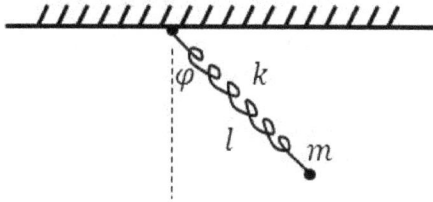

Graphique 3.4. Le pendule unique avec ressort pour support de bras pendulaire.

$$L = \frac{1}{2}m(\dot{r}^2 + r^2\dot{\theta}^2) + mgr\cos\theta - \frac{1}{2}k(r-l)^2$$

$$\frac{d}{dt}\left(\frac{\partial L}{\partial \dot{r}}\right) - \frac{\partial L}{\partial r} = m\ddot{r} - mg\cos\theta + k(r-l) + mr\dot{\theta}^2 = 0$$

$$\frac{d}{dt}\left(\frac{\partial L}{\partial \dot{\theta}}\right) - \frac{\partial L}{\partial \theta} = mr^2\ddot{\theta} + mgr\sin\theta = 0$$

Considérons les petites oscillations dues au ressort de telle sorte que la longueur du bras puisse être écrite comme $r = l + \varepsilon$ avec $\varepsilon \ll l$ et en prenant également un petit angle d'oscillation, nous pouvons écrire un petit résultat d'oscillation et identifier les fréquences de résonance (c'est un exemple d'analyse simple de petites oscillations, avec une description plus détaillée d'une analyse plus complexe des petites oscillations donnée dans la section 3.8). Pour la première commande nous avons :

$$m\ddot{\varepsilon} - mg + k\varepsilon = 0 \quad and \quad ml^2\ddot{\theta} + mgl\theta = 0.$$

Ainsi, ayez des solutions de petites oscillations :

$$\varepsilon = A\cos\left(\omega_0^{(1)}t + \alpha\right) + \frac{mg}{k} \quad \rightarrow \quad \omega_0^{(1)} = \sqrt{\frac{k}{m}}$$

et

$$\theta = B\cos\left(\omega_0^{(2)}t + \beta\right) \rightarrow \omega_0^{(2)} = \sqrt{\frac{g}{l}}.$$

Exercice 3.7. Ce qui se passe si $\omega_0^{(1)} = \omega_0^{(2)}$.

Voyons maintenant quand le bras du pendule peut supporter une tension mais pas une compression (par exemple, c'est une corde).

Exemple 3.8. Le pendule unique avec support en tension uniquement pour la masse du pendule.

Considérons la figure 3.4, mais avec support *de tension* . Nous avons à nouveau le pendule simple, de masse m maintenu par une corde (ou un fil) de longueur l, et nous considérons maintenant la tension dans le fil. Nous aimerions examiner le régime holonomique dans lequel la tension des cordes ne se relâche pas. Encore une fois on a en coordonnées polaires, pour potentiel $U = -mgr\cos\theta$:

$$L = \frac{1}{2}m(\dot{r}^2 + r^2\dot{\theta}^2) + mgl\cos\theta$$

Ainsi

$$E_T = \frac{1}{2}ml^2\dot{\theta}^2 - mgl\cos\theta$$

où la force effective agissant sur le fil est radiale. Utilisons l'équation EL pour la coordonnée r :

$$\frac{d}{dt}\left(\frac{\partial L}{\partial \dot{r}}\right) - \frac{\partial L}{\partial r} = Q_r$$

(3-10)

Puisque $Q_r = -T_r$, la tension des cordes, on a alors :

$$m\ddot{r} - mr\dot{\theta}^2 - mg\cos\theta = -T_r \quad \to \quad T_r = \frac{2}{l}E_T + 3mg\cos\theta$$

$$0 \leq \frac{2}{l}E_T + 3mg\cos\theta \quad \to \quad E_T \geq -\frac{3}{2}mgl\cos\theta,$$

Pour une ficelle ou une corde tendue. S'il existe un angle maximum, θ_{max}, on a :

$$E_T = -mgl\cos\theta_{max} \quad and \quad 0 \leq \frac{2}{l}E_T + 3mg\cos\theta_{max}$$

$$0 \leq -2mg\cos\theta_{max} + 3mg\cos\theta_{max} \quad \to \quad 0 \leq \cos\theta_{max} \quad \to \quad 0 \leq \theta_{max} \leq 90$$

Ainsi, s'il existe un angle maximum pour le mouvement avec le fil tendu, il doit se situer dans $0 \leq \theta_{max} \leq 90$, avec l'énergie du système :
$$-mgl \leq E_T \leq 0.$$
S'il n'y a pas d'angle maximum avec tension, alors nous remplissons la condition $E_T \geq -\frac{3}{2}mgl\cos\theta$ pour n'importe quel angle, nous avons donc :

$$E_T \geq \frac{3}{2}mgl$$

Déplaçons maintenant l'énergie potentielle de telle sorte que le pendule au repos ait $E = 0$, alors la plage de valeurs d'énergie où la tension des cordes est maintenue est :

$$0 \le E_T < mgl \quad \text{and} \quad \frac{5}{2}mgl \le E_T < \infty.$$

Exercice 3.8. Comment passer de la libration à la rotation ?

Exemple 3.9. Un pendule à mouvement de support horizontal avec force de rappel par ressort .

Considérons le problème d'un pendule libre de se déplacer dans la direction horizontale dont le point d'appui est également libre de se déplacer dans la direction horizontale avec un ressort constant $k/2$ sur les côtés gauche et droit (similaire au problème 3.7 dans [29]). Le pendule a une masse m reliée par une tige de longueur sans masse l au point d'appui. Le mouvement du bob est contraint de se situer dans un plan vertical de mouvement pendulaire, où nous prenons les coordonnées comme étant :

$$X = x + l\sin\theta \quad \text{and} \quad Y = -l\cos\theta$$

Le Lagrangien est alors :

$$L = \frac{1}{2}m(\dot{X}^2 + \dot{Y}^2) - U, \quad \text{where} \quad U = \frac{1}{2}kx^2 - mgl\cos\theta$$

ce qui se simplifie en :

$$L(x,\theta) = \frac{1}{2}m\dot{x}^2 + \frac{1}{2}m(l\dot{\theta})^2 + m\dot{x}\dot{\theta}l\cos\theta - U.$$

L'équation EL pour x donne :

$$m\ddot{x} + \frac{d}{dt}(m\dot{\theta}l\cos\theta) - kx = 0$$

et l'équation EL pour θ donne :

$$ml^2\ddot{\theta} + \frac{d}{dt}(m\dot{x}l\cos\theta) + m\dot{x}\dot{\theta}l\sin\theta + mgl\sin\theta = 0.$$

Dans l'approximation des petites oscillations, les équations du mouvement se réduisent à :

$$\ddot{x} + l\ddot{\theta} - \frac{k}{m}x = 0 \quad \text{and} \quad \ddot{x} + l\ddot{\theta} + g\theta = 0.$$

On peut combiner pour voir une relation entre (x,θ): $x = \frac{mg}{k}\theta$, qui se réduit à une seule relation :

$$L\ddot{\theta} + g\theta = 0 \quad \text{where} \quad L = l + \frac{mg}{k}.$$

Ainsi, pour les petites oscillations, nous avons un pendule de longueur effective $L = l + \frac{mg}{k}$.

Exercice 3.9. Refaire avec la masse M pour tige (uniforme).

Exemple 3.10. Jusqu'où pouvez-vous vous balancer avant que la tension de support ne devienne nulle ?

Les deux systèmes dynamiques considérés ensuite ont des Lagrangiens identiques mis à part un décalage de coordonnée angulaire. Les deux ont la même contrainte de distance radiale constante, où la force de contrainte allant à zéro marque l'endroit où la tension d'une corde du pendule se relâche, ou lorsqu'un objet glissant quitte une surface en forme de dôme hémisphérique . Considérons d'abord le problème du pendule et abordons la question du moment où la tension de la corde du pendule atteint zéro.

Le premier problème répond aussi à la question de savoir si on peut se lancer dans un swing et faire des arcs de plus en plus grands, pilotés paramétriquement peut-être, et arriver à une vitesse angulaire suffisante pour commencer à faire des rotations complètes.… La réponse est jamais, car une vitesse angulaire (au bas de l'arc) serait $\omega > \sqrt{(5g/l)}$requise, avec un «saut» ou une impulsion nécessaire car une fois que la vitesse angulaire augmente jusqu'à $\omega = \sqrt{(2g/l)}$la tension de la ligne de support, elle atteint zéro, et plus loin (incrémentale ou adiabatique).) la croissance de l'énergie du système ne sera pas possible.

Le lagrangien du pendule s'écrit désormais avec un multiplicateur de Lagrange explicite τ(voir note ci-dessous) pour le rayon du pendule $r$contraint à la longueur$l$:

$$L = \frac{1}{2}m\left(\dot{r}^2 + r^2\dot{\theta}^2\right) + mgr\cos\theta - \tau(r - l)$$

Les équations EL nous donnent les équations du mouvement :

$$r: \quad m\ddot{r} - mr\dot{\theta}^2 - mg\cos\theta - \tau = 0$$

$$\theta: \quad \frac{d}{dt}\left(mr^2\dot{\theta}\right) + mgr\sin\theta = 0$$

$$\tau: \quad r - l = 0$$

A noter l'introduction d'un « multiplicateur de Lagrange » tel que lorsqu'il est traité comme un paramètre variationnel à part entière, avec sa propre équation EL (illustré ci-dessus), où il récupère l'équation de contrainte. L'utilisation des multiplicateurs de Lagrange dans ce qui suit sera, de même, très simple, où l'on obtient, par exemple, un terme $-\tau(contraint\_body)$, chaque fois que l'équation de contrainte est $contraint\_body = 0$(évidemment cela ne fonctionne que pour les contraintes d'égalité, mais il existe une procédure très similaire pour les contraintes d'inégalité comme enfin [24]).

De l' θ équation nous obtenons une constante du mouvement (conservation de l'énergie) :
$$\frac{d}{dt}\left(\frac{1}{2}\dot{\theta}^2 - \frac{g}{l}\cos\theta\right) = 0$$
Si l'on définit $\dot{\theta} = \omega$ à $\theta = 0$:
$$\frac{1}{2}\dot{\theta}^2 - \frac{g}{l}\cos\theta = \frac{1}{2}\omega^2 - \frac{g}{l}$$
Résolution de la tension τ :
$$\tau = ml\omega^2 - 2mg + 3mg\cos\theta$$

Considérez quand la tension (ou la force de contrainte) devient nulle :
$$\omega^2 = \frac{g}{l}(2 - 3\cos\theta).$$
On voit que des solutions zéro tension existent quand $\frac{g}{l}(2 - 3\cos\theta) \geq 0$. L'angle auquel la contrainte zéro apparaît pour la première fois est pour :
$$\cos\theta = \frac{2}{3} \quad \rightarrow \quad \theta \cong 48°.$$

Il y a trois domaines d'intérêt dans la formule énergétique :

Cas 1 : $l\omega^2 < 2g$: $2mg\cos\theta = ml\dot{\theta}^2 - ml\omega^2 + 2mg > -2mg + 2mg = 0$. Ainsi, on a $\cos\theta > 0$ donc $\theta \leq 45°$ et depuis inférieure à $\theta \cong 48°$, la tension $\tau > 0$.

Cas 2 : $2g < l\omega^2 < 5g$: $2mg\cos\theta = ml\dot{\theta}^2 - (x - 2)mg$, where $2 < x < 5$. Ainsi, cela peut avoir $\tau = 0$ quand $\cos\theta = \frac{2}{3} - \frac{l\omega^2}{3g}$, comme déjà noté.

Cas 3 : $l\omega^2 > 5g$: $\omega^2 = \frac{g}{l}(2 - 3\cos\theta)$ ne peut jamais être satisfait, donc la tension ne va jamais à zéro - le pendule tourne (complètement) plutôt que de se libérer.

Exercice 3.10. Décrivez le mouvement à mesure que vous avancez $l\omega^2 > 5g$ et diminuez ω.

Exemple 3.11. Mouvement à la surface d'un hémisphère

Pour le deuxième problème, connexe, considérons le mouvement d'un disque (rondelle de hockey) à la surface d'un hémisphère. Nous aimerions savoir sous quel angle le disque coulissant quitte l'hémisphère lorsqu'il glisse, par exemple, quand la force de contrainte est nulle. Le lagrangien est

39

$$L = \frac{1}{2}m\left(\dot{r}^2 + r^2\dot{\theta}^2\right) - mgr\cos\theta - \tau(r - l),$$

et l'analyse se déroule comme précédemment, avec le même résultat pour l'angle auquel la contrainte atteint pour la première fois zéro ($\theta \cong 48°$) que précédemment.

Exercice 3.11 . Quelle constante de ressort k, pour le rappel du ressort vers le haut de l'hémisphère, maintiendra le contact de contrainte jusqu'à$\theta = 50°$

3.4 Quantités conservées dans les systèmes simples

L'hamiltonien pour un système simple de particules est décrit ensuite (généralement un élément ou un petit groupe d'éléments (deux) liés d'une manière ou d'une autre), mais uniquement dans le contexte de l'identification des intégrales du mouvement, telles que la conservation de l'énergie, de l'impulsion et du moment cinétique. Une discussion plus approfondie sur les hamiltoniens est ensuite effectuée au chapitre 6.

Considérons un système de coordonnées généralisé q_i, où « i » est la composante d'un système avec s degrés de liberté (les dimensions cumulées de mouvement libre des particules sont toutes comptées dans s). De même pour les vitesses associées : $\dot{q}_i$. Il y a donc s degrés de liberté pour la coordonnée généralisée et s degrés de liberté pour la vitesse généralisée. Cela donne lieu à 2s conditions initiales pour spécifier le mouvement. Dans un système mécanique fermé, cela semblerait indiquer 2 conditions et constantes ou intégrales de mouvement associées, mais l'apparition du temps dans la vitesse comme moyen différentiel t et $t + t_0$avoir la même équation de mouvement, donc l'une de ces 2 constantes est simplement t_0, une choix de l'origine temporelle. Considérons les symétries de l'espace de mouvement et les implications étant donné la formulation lagrangienne :

$$\frac{dL(q_i, \dot{q}_i, t)}{dt} = \sum_i \left[\left(\frac{\partial L}{\partial q_i}\right)\dot{q}_i + \left(\frac{\partial L}{\partial \dot{q}_i}\right)\ddot{q}_i \right] + \frac{\partial L}{\partial t}$$

Considérons d'abord l'homogénéité dans le temps, ce qui signifie un système fermé ou un système ouvert mais avec un champ externe indépendant du temps. Dans tous les cas, ayez $\frac{\partial L}{\partial t} = 0$, et avec réutilisation des relations d'Euler-Lagrange :

$$\frac{dL}{dt} = \sum_i \left[\left(\frac{\partial L}{\partial q_i}\right) \dot{q}_i + \left(\frac{\partial L}{\partial \dot{q}_i}\right) \ddot{q}_i \right] = \sum_i \left[\dot{q}_i \frac{d}{dt}\left(\frac{\partial L}{\partial \dot{q}_i}\right) + \left(\frac{\partial L}{\partial \dot{q}_i}\right) \ddot{q}_i \right]$$

$$= \sum_i \left[\frac{d}{dt}\left(\dot{q}_i \frac{\partial L}{\partial \dot{q}_i}\right) \right]$$

Ainsi,

$$\frac{d}{dt}\left[\sum_i \left(\dot{q}_i \frac{\partial L}{\partial \dot{q}_i}\right) - L \right] = 0$$

La quantité conservée avec le temps est l'énergie, notée E :

$$E = \sum_i \left(\dot{q}_i \frac{\partial L}{\partial \dot{q}_i}\right) - L$$

(3-11)

Notez que l'additivité de l'énergie sur les sous-systèmes découle alors de l'additivité pour le lagrangien et de l'additivité explicite indiquée par la somme. Si $L = T(q, \dot{q}) - U(q)$ et $T(q, \dot{q}) \propto (\dot{q})^2$, ce qui est typique, alors *la conservation d'énergie standard sous forme d'énergie cinétique plus l'énergie potentielle donne* :

$$E = T(q, \dot{q}) + U(q).$$

(3-12)

Considérons ensuite l'homogénéité dans l'espace et partons d'une expression variationnelle sur le lagrangien supposée non explicitement dépendante du temps :

$$\delta L(q, \dot{q}) = \sum_i \left[\left(\frac{\partial L}{\partial q_i}\right) \delta q_i + \left(\frac{\partial L}{\partial \dot{q}_i}\right) \delta \dot{q}_i \right]$$

où un déplacement infinitésimal ne devrait pas altérer l'évaluation du Lagrangien lorsque $\delta q_i \neq 0$:

$$\delta L(q, \dot{q}) = 0 = \sum_i \left(\frac{\partial L}{\partial q_i}\right) = \sum_i -\left(\frac{\partial U}{\partial q_i}\right) \Rightarrow \sum_i F_i = 0.$$

Les forces et moments nets sur un système fermé totalisent zéro (l'utilisation spécialisée de ceci sera présentée dans la section 5.1). Si nous substituons la relation d'Euler-Lagrange pour obtenir un terme de dérivée temporelle totale explicite :

$$\sum_i \frac{d}{dt}\left(\frac{\partial L}{\partial \dot{q}_i}\right) = \frac{d}{dt} \sum_i \left(\frac{\partial L}{\partial \dot{q}_i}\right) = 0 .$$

De la relation de dérivée totale du temps, nous obtenons une constante du mouvement correspondant à la conservation de la quantité de mouvement :

$$\sum_i \left(\frac{\partial L}{\partial \dot{q}_i}\right) = \vec{P},$$

où pour les systèmes avec $T(q,\dot{q}) \propto (\dot{q})^2$ pour chacune des particules, cela se simplifie sous la forme standard :

$$\vec{P} = \sum_i m_i v_i.$$

(3-14)

Remarque : avec deux particules, nous avons $\vec{F}_1 + \vec{F}_2 = 0$, ce qui équivaut à dire qu'action est égale à réaction (c'est-à-dire que la 3ème loi de Newton [est] un cas particulier de conservation de la quantité de mouvement et de l'équation de Lagrange).

Pour correspondre à nos coordonnées et vitesses généralisées, les impulsions et forces généralisées sont :

$$p_i = \frac{\partial L}{\partial \dot{q}_i} \quad and \quad F_i = \frac{\partial L}{\partial q_i},$$

(3-15)

où les équations de Lagrange sont simplement :

$$\dot{p}_i = F_i.$$

(3-16)

Voyons maintenant ce qui se passe en raison de l'isotropie de l'espace. Pour cela, nous passons des coordonnées généralisées à un vecteur de position radiale tridimensionnelle avec un déplacement rotationnel infinitésimal donné par :

$$\delta\vec{r} = \delta\vec{\varphi} \times \vec{r} \quad and \quad \delta\vec{v} = \delta\vec{\varphi} \times \vec{v}.$$

La variation du lagrangien devrait être nulle (indexation désormais sur les particules individuelles) :

$$0 = \delta L(\vec{r}_a, \dot{\vec{r}}_a) = \delta L(\vec{r}_a, \vec{v}_a) = \sum_a \left[\left(\frac{\partial L}{\partial \vec{r}_a}\right) \cdot \delta\vec{r}_a + \left(\frac{\partial L}{\partial \vec{v}_a}\right) \cdot \delta\vec{v}_a\right]$$

Remplacement de l'équation EL et définition de la quantité de mouvement généralisée :

$$\sum_a \left[\dot{\vec{p}}_a \cdot \delta\vec{r}_a + \vec{p}_a \cdot \delta\vec{v}_a\right] = 0 \implies \delta\vec{\varphi} \cdot \sum_a \left[\vec{r}_a \times \dot{\vec{p}}_a + \vec{v}_a \times \vec{p}_a\right]$$

Arrivez ainsi à :

$$\frac{d}{dt}\left[\sum_a \vec{r}_a \times \vec{p}_a\right] = 0 \implies \vec{M} = \sum_a \vec{r}_a \times \vec{p}_a = constant.$$

La quantité $\vec{M}$ est le moment cinétique et elle est conservée. Il n'y a pas d'autres intégrales additives du mouvement (par exemple, pas d'autres symétries spatiales globales que l'homogénéité et l'isotropie de l'espace).

Maintenant que nous savons que le moment cinétique est conservé, nous pouvons commencer à en explorer les ramifications. Le moment angulaire en 1D est trivialement nul, nous devons donc passer aux problèmes de mouvement 2D sans contrainte ou de mouvement 3D. Commençons par le pendule *sphérique* .

Exemple 3.12. Le pendule sphérique.

Considérons la figure 3.4, mais avec un support *de tension* et un mouvement de masse autorisé en 3D (par exemple, plus plan horizontal). La coordonnée cartésienne de la masse est :
$$x = l\sin\varphi\cos\theta \quad and \quad y = l\sin\varphi\sin\theta \quad and \quad z = l\cos\varphi$$
Leurs dérivées temporelles sont simples :
$$\dot{x} = l\cos\varphi\dot{\varphi}\cos\theta + l\sin\varphi(-\sin\theta)\dot{\theta}, \quad etc.$$
Le Lagrangien est donc
$$L = \frac{1}{2}m\{l^2(\cos^2\varphi\dot{\varphi}^2) + l^2\sin^2\varphi\dot{\varphi}^2 + l^2\sin^2\varphi\dot{\theta}\}$$
$$- mgl\cos\varphi$$
$$= \frac{1}{2}m(l\dot{\varphi})^2 + \frac{1}{2}m(l\sin\varphi\dot{\theta})^2 - mgl\cos\varphi$$
Pour les équations du mouvement, nous commençons par éliminer le moment cinétique conservé autour de l'axe z :
$$\frac{d}{dt}\left(\frac{\partial L}{\partial \dot{\theta}}\right) - \frac{\partial L}{\partial \theta} = 0 \rightarrow \frac{d}{dt}\left(ml^2\sin^2\varphi\dot{\theta}\right) = 0$$
$$ml^2\sin^2\varphi\dot{\theta} = P_\theta \text{ , a conserved quantity, } alternatibvely \Rightarrow \dot{\theta}$$
$$= \frac{P_\theta}{ml^2\sin^2\varphi}$$
En éliminant la $\dot{\theta}$ dépendance dans le lagrangien en utilisant sa quantité conservée, nous obtenons alors le lagrangien révisé :
$$L = \frac{1}{2}m(l\dot{\varphi})^2 + \frac{P_\theta^2}{2ml^2\sin^2\varphi} - mgl\cos\varphi$$
où maintenant:
$$\frac{d}{dt}\left(\frac{\partial L}{\partial \dot{\varphi}}\right) - \frac{\partial L}{\partial \varphi} = 0 \Rightarrow ml^2\ddot{\varphi} = \frac{-P_\theta^2\sin\varphi\cos\varphi}{ml^2\sin^4\varphi} + mgl\sin\varphi$$
ainsi,

$$\ddot{\varphi} + \frac{P_\theta{}^2}{(ml)^2}\frac{cos\varphi}{sin^3\varphi} - \frac{g}{l}sin\varphi = 0$$

Exercice 3.12. Quelle est la fréquence propre dans l'approximation aux petits angles ?

Exemple 3.13. *Table percée d'un trou, enfilée par une ligne avec des masses aux extrémités.*
Considérons un autre scénario dans lequel le moment cinétique autour d'un axe particulier est conservé. Considérons une table avec un trou. Une ligne de tension enfile le trou. L'extrémité de la ligne suspendue sous la table a une masse m_2 attachée (la ligne a une masse négligeable), tandis que l'extrémité reposant sur le dessus de la table a une masse m. Les équations initiales du bilan de force fournissent :

$$F_2 = m_2g - T_2, \qquad T_2 = T_1 = F_1 = ma_1, \qquad y_2 = l - r_1,$$
$$\dot{y}_2 = -\dot{r}_1, \qquad \ddot{y}_2 = -\ddot{r}_1$$

Alors que la force, en termes de fonction potentielle, assure :

$$F_i = -\frac{\partial U}{\partial q_i}, \quad F_1 = m_1a_1 = m_1\left(\ddot{r}_1 + r_1{}^2\ddot{\theta}\right) = m_1\ddot{r}_1, \text{ and } F_2$$
$$= m_2g + \frac{m_1}{m_2}F_2$$

Le Lagrangien vaut donc :

$$L = \frac{1}{2}m_1\left(\left(\ddot{r}_1 + \ddot{r}_2\dot{\theta}^2\right)\right) + \frac{1}{2}m_2(\dot{y}_2)^2 - U_2 - U_1, \text{ where } U_2$$
$$= y_2F_2 \text{ and } U_1 = -r_1F_1$$

qui peut être réécrit :

$$L = \frac{1}{2}(m_1 + m_2)(\dot{r})^2 + \frac{1}{2}m_1r_1{}^2\dot{\theta}^2 - (l - r_1)\left(\frac{m_2{}^2}{m_1 + m_2}\right)g$$
$$+ r_1\left(\frac{m_1m_2}{m_1 + m_2}\right)g$$

Nous pouvons supprimer les termes constants du lagrangien (puisqu'ils n'apportent aucun changement aux équations EL, donc aucun changement aux équations du mouvement). Donc en supprimant le terme constant et en regroupant :

$$L = \frac{1}{2}(m_1 + m_2)(\dot{r})^2 + \frac{1}{2}m_1r^2\dot{\theta}^2 + rm_2g$$

Nous pouvons maintenant procéder à l'évaluation du Lagrangien, en commençant encore par le terme de conservation du moment cinétique :

$$\frac{d}{dt}\frac{\partial L}{\partial \dot\theta} - \frac{\partial L}{\partial \theta} = 0 \quad \rightarrow \quad \frac{d}{dt}(m_1 r^2 \dot\theta) = 0 \quad \rightarrow \quad m_1 r^2 \dot\theta = p_\theta$$

Ainsi nous avons :

$$L = \frac{1}{2}(m_1 + m_2)(\dot r)^2 + \frac{p_\theta{}^2}{2m_1 r^2} + m_2 g r$$

L'équation restante du mouvement est :

$$\frac{d}{dt}\frac{\partial L}{\partial \dot r} - \frac{\partial L}{\partial r} = 0 \quad \rightarrow \quad (m_1 + m_2)\ddot r - m_2 g + \frac{p_\theta{}^2}{m_1 r^3} = 0$$

Pour r les petits on a alors :

$$\ddot r = -\frac{p_\theta{}^2}{(m_1 + m_2)m_1}\frac{1}{r^3} = -\beta\frac{1}{r^3}\,, \qquad where\ \beta = \frac{p_\theta{}^2}{(m_1 + m_2)m_1}$$

Ainsi, nous pouvons écrire :

$$\dot r \ddot r = -\beta\frac{\dot r}{r^3} \quad \rightarrow \quad (\dot r)^2 = +\beta\left(\frac{1}{r^2}\right) \rightarrow \dot r = \frac{\sqrt\beta}{r} \rightarrow r\dot r = \sqrt\beta = \frac{1}{2}\frac{d}{dt}r^2 \quad \rightarrow \quad r$$

$$= \sqrt{2\sqrt\beta t}$$

Ce dernier résultat pour l'r équation du mouvement est révélateur d'un potentiel répulsif, ce qui soulève alors la question : quand avons-nous des orbites stables ?

$$L = \frac{1}{2}m_1(\dot r)^2 + \frac{p_\theta{}^2}{2(m_1 + m_2)r^2} + m_2 g r \quad \rightarrow \quad -U$$

$$= \frac{p_\theta{}^2}{2(m_1 + m_2)r^2} + m_2 g r,$$

Ainsi,

$$\frac{dU}{dr} = 0 \implies -\frac{p_\theta{}^2}{(m_1 + m_2)r_{eq}{}^3} + m_2 g = 0 \implies r_{eq} = \sqrt[3]{\gamma}, \quad where\ \gamma$$

$$= \frac{p_\theta{}^2}{(m_1 + m_2)m_2 g}$$

Exercice 3.13. *Cet appareil pourrait-il être utilisé pour peser une masse inconnue* m_2? *Décrivez un processus pour ce faire.*

Exemple 3.14. Revisitez le pendule unique à support oscillant horizontalement .

Revenons maintenant au pendule unique lorsque le point d'appui oscille horizontalement. Le pendule se déplace dans le plan du papier. La ficelle de longueur l ne se plie pas. Le point d'appui P se déplace d'avant en arrière le long d'une direction horizontale selon l'équation $x = a\cos(\omega t)$, et ($\omega \neq \sqrt{(g/l)}$) :

(i) Commençons par écrire le lagrangien de ce système et obtenons les équations du mouvement de Lagrange. (N'oubliez pas la force généralisée lors de l'écriture de l'équation de Lagrange pour x).

Avoir : $x' = x + l\sin\theta$, donc $\dot{x}' = \dot{x} + l\cos\theta\dot{\theta}$. Avoir $y' = -l\cos\theta$, donc $\dot{y}' = l\sin\theta\,\dot{\theta} = -mgl\cos\theta$. Ayez aussi l'habituel $U = mgy$, pour ensuite écrire le Lagrangien :

$$L = \frac{1}{2}m\left([-a\omega\sin(\omega t) + l\cos\theta\,\dot{\theta}]^2 + [l\sin\theta\dot{\theta}]^2\right)$$
$$+ mgl\cos\theta$$
$$= \frac{1}{2}ml^2\dot{\theta}^2 + mgl\cos\theta + am\omega^2 l\cos(\omega t)\sin\theta$$
$$\frac{d}{dt}\left(\frac{d}{\partial\dot{\theta}}\right) - \frac{\partial L}{\partial\theta} = 0$$
$$\rightarrow \; ml^2\ddot{\theta} + mgl\sin\theta$$
$$- am\omega^2 l\cos(\omega t)\cos\theta = 0$$

(ii) Ensuite, résolvez les équations de mouvement ci-dessus au premier ordre dans θ(petites oscillations) et trouvez la solution en régime permanent pour $\theta(t)$, en termes de m, l, a et ω. (Nous ne sommes pas intéressés par la solution oscillant au fréquence propre du pendule.) Ainsi :

$$ml^2\ddot{\theta} + mgl\theta - am\omega^2 l\cos(\omega t) = 0$$
$$\ddot{\theta} + \frac{g}{l}\theta - \frac{a}{l}\omega^2\cos(\omega t) = 0.$$

Alors, ayez :

$$\ddot{\theta} + \frac{g}{l}\theta = \frac{a}{l}\omega^2\,\cos(\omega t)$$

où le RHS est une force efficace/m. Et nous avons la solution :

$$\theta = \frac{(a/l)\omega^2}{\omega_0^2 - \omega^2}\cos(\omega t + \beta).$$

Exercice 3.14. *Répétez mais avec un support oscillant verticalement.*

3.5 Systèmes similaires et théorème du virial

Jusqu'à présent, nous avons vu comment les symétries globales jouent un rôle dans l'établissement de lois de conservation (additifs). Considérons maintenant les symétries internes au lagrangien telles qu'elles puissent être exprimées comme un autre lagrangien avec un multiplicateur global constant. Dans un tel cas, nous constaterons que les équations du mouvement seront les mêmes. Pour voir si un lagrangien présentera une telle « similarité », il faut préciser le terme d'énergie potentielle précisément à cet égard. Alors, redimensionnons les longueurs et le temps du système, et faisons en sorte que l'énergie potentielle soit une fonction homogène du redimensionnement des paramètres (où le degré d'homogénéité est donné par le paramètre k) :

$$\vec{q}_a \longrightarrow \alpha\vec{q}_a, \, (\, l' = \alpha l, \text{dilatation de la longueur})$$
$$\dot{\vec{q}}_a \longrightarrow \left(\frac{\alpha}{\beta}\right)\dot{\vec{q}}_a, (\, t' = \beta t, \text{dilatation du temps})$$
$$U(\alpha\{\vec{q}_a\}) \longrightarrow \alpha^k \, U(\{\vec{q}_a\}), \text{(homogène, degré k)}.$$

$$(3\text{-}18abc)$$

Maintenant que les dilatations sont spécifiées, pour qu'il y ait une similarité dans le lagrangien telle qu'il en résulte un facteur globalement constant, avec une spécification lagrangienne typique $L = T - U$, nous avons déjà le rééchelonnement de la partie énergie potentielle, le rééchelonnement de la partie énergie cinétique est simplement que donné par la vitesse ci-dessus (au carré). Ainsi, pour avoir un système similaire :

$$(\frac{\alpha}{\beta})^2 = \alpha^k \longrightarrow \beta = \alpha^{1-\frac{1}{2}k} \, , \qquad \left(\frac{E'}{E}\right) = \alpha^k \, \text{and} \, \left(\frac{M'}{M}\right) = \alpha^{1+\frac{1}{2}k}.$$

$$(3\text{-}19)$$

Considérons quelques cas où nous avons un potentiel homogène :

(1) Pour les petites oscillations, ou le ressort classique, l'énergie potentielle est une fonction quadratique des coordonnées (k=2). La relation critique ci-dessus avec k=2 devient : $\beta = \alpha^0 = 1$, c'est-à-dire que peu importe la taille du déplacement par rapport à la position de repos (amplitude), le rapport temporel du système sera de 1, c'est-à-dire que la période du système est indépendante de l'amplitude.

(2) Pour un champ de force uniforme, l'énergie potentielle est une fonction linéaire des coordonnées, comme l'approximation du mouvement dû à la gravité près de la surface de la Terre (PE = mgh). Pour k=1 on a : $= \sqrt{\alpha}$, donc chute sous gravité. Le temps de chute, par exemple, correspond à la racine carrée de la hauteur initiale.

(3) Pour le potentiel newtonien ou coulombien : k = -1.
Maintenant $= \sqrt[3]{\alpha}$, le carré de la période d'une orbite est égal au cube de la taille de l'orbite (3e loi de Kepler).

Théorème du viriel

C'est l'un des rares exemples, ou contextes, où un système multi-éléments est envisagé (et pour un très grand nombre d'éléments), en raison de son application universelle. Tout potentiel homogène où le mouvement est limité permet l'application du théorème du viriel, selon lequel les moyennes temporelles de l'énergie potentielle et cinétique du système ont une relation simple. Cela sera dérivé comme suit, considérez :

$$E = \sum_i \left(\dot{q}_i \frac{\partial L}{\partial \dot{q}_i} \right) - L \implies \sum_i \left(\dot{q}_i \frac{\partial L}{\partial \dot{q}_i} \right) = 2T$$

(3-20)

Écriture $v_i = \dot{q}_i$ et définition des impulsions généralisées, puis passage à la notation vectorielle avec des particules indiquées par l'indexation 'a' :

$$\sum_i (v_i \, p_i) = \sum_a \vec{v}_a \cdot \vec{p}_a = \frac{d}{dt} \left(\sum_a \vec{r}_a \cdot \vec{p}_a \right) - \sum_a \vec{r}_a \cdot \dot{\vec{p}}_a$$

Prenons maintenant la moyenne temporelle de 2T, où le terme de dérivée temporelle totale aura une valeur moyenne nulle si nous avons un mouvement borné. Pour être plus précis, la moyenne temporelle pour une fonction $f(t)$ du temps est définie comme étant :

$$\overline{f} = \lim_{\tau \to \infty} \frac{1}{\tau} \int_0^\tau f(t) dt$$

(3-21)

Supposons $f(t) = \frac{d}{dt} F(t)$ alors :

$$\overline{f} = \lim_{\tau \to \infty} \frac{1}{\tau} [F(\tau) - F(0)] = 0$$

Pour un mouvement limité.

Puisque nous avons un mouvement borné si nous restons dans une région finie de l'espace avec des vitesses finies, nous avons alors :

$$2\overline{T} = -\overline{\sum_a \vec{r}_a \cdot \dot{\vec{p}}_a} = \overline{\sum_a \vec{r}_a \cdot \frac{\partial U}{\partial \vec{r}_a}} = k\overline{U}$$

Revenant sur ce que cela indique pour les trois cas mentionnés ci-dessus ($E = \overline{E} = \overline{T} + \overline{U}$) :

      (1) Les petites oscillations (k=2), ont $\overline{T} = \overline{U}, E = 2\overline{T}$.

      (2) Champ uniforme (k=1), avoir $\overline{T} = (1/2)\,\overline{U}, E = 3\overline{T}$

      (3) Potentiel newtonien ou coulombien (k = −1) : $\overline{U} = -2\overline{T}, E = -\overline{T}$. Ce résultat est cohérent avec le fait que l'énergie totale d'un mouvement limité dans ce type de potentiel est négative, comme le montreront les exemples qui suivent.

3.6. Systèmes unidimensionnels

Souvent, l'analyse du système réduit sa dimensionnalité (en raison des symétries). Considérons l'orbite d'une planète autour du soleil, où le problème 3D se réduit à un problème 2D par conservation du moment cinétique. Pour la plupart, il suffit de considérer le mouvement dans une ou deux dimensions. Commençons par le mouvement unidimensionnel.

Considérons le lagrangien suivant pour un mouvement unidimensionnel où un potentiel arbitraire est esquissé comme le montre la figure 3.5.

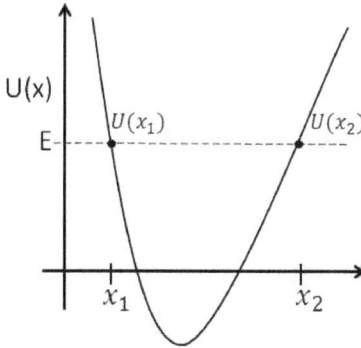

Graphique 3.5 . Un potentiel unidimensionnel. $U(x_1) = E = U(x_2)$.

$$L = \frac{1}{2}m\,\dot{x}^2 - U(x) \rightarrow E = \frac{1}{2}m\,\dot{x}^2 + U(x)$$

(3-22)

Puisque $U(x) \leq E$, et en prenant la racine positive (la négative correspond au renversement du temps, avec le même type de solutions) :

$$\frac{dx}{dt} = \sqrt{\frac{2[E - U(x)]}{m}} \rightarrow t = \sqrt{m/2} \int dx/\sqrt{E - U(x)} + C$$

Les limites du mouvement sont données par $U(x_1) = E = U(x_2)$, et la période du mouvement est donnée par deux fois l'intégrale de x_1 à x_2 :

$$Period = \sqrt{2m} \int_{x_1}^{x_2} dx/\sqrt{E - U(x)}.$$

(3-23)

Exemple 3.15. Mouvement sur une rampe courbe.

Une petite masse glisse sans frottement sur un bloc de masse M comme le montre la figure 3.6. M lui-même glisse sans frottement sur une table horizontale, et son côté incurvé a la forme d'un cercle de rayon a.

    a) Trouver les équations de Lagrange pour le système en termes de deux coordonnées généralisées.

    b) Trouvez deux quantités conservées.

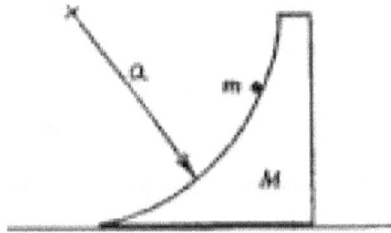

Graphique 3.6. Une masse m glisse sans frottement sur un bloc de masse M, de cercle de rayon a.

Les coordonnées: $x_1 = x + a \cos\theta$; $y_1 = -a \sin\theta$; et $x_2 = x$.
Les dérivées du temps coordonnée : $\dot{x}_1 = \dot{x} + a \sin\theta \, \dot{\theta}$; $\dot{y}_1 = -a \cos\theta \, \dot{\theta}$;
et $\dot{x}_2 = \dot{x}$.
L'énergie potentielle : $U = -mga \sin\theta$.
Ainsi,

$$L = T - U = \frac{1}{2}m\left([\dot{x} - a \sin\theta \, \dot{\theta}]^2 + [-a \cos\theta \, \dot{\theta}]^2\right) + \frac{1}{2}M(\dot{x})^2 - U$$

$$L = \frac{1}{2}(m + M)\dot{x}^2 + \frac{1}{2}m(a\dot{\theta})^2 - am\dot{x}\dot{\theta} \sin\theta + mga \sin\theta$$

et,

$\frac{d}{dt}\left(\frac{\partial L}{\partial \dot{x}}\right) - \frac{\partial L}{\partial x} = 0 \Rightarrow (m + M)\ddot{x} - \frac{d}{dt}(am\dot{\theta} \sin\theta) = 0$, ainsi,

$\frac{d}{dt}\{(m + M)\dot{x} - am\dot{\theta} \sin\theta\} = 0.$

Donc nous avons:

$$(m + M)\dot{x} - am\dot{\theta} \sin\theta = const,$$

50

et,

$$E = T + U = \frac{1}{2}(m + M)\dot{x}^2 + \frac{1}{2}m(a\dot{\theta})^2 - am\dot{x}\dot{\theta}\sin\theta + mga\sin\theta.$$

Exercice 3.15. Trouvez les vitesses des masses en fonction du temps lorsque la masse m s'est libérée du repos au sommet du côté incurvé.

3.7 Mouvement dans un champ central

Considérons une seule particule dans un potentiel central. Son moment cinétique est conservé : $\vec{M} = \vec{r} \times \vec{p} = constant$. Puisque la constante $\vec{M}$ est perpendiculaire à $\vec{r}$, la position est toujours dans un plan perpendiculaire à $\vec{M}$ (la conservation du moment cinétique a ainsi réduit le problème de la 3D à la 2D). La forme appropriée du lagrangien pour le mouvement dans un plan à potentiel central est donc :

$$L = \frac{1}{2}m\dot{r}^2 + \frac{1}{2}m(r\dot{\varphi})^2 - U(r)$$

(3-24)

Notez qu'il n'y a pas de référence directe à la coordonnée φ, dans le formalisme hamiltonien cela signifie que :

$$F_\varphi = \frac{\partial L}{\partial \varphi} = 0$$

ainsi

$$\dot{p}_\varphi = F_\varphi = 0 \quad \rightarrow \quad p_\varphi = constant = \text{"M"}.$$

$$p_\varphi = \frac{\partial L}{\partial \dot{q}_i} = mr^2\dot{\varphi} = M.$$

(3-25)

Rappelez-vous que l'aire d'un rayon de secteur radial r avec un angle de balayage φ est $A = (1/2)r \cdot r\varphi$, et la vitesse sectorielle est donc $V_{sectorial} = (1/2)r^2\dot{\varphi} = M/2m$ une constante, c'est-à-dire « des aires égales balayées en des temps égaux », alias la troisième loi de Kepler. Comme c'est typique dans ce type d'analyse, les intégrales du mouvement (par exemple, les lois de conservation) sont utilisées comme première étape pour simplifier l'analyse. Ainsi, pour l'énergie on a :

$$E = \frac{1}{2}m\dot{r}^2 + \frac{1}{2}m(r\dot{\varphi})^2 + U(r) \quad \rightarrow \quad \frac{1}{2}m\dot{r}^2 = [E - U] - \frac{M^2}{2mr^2},$$

où le dernier terme est l'énergie centrifuge. Réorganisation :

$$\frac{dr}{dt} = \sqrt{\frac{2}{m}[E - U] - \frac{M^2}{m^2 r^2}}$$

En intégrant, on obtient

$$t = \int \frac{dr}{\sqrt{\frac{2}{m}[E - U] - \frac{M^2}{m^2 r^2}}} + C_1$$

(3-26)

En utilisant $d\varphi = \frac{M}{mr^2} dt$,

$$\varphi = \int \frac{M dr/r^2}{\sqrt{2m[E - U] - \frac{M^2}{r^2}}} + C_2$$

(3-27)

Attention, $\dot\varphi = M$ cela signifie φ des changements de façon monotone, donc pour un chemin fermé, qui a nécessairement un rayon minimum et maximum (limité), nous avons pour changement de phase en passant du rayon minimum au rayon maximum puis retour :

$$\Delta\varphi = 2 \int_{r_{min}}^{r_{max}} \frac{M dr/r^2}{\sqrt{2m[E - U] - \frac{M^2}{r^2}}}$$

où les limites du mouvement sont données par l'énergie n'ayant aucune partie cinétique, $E = U_{eff}$ où

$$U_{eff} = U + \frac{M^2}{2mr^2}.$$

(3-28)

Le $\Delta\varphi$ pour qu'il en résulte un chemin fermé doit être exactement égal à 2π ou un multiple de $\Delta\varphi$ doit entraîner un multiple de 2π (c'est-à-dire $\Delta\varphi = 2\pi (m/n)$). Cela ne se produit que pour tous les chemins de l'intégrale ci-dessus lorsque les potentiels U ont la forme $1/r$ ou r^2, et dans ces cas, une intégrale supplémentaire du mouvement se produit (connue sous le nom de vecteur Runge-Lens). Cependant, avant de passer au $1/r$ potentiel critique, considérons les implications d'un moment cinétique non nul avec un potentiel central. Il est généralement impossible d'atteindre le centre dans de tels cas, même dans les cas où le potentiel est attractif. Pour atteindre le centre quand $M \neq 0$, on considère évidemment une situation où l'on n'est pas aux tournants du mouvement, donc

$$\frac{1}{2}m\dot{r}^2 = [E - U] - \frac{M^2}{2mr^2} > 0,$$

et en regroupant et en prenant la limite lorsque le rayon tend vers zéro, on trouve que les seuls potentiels permettant cela doivent satisfaire :

$$\lim_{r \to 0} r^2 U < -\frac{M^2}{2m}$$

Ceci n'est possible que pour les potentiels négatifs $U(r) = -\alpha/r^n$ avec $n > 2$ ou avec $n = 2$ and $\alpha > \frac{M^2}{2m}$.

Dans l'exemple précédent nous avons vu que les potentiels de Kepler et de Coulomb ($U(r) = -\alpha/r$) n'étaient pas dans le groupe des potentiels permettant le mouvement par le centre lorsque le moment cinétique est non nul. Considérons maintenant $U(r) = -\alpha/r$ plus en détail le potentiel attractif pertinent pour la gravité (et pour l'attraction entre charges opposées). Pour commencer, l'intégrale d'angle peut être facilement résolue pour cette situation, où le potentiel effectif est :

$$U_{eff} = -\frac{\alpha}{r} + \frac{M^2}{2mr^2} \text{ , } and \text{ } \min_r U_{eff} = -\frac{m\alpha^2}{2M^2} \text{ } at \text{ } r = \frac{M^2}{m\alpha}$$
$$(3\text{-}29)$$

où les domaines d'énergie minimum et significatif de la fonction sont indiqués sur la figure 3.7.

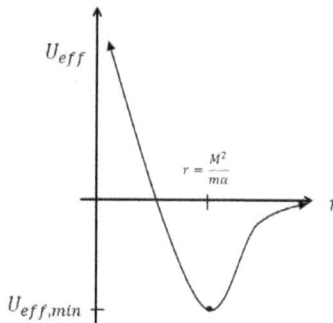

Graphique 3.7. Une esquisse du potentiel efficace. $U_{eff,min} = -\frac{m\alpha^2}{2M^2}$.
Le mouvement est fini si $E < 0$, infini si $E \geq 0$.

L'intégration donne alors :

53

$$\varphi = \cos^{-1} \frac{\left(\dfrac{M}{r} - \dfrac{m\alpha}{M}\right)}{\sqrt{2mE + \dfrac{m^2\alpha^2}{M^2}}} + constant$$

$$(3\text{-}30)$$

Faisons $\varphi = 0$ correspondre l'occurrence de l'approche la plus proche (périhélie, r_{min} dans ce qui suit), auquel cas la constante est nulle. Parlons également de deux formes de description des orbites $\{p, e\}$, où $2p$ est connu sous le nom de latus rectum, et e est l'excentricité, et les paramètres de section conique $\{a, b\}$, où $2a$ est la longueur du grand axe et $2b$ est la longueur du petit axe :

$$p = \frac{M^2}{m\alpha} \quad and \quad e = \sqrt{1 + \frac{2EM^2}{m\alpha^2}}$$

$$(3\text{-}31)$$

pour arriver à l'équation de l'orbite :
$$p = r(1 + e\cos\varphi)$$

$$(3\text{-}32)$$

À partir de l'équation de l'orbite, nous pouvons voir que :
$$r_{min} = \frac{p}{1+e} \quad and \quad r_{max} = \frac{p}{1-e}$$

$$(3\text{-}33)$$

Depuis $2a = r_{min} + r_{max}$:
$$a = \frac{p}{1-e^2} = \frac{\alpha}{2|E|}$$

$$(3\text{-}34)$$

Nous voyons également que les ratios b/r_{min} et r_{max}/b sont des invariants de redimensionnement et doivent être proportionnels les uns aux autres, où pour $e = 0$ cela il s'avère qu'il s'agit d'une égalité, ainsi $b = \sqrt{r_{min} \cdot r_{max}}$ et nous obtenons :

$$b = \frac{p}{\sqrt{1-e^2}} = \frac{M}{\sqrt{2m|E|}}$$

$$(3\text{-}35)$$

Considérons maintenant les différents cas en termes de paramètre d'excentricité $e = \sqrt{1 + \frac{2EM^2}{m\alpha^2}}$ de l'orbite :

<u>Pour $e = 0$</u> (se produit quand $E = -\frac{m\alpha^2}{2M^2}$) : Nous avons une orbite circulaire $r_{min} = r_{max} = p$.

54

Pour $0 \leq e < 1$(se produit quand $E < 0$): Nous avons une orbite elliptique $r_{min} \neq r_{max}$.

Pour les ellipses et le cercle, nous avons des orbites liées, ce qui nous permet de faire l'intégrale sectorielle complète d'une telle orbite, obtenant ainsi simplement l'aire de l'ellipse ou du cercle. Rappel

$$\frac{d(area)}{dt} = V_{sectorial} = \frac{1}{2}r^2\dot{\varphi} = \frac{M}{2m}$$

(3-36)

intégrant sur le temps d'une période orbitale T :

$$T = \frac{2m(area)}{M} = \frac{2m\pi ab}{M} = \pi\alpha\sqrt{\frac{m}{2|E|^3}}.$$

(3-37)

De cette solution exacte, nous pouvons voir que , qui est la $T^2 \propto \frac{1}{|E|^3} \propto$ a^3 3ème loi de Kepler .

Pour $e = 1$(se produit quand $E = 0$) : Nous avons une orbite parabolique (illimitée) avec $r_{min} = \frac{p}{2}$ and $r_{max} = \infty$, qui décrit une particule infaillible depuis le repos à l'infini.

Pour $e > 1$(se produit quand $E > 0$) : Nous avons une orbite hyperbolique (illimitée).

Le vecteur Laplace-Runge-Lenz

Considérons une force centrale en carré inverse agissant sur une seule particule décrite par l'équation

$$A = p \times L - mk\hat{r} \rightarrow e = \frac{A}{mk},$$

(3-38)

où

m est la masse de la particule ponctuelle se déplaçant sous l'effet de la force centrale,

p est son vecteur impulsion,

L = **r** × **p** est son vecteur moment cinétique,

r est le vecteur position de la particule (Figure 3.8),

$\hat{r}$ est le vecteur unitaire correspondant , c'est-à-dire $\hat{r}$, et

r est la grandeur de **r** , la distance de la masse au centre de force.

Le paramètre constant k décrit la force de la force centrale ; il est égal à $\underline{G}$ $\cdot M \cdot m$ pour la gravitation et $-\underline{k}_e \cdot Q \cdot q$ pour les forces électrostatiques. La force est attractive si $k > 0$ et répulsive si $k < 0$.

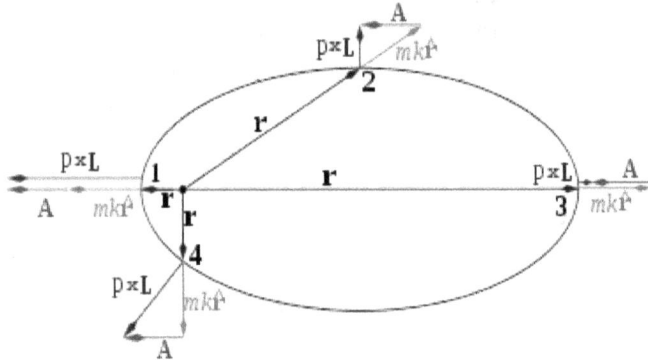

Graphique 3.8 . Le vecteur LRL **A** en quatre points sur l'orbite elliptique sous une force centrale carrée inverse. Le centre d'attraction est représenté par un petit cercle noir d'où émanent les vecteurs de position. Le vecteur moment cinétique **L** est perpendiculaire à l'orbite. Les vecteurs coplanaires $\mathbf{p} \times \mathbf{L}$ et (mk / r) **r** sont représentés. Le vecteur **A** est constant en direction et en amplitude.

Les sept quantités scalaires E , **A** et **L** (étant des vecteurs, les deux dernières contribuent chacune à trois quantités conservées) sont liées par deux équations, $\mathbf{A} \cdot \mathbf{L} = 0$ et $A^2 = m^2 k^2 + 2\, mEL^2$, donnant cinq constantes de mouvement indépendantes . Ceci est cohérent avec les six conditions initiales (la position initiale de la particule et les vecteurs vitesse, chacun comportant trois composantes) qui spécifient l'orbite de la particule, puisque le temps initial n'est pas déterminé par une constante de mouvement. L'orbite unidimensionnelle résultante dans un espace de phase à six dimensions est ainsi complètement spécifiée.

Exemple 3.16. Une masse test est lâchée au-dessus du pôle Nord.
Une masse d'essai est libérée au repos, un diamètre terrestre au-dessus du pôle nord (en rotation). Ignorez la friction atmosphérique. (Utilisé pour l'accélération de la gravité près de la surface de la Terre $10\, \frac{m}{sec^2}$, et pour le rayon de la terre $R_e = 6{,}400\ km$.)
   a)   Trouvez la vitesse (en mètre/sec) de la masse lorsqu'elle touche la terre.

56

b) Trouvez une expression pour le temps qu'il faut à la masse pour toucher la terre. Votre expression doit contenir une intégrale sans dimension.

Solution:

(a) Vitesse à la surface de la terre : énergie potentielle de la masse d'essai : $\Phi = -\frac{mGM}{R}$. La conservation de l'énergie donne à l'énergie cinétique la variation de l'énergie potentielle :

$$\frac{1}{2}mv^2 = \Delta PE = \left(\frac{-mGM}{R}\right)\Bigg|_{R_e}^{3R_e} = \frac{2}{3}m\,R_e\,g$$

(b) Temps jusqu'à l'impact, obtenons d'abord la relation entre la chute et le rayon r :

$$\frac{1}{2}mv^2 = \left(\frac{-mGM}{R}\right)\Bigg|_{r}^{3R_e} \qquad v$$

$$= \frac{dr}{dt} \; since \; no \; coriolis \; force \; at \; North \; pole$$

$$\frac{1}{2}m\left(\frac{dr}{dt}\right)^2 = \frac{mGM}{r} - \frac{mGM}{3R_e}$$

$$\frac{dr}{dt} = \sqrt{\frac{2GM}{r} - \frac{2GM}{3R_e}} = \sqrt{2GM}\,\sqrt{\frac{1}{r} - \frac{1}{3R_e}}$$

$$dt = \frac{1}{\sqrt{2GM}}\,\frac{dr}{\sqrt{\frac{1}{r} - \frac{1}{3R_e}}}$$

$$T = \frac{1}{\sqrt{2GM}}\int_{R_e}^{3R_e}\frac{dr}{\sqrt{\frac{1}{r} - \frac{1}{3R_e}}} = \frac{(3R_e)^{\frac{3}{2}}}{\sqrt{2GM}}\int_{(\frac{1}{3})}^{1}\frac{dx}{\sqrt{\frac{1}{x} - 1}} \cong 1.43\frac{(3R_e)^{\frac{3}{2}}}{\sqrt{2GM}}$$

Exercice 3.16 . Une masse test est lâchée au-dessus de l'équateur.

Exemple 3.17. Une planète de masse M....

Une planète de masse m tourne autour d'une masse solaire M. Nous avons vu dans les propriétés générales des systèmes képlériens que la planète se déplace dans un plan contenant le centre de force. (a) Introduire les coordonnées polaires du plan de mouvement et écrire le lagrangien ; (b) Obtenir le moment cinétique et l'énergie du système planétaire ; et (c) d'après l'analyse képlérienne, nous savons que l'orbite est une ellipse, reliez donc la longueur du demi-grand axe a et l'excentricité ε de cette ellipse à l'énergie conservée et au moment angulaire obtenus en (b), en utilisant le paramétrage suivant de l'orbite comme une ellipse :

$$\frac{1}{e} = \frac{1}{a(1-\varepsilon^2)} + \frac{\varepsilon}{a(1-\varepsilon^2)}\cos\theta$$

Solution:

(a) On part de la force gravitationnelle newtonienne et on passe au repère du centre de masse :

$$F = \frac{mMG}{r^2} = \frac{M_T\mu G}{r^2}, \text{where } M_T = (m+M) \text{ and } \mu = \frac{mM}{m+M}$$

Pour cela, nous pouvons écrire l'énergie potentielle sous la forme :

$$U = -\frac{M_T\mu G}{r}$$

Donc, en coordonnées polaires le Lagrangien $L = T - U$:

$$L = \frac{1}{2}\mu(\dot{r}^2 + r^2\dot{\theta}^2) - U(|\vec{r}|) \text{ and } \vec{r} = \vec{r}_m - \vec{r}_M, r = |\vec{r}|$$

(b) Pour obtenir l'énergie commençons par obtenir les équations du mouvement pour les coordonnées cycliques, ici l'angle orbital, pour obtenir d'autres constantes du mouvement, puis utilisons $E = T + U$:

$$\frac{d}{dt}(\mu r^2\dot{\theta}) = 0 \rightarrow l = \mu r^2\dot{\theta}, \text{angular momemtum conserved}$$

$$E = \frac{1}{2}\mu\dot{r}^2 + \frac{l^2}{2\mu r^2} - \frac{\mu M_T G}{r}$$

(c) Relation avec le paramétrage d'une ellipse. À r_{min} et r_{max} nous avons $\dot{r} = 0$, alors obtenez :

$$E = \frac{l^2}{2\mu r_{min}^2} - \frac{\mu M_T G}{r_{min}} \text{ and } E = \frac{l^2}{2\mu r_{max}^2} - \frac{\mu M_T G}{r_{max}}$$

A partir du paramétrage de l'ellipse, nous avons pour r_{min} et r_{max} :

$$\frac{1}{r_{min}} = \frac{1}{a(1-\varepsilon^2)} + \frac{\varepsilon}{a(1-\varepsilon^2)} \implies r_{min} = a(1-\varepsilon)$$

$$\frac{1}{r_{max}} = \frac{1}{a(1-\varepsilon^2)} + \frac{\varepsilon}{a(1-\varepsilon^2)} \implies r_{max} = a(1+\varepsilon)$$

En utilisant les deux équations pour l'énergie aux positions max et min r, nous obtenons :

$$\frac{l^2}{2\mu}\left(\frac{1}{r_{max}^2} - \frac{1}{r_{max}^2}\right) - \mu M_T G\left(\frac{1}{r_{min}} - \frac{1}{r_{max}}\right) = 0 \quad \rightarrow \quad l^2$$
$$= \mu^2 M_T G a(1 - \varepsilon^2)$$

En substituant la relation pour l^2 dans les deux équations énergétiques, ainsi que $r_{min} = a(1 - \varepsilon)$ et $r_{max} = a(1 + \varepsilon)$, nous obtenons :
$$E = \frac{-\mu M_T G}{r_{min} + r_{max}} = \frac{-\mu M_T G}{2a}$$

Ainsi,
$$a = \frac{-\mu M_T G}{2E} = \frac{mMG}{2|E|} = \frac{\alpha}{2|E|}, where \ a = \mu M_T G = mMG.$$

Et en substituant dans la l^2 relation nous regroupons le get exprimant l'excentricité :
$$\varepsilon = \sqrt{1 + \left(\frac{2El^2}{\mu\alpha^2}\right)}.$$

Exercice 3.17. Quelle est l'excentricité du système Terre-Lune ? Du système Terre-Soleil ?

Exemple 3.18. Une particule de masse m…
Une particule de masse m se déplace dans un potentiel $U = \alpha/r - \beta/r^3$, $\alpha, \beta > 0$.

    a) Pour quelle plage de rayons, r, les orbites circulaires sont-elles stables ? (Exprimez la condition sur r en termes de α et β.)

    b) Trouvez en fonction de r, α, β et m la fréquence Ω d'une orbite circulaire et la fréquence w des petites oscillations autour d'une orbite circulaire.

Solution:
(a) $U = \alpha/r - \beta/r^3$, $\alpha, \beta > 0$, et pour les orbites : $L = \frac{1}{2}m(\dot{r}^2 + r^2\dot{\theta}^2) - U$ et $E = \frac{1}{2}m\dot{r}^2 + \frac{M_\theta^2}{2mr^2} + U$, donc
$$U_{eff} = \frac{M_\theta^2}{2mr^2} - \frac{\alpha}{r} - \frac{\beta}{r^3}.$$

Orbites circulaires pour :
$$\frac{U_{eff}}{\partial r} = 0 \quad \rightarrow \quad -\frac{M_\theta^2}{mr^3} + \frac{\alpha}{r^2} + \frac{3\beta}{r^4} = 0$$

Orbites stables pour :

$$\frac{\partial^2 U_{eff}}{\partial r^2} = \frac{3M_\theta^2}{mr^4} - \frac{2\alpha}{r^3} - \frac{12\beta}{r^5} > 0.$$

(b) Rappelez-vous la zone balayée, A, relation : $M_\theta = mr^2\dot\theta = 2m\frac{dA}{dt}$, puis pouvez écrire :

$$dt = \frac{2m}{M_\theta}dA \Rightarrow T = \frac{2m}{M_\theta}(\pi r_c^2)$$

$$\alpha r_c^2 - \frac{M_\theta^2}{m}r_c + 3\beta = 0$$

La fréquence de l'orbite circulaire, Ω, est :

$$\Omega = \frac{2\pi}{T} = \frac{M_\theta}{mr_c^2},$$

et la fréquence des petites oscillations autour de cette orbite circulaire :

$$\omega = \sqrt{\frac{1}{2m}\left.\frac{\partial^2 U_{eff}}{\partial r^2}\right|_{r_c}} = \sqrt{\frac{1}{m}\left\{\frac{\alpha}{r^3} - \frac{3\beta}{r^5}\right\}}.$$

Exercice 3.18. *Que se passe-t-il lorsque* α *et* β.*sont sélectionnés tels que* $\Omega = \omega$?

Exemple 3.19. Particule dans un champ de force central.
Une particule se déplace dans un champ de force central donné par le potentiel : $U = -K\frac{e^{-r/a}}{r}$, où K et a sont des constantes positives. (a) Trouvez la relation entre r, l et E pour les orbites circulaires. (b) Trouvez la période des petites oscillations (dans le θ plan r) autour d'une orbite circulaire.

Solution:

(a) Alors, ayez $U = -K\frac{e^{-r/a}}{r}$ et $L = \frac{1}{2}m(\dot r^2 + r^2\dot\theta^2) - U$. Pour la barrière centrifuge nous avons :

$$\frac{d}{dt}\left(\frac{\partial L}{\partial\dot\theta}\right) = 0 \Rightarrow mr^2\dot\theta = |L|$$

Donc,

$$L = \frac{1}{2}m\dot r^2 - \frac{|L|^2}{2mr^2} - U$$

et les équations du mouvement sont :

$$\frac{d}{dt}(m\dot r) - \left\{-\frac{|L|^2}{mr^3} - \frac{\partial U}{\partial r}\right\} = 0$$

Avoir des orbites circulaires $r = const$ pour :

$$\frac{|L|^2}{mr_0^3} = -\frac{\partial U}{\partial r}\Big|_{r=r_0} \quad\rightarrow\quad \frac{l^2}{mr_0^3} + \frac{E}{r_0} = +\frac{K}{ar_0}e^{-r_0/a} \quad\rightarrow\quad E$$

$$= \frac{l^2}{2mr_0^2} + \frac{K}{a}e^{-r_0/a}$$

(b) Nous avons $\omega = \sqrt{\frac{1}{2m}\frac{\partial^2 U_{eff}}{\partial r^2}}$ et $U_{eff} = \frac{+l^2}{2mr^2} - \frac{Ke^{-r/a}}{r}$, et à l'équilibre d'oscillation :

$$\frac{U_{eff}}{\partial r} = \frac{-l^2}{mr^3} + \frac{Ke^{-r/a}}{r^2} + \frac{Ke^{-r/a}}{ar} = 0,$$

ainsi,

$$\frac{\partial^2 U_{eff}}{\partial r^2} = \frac{3l^2}{mr^4} - \frac{2Ke^{-r/a}}{r^3} - \frac{Ke^{-r/a}}{ar^2} - \frac{Ke^{-r/a}}{ar^2} - \frac{Ke^{-r/a}}{a^2 r}.$$

Depuis

$$\left(\frac{1}{r^2} + \frac{1}{ar}\right)Ke^{-r/a} = \frac{l^2}{mr^3} \quad and \quad Ke^{-r/a} = \left(\frac{ar}{a+r}\right)\frac{l^2}{mr^2}$$

$$= \frac{a}{a+r}\frac{l^2}{mr}$$

On peut alors se regrouper pour obtenir

$$\omega = \sqrt{\frac{l^2}{m^2 r^2}\left\{\frac{a}{a+r}\right\}\left(\frac{1}{r^2} + \frac{1}{ar} - \frac{1}{a^2 r}\right)}.$$

Exercice 3.19. *Supposons* $\dfrac{\partial^2 U_{eff}}{\partial r^2}\Big|_{r_c}$ *qu'il y ait un choix de* K *et* a, *dérivez la formule de fréquence de la dérivée du troisième ordre en potentiel, quelle est la nouvelle fréquence oscillatoire ?*

Exemple 3.20. La *3ème loi* de Kepler issue des lois de Newton.
   (a) Montrer directement à partir des lois de Newton que, pour deux étoiles de masse m1 et m2 en orbite circulaire autour de leur centre de masse, la 3 ^{ème} loi de Kepler a la forme : $T^2 = \frac{4\pi^2}{G(m_1+m_2)}R^3$, avec T la période et R la distance entre les étoiles.
   (b) Montrer que la formule peut être réécrite sous la forme $T^2 = (m_1 + m_2)^{-1}R^3$, avec T en années, R en UA (unités astronomiques) et m en masses solaires. (Si R est le demi-

grand axe, cela vaut également pour les orbites elliptiques.)

(c) Montrez que pour un petit objet en orbite circulaire à la surface d'un grand objet, $T = K\rho^{-1/2}$, et trouvez la constante K. Quelle est la période d'un galet en orbite à la surface d'une roche sphérique ($\rho = 3g/cm^3$) ?

Solution:

(a) Rappel : $L = r \times \mu v = \text{const}$ et $dA = \frac{1}{2}r \cdot rd\theta$

Donc,

$$L = \mu r \times \left(\dot{r}\hat{r} + r\dot{\theta}\hat{\theta}\right) = \mu r^2\dot{\theta} = 2\mu\frac{dA}{dt} = \text{const}$$

$$2\mu dA = Ldt \rightarrow 2\mu(\pi ab) = LT$$

Rappelez-vous la relation des masses aux axes majeurs et mineurs :

$$a = \frac{G(m_1 + m_2)\mu}{2|E|} \qquad b = \frac{L}{\sqrt{2\mu|E|}}$$

Ainsi,

$$LT = 2\mu\pi \frac{G(m_1 + m_2)\mu}{2|E|}\frac{L}{\sqrt{2\mu|E|}}$$

$$\rightarrow \quad \frac{4\pi^2}{G(m_1 + m_2)}\left\{\frac{G(m_1 + m_2)\mu}{2|E|}\right\}^3 = T^2$$

Ainsi, en remplaçant a = R (évaluation sur le demi-grand axe) :

$$T^2 = \frac{4\pi^2}{G(m_1 + m_2)}R^3.$$

(b) La variation des parts se déroule comme suit :

$$T^2\left(\frac{365 \times 24 \times 3600\text{sec}}{1yr}\right)^2$$

$$= \frac{4\pi^2}{G(m_1 + m_2)\left(\frac{2 \times 10^{30}kg}{M_\Theta}\right)}R^3\left(\frac{1.5 \times 10^8 km}{1 A.U.}\right)^3,$$

donc, $T^2 = (m_1 + m_2)^{-1}R^3 K$ et $K =$

$$\frac{(1.5\times10^8 km)^3 4\pi^2}{6.67\times10^{-11}Nm^2/kg^2(3.15\times10^7 sec)^2(2\times10^{30}kg)}\left[\frac{M_\Theta \cdot yr^2}{(A.U.)^3}\right] = 1.0\left[\frac{M_\Theta \cdot yr^2}{(A.U.)^3}\right].$$

Ainsi,

$$T^2 = (m_1 + m_2)^{-1}R^3.$$

(c) $T^2 = (m_1 + m_2)^{-1}R^3 \simeq m_{Large}^{-1}R^3 \simeq \dfrac{\frac{4}{3}\pi R^3}{m_{Large}} \dfrac{1}{\frac{4}{3}\pi} = \dfrac{\rho}{\frac{4}{3}\pi}$, donc $T =$

$K\rho^{-1/2}$où $K = \dfrac{1}{2\sqrt{\frac{\pi}{3}}}$(où T est en unités d'années, $R = AU's$, $m = M_\Theta's$, et

$m_1 \gg m_2$. Pour $\rho = 3g/cm^3 = 3 \times 10^3 kg/m^3$, donc :

$$T = \sqrt{\dfrac{3\pi}{6.67 \times 10^{-11}}} (3 \times 10^3)^{-1/2} sec = 6.86 \times 10^3 sec = 114\ min.$$

Exercice 3.20. Quelle est la période d'un caillou en orbite à la surface de la terre ($\rho = 1g/cm^3$) et à la surface d'une étoile à neutrons ($\rho = 10^{16} g/cm^3$) ?

Exemple 3.21. Systèmes binaires.
Les masses stellaires sont découvertes en observant les systèmes binaires. En règle générale, on ne peut pas résoudre les étoiles, mais le spectre montre deux décalages Doppler changeant périodiquement, donnant la vitesse en ligne de mire de chaque étoile. Appelez les vitesses V_1et V_2. Montrer que si l'orbite est inclinée d'un angle θpar rapport à la ligne de visée :

$$R = (V_1 + V_2)/\Omega \sin\theta \text{ et } M_2/M_1 = V_1/V_2 \text{ et } \dfrac{m_2^3}{(m_1+m_2)^2}\sin^3\theta = (a_1 \sin\theta)^3/T^2.$$

Commencez par : $V_1 = \mho_1 \sin\theta$ and $V_2 = \mho_2 \sin\theta$, où $\mho_1 = r_1\Omega$ and $\mho_2 = r_2\Omega$. Let $R = r_1 + r_2$, puis :

$$V_1 + V_2 = (\mho_1 + \mho_2)\sin\theta = R\Omega \sin\theta \rightarrow R = (V_1 + V_2)/\Omega \sin\theta$$

Avec l'origine au Centre de masse : $M_1 r_1 + M_2 r_2 = 0$et $M_1\mho_1 + M_2\mho_2 = 0$, donc :$|M_1 V_1/\sin\theta| = |M_2 V_2/\sin\theta|$
et $\dfrac{M_2}{M_1} = \dfrac{V_1}{V_2}$.Pour obtenir la dernière relation, rappelons que sur le demi-grand axe (pour R) :

$$T^2 = (m_1 + m_2)^{-1}R^3,$$

ainsi:

$$T^2 = (m_1 + m_2)^{-1} \left\{ \frac{(V_1 + V_2)}{\Omega \sin \theta} \right\}^3 = (m_1 + m_2)^{-1} \left\{ \frac{\left(1 + \frac{m_1}{m_2}\right) V_1}{\Omega \sin \theta} \right\}^3$$

$$= (m_1 + m_2)^{-1} \left(1 + \frac{m_1}{m_2}\right)^3 a_1^3$$

D'où on obtient :

$$\frac{m_2^3}{(m_1 + m_2)^2} \sin^3 \theta = \frac{(a_1 \sin \theta)^3}{T^2}.$$

Exercice 3.21. *Binaire avec étoile à neutrons.*
Considérons un binaire avec une étoile à neutrons. Le décalage Doppler observé de l'étoile à neutrons a une magnitude $\frac{\Delta \lambda}{\lambda} = 2 \times 10^{-6}$ et une période de 4 jours. Si la masse de l'étoile à neutrons est inférieure à 3 M_Θ, quelle est la masse maximale de son compagnon ?

Exemple 3.22. *Mouvement à l'intérieur d'un paraboloïde de révolution.*
Une particule de masse m est contrainte de se déplacer sous l'effet de la gravité sans frottement à l'intérieur d'un paraboloïde de révolution dont l'axe est vertical. Trouvez le problème unidimensionnel équivalent à son mouvement. Quelle est la condition de la vitesse initiale des particules pour produire un mouvement circulaire ? Trouvez la période des petites oscillations autour de ce mouvement circulaire.

Adoptons les coordonnées cylindriques : $x = \rho \sin \theta$, $y = \rho \cos \theta$, auquel cas nous avons les coordonnées :
$z = \frac{a}{2}\rho^2$, $\quad \rho^2 = x^2 + y^2$, $\quad y = x^2$, et du potentiel $U = mgz$. Le Lagrangien vaut donc :

$$L = \frac{1}{2}m(\dot{x}^2 + \dot{y}^2 + \dot{z}^2) - mg\frac{a}{2}\rho^2,$$

où

$$\dot{z} = a\rho\dot{\rho}, \quad \dot{x} = \dot{\rho} \sin \theta + \rho \cos \theta \, \dot{\theta}, \quad \dot{y} = \dot{\rho} \cos \theta + \rho \sin \theta \, \dot{\theta}.$$

Ainsi,

$$L = \frac{1}{2}m\left(\dot{\rho}^2 + (a\rho\dot{\rho})^2 + \left(\rho\dot{\theta}\right)^2\right) - mg\frac{a}{2}\rho^2$$

En utilisant l'équation d'Euler-Lagrange pour θ:

$$\frac{d}{dt}\left(\frac{\partial L}{\partial \dot{\theta}}\right) - \frac{\partial L}{\partial \theta} = 0 \quad gives \quad m\rho^2\dot{\theta} = M_\theta.$$

Ainsi,

$$L = \frac{1}{2}m(\dot{\rho}^2 + (a\rho\dot{\rho})^2) + \frac{1}{2}m\left(\rho\dot{\theta}\right)^2 - mg\frac{a}{2}\rho^2$$

En utilisant l'équation d'Euler-Lagrange pour ρ on obtient :

$$m\ddot{\rho} + \frac{d}{dt}(m(a\rho)^2\dot{\rho}) - m(a\dot{\rho})^2\rho - m\rho\dot{\theta}^2 + mga\rho = 0$$

$$m\ddot{\rho}(1 + a^2\rho^2) + ma^2\rho\dot{\rho}^2 - \frac{M_\theta^2}{m\rho^3} + mga\rho = 0$$

Mouvement circulaire $\dot{\rho} = 0$:

$$\left(\frac{M_\theta}{m\rho}\right)^2 = ga\rho^2 \quad and \quad M_o = m\rho v.$$

Ainsi

$$v = \rho\sqrt{ga} = \sqrt{2gz}$$

Considérons maintenant les petites oscillations pour

$$m\ddot{\rho}(1 + a^2\rho^2) + ma^2\rho\dot{\rho}^2 - \frac{M_\theta^2}{m\rho^3} + mga\rho = 0$$

Soit $\rho = \rho_o + \eta$, puis en retenant les termes au 1er ordre dans η:

$$(1 + a^2\rho_o^2)m\ddot{\eta} - \frac{M_\theta^2}{m\rho_o^3}\left(1 - \frac{3\eta}{\rho_o}\right) + mga(\rho_o + \eta) = 0$$

Ainsi,

$$\ddot{\eta} + \frac{4ga\eta}{(1 + a^2\rho_o^2)} = 0 \quad \Longrightarrow \quad \omega = \sqrt{\frac{4ga}{(1 + a^2\rho_o^2)}}$$

$$\Longrightarrow \quad T = \pi\sqrt{\frac{(1 + a^2\rho_o^2)}{ga}}.$$

Exercice 3.22. Temps d'automne.

Deux particules se déplacent l'une autour de l'autre sur des orbites circulaires sous l'influence des forces gravitationnelles, avec une période T. Leur mouvement s'arrête brusquement, elles sont libérées et peuvent tomber l'une dans l'autre. Montrez qu'ils entrent en collision à temps $t/4\sqrt{2}$.

Exemple 3.23. Force centrale attractive.

(a) Montrer que si une particule décrit une orbite circulaire sous l'influence d'une force centrale attractive dirigée vers un point du cercle, alors la force varie comme l'inverse de la puissance cinquième de la distance.

(b) Montrer que pour l'orbite décrite, l'énergie totale de la particule est nulle.

(c) Trouvez la période de la motion.

(d) Trouvez $\dot{x}$, $\dot{y}$, et v en fonction de l'angle autour du cercle et montrez que les trois quantités sont infinies lorsque la particule passe par le centre de force.

Solution

(a) Commencez par la position donnée par $r - 2a \sin\theta$ for $0 \le \theta \le 180°$. Et avons le lagrangien :

$$L = \frac{1}{2} m\left(\dot{r}^2 + r^2\dot{\theta}^2\right) - U(r) \quad with \quad \dot{r} = 2a \cos\theta\, \dot{\theta}.$$

Alors,

$$\frac{d}{dt}\left(\frac{\partial L}{\partial \dot{\theta}}\right) - \frac{\partial L}{\partial \theta} = 0 \Longrightarrow M_\theta = mr^2\dot{\theta} = \text{const. of motion}$$

Utiliser $r^2 + r^2\dot{\theta}^2 = 4_a^2 \cos^2\theta\, \dot{\theta}^2 + 4_a^2 \sin^2\theta\, \dot{\theta}^2 = 4_a^2\dot{\theta}^2$ pour la « contrainte » sur r pour identifier la force respective. De même, on obtient $E = 2ma^2\dot{\theta}^2 + U(r)$= intégrale du mouvement, donc constante :

$$E = 2ma^2 \frac{M_\theta^2}{(mr^2)^2} + U(r) = \frac{2a^2 M_\theta^2}{mr^4} + U(r) = \text{const}$$

Ainsi,

$$\frac{dE}{dr} = -\frac{8a^2 M_\theta^2}{mr^5} + \frac{dU}{dr} = 0$$

indique que la force (attractive) est :

$$F(r) = \frac{8a^2 M_\theta^2}{mr^5}.$$

(b) $\quad E = \frac{2a^2 M_\theta^2}{mr^4} - \int_\infty^r -\frac{8a^2 M_\theta^2}{mr^5} = 0$

(c) $\quad T =? \quad M_\theta = mr^2\dot{\theta} = m(4a^2)\sin^2\theta \frac{d\theta}{dt}$

$$dt = m(4a^2) \frac{\sin^2\theta}{M_\theta} d\theta$$

$$T = \frac{1}{M_\theta} \int_0^\pi (4a^2)\, m \sin^2\theta\, d\theta = \frac{2\pi m a^2}{M_\theta}$$

Alternativement :

$$M_\theta = mr^2\dot{\theta} = mr \cdot r\frac{d\theta}{dt} = m2\frac{dA}{dt} \quad \rightarrow \quad dt = \frac{2m\,dA}{M_\theta} \quad \rightarrow \quad T = \frac{2\pi m a^2}{M_\theta}$$

(d) $\quad x = r\cos\theta = 2a\sin\theta\cos\theta = a\sin 2\theta \qquad \dot{x} = 2a(\cos^2\theta -\sin^2\theta)\dot{\theta}$

$\quad y = r\sin\theta = 2a\sin^2\theta \qquad\qquad\qquad \dot{y} = 4a\sin\theta\cos\theta\,\dot{\theta}$

Donc,

$$\dot{x} = (2a)(1 - 2\sin^2\theta)\dot{\theta} = 2a\left(1 - \frac{1}{2}\left(\frac{r}{a}\right)^2\right)\frac{M_\theta}{mr^2}; \qquad \dot{y}$$

$$= 2r\sqrt{1 - \left(\frac{r}{a}\right)^2}\,\frac{M_\theta}{mr^2}$$

et

$$v = \sqrt{4a^2\{\cos^4\theta - 2\cos^2\theta\sin^2\theta + \sin^4\theta\} + 16a^2\sin^2\theta\cos^2\theta}\cdot\dot{\theta}$$
$$= 2a\dot{\theta}\sqrt{\cos^4\theta + \sin^4\theta}.$$

Exercice 3.23. Particule en potentiel harmonique central.
Une particule de masse m se déplace selon un potentiel harmonique central $V(r) = (1/2)kr^2$ avec une constante de ressort positive k. (a) Utilisez le potentiel effectif pour montrer que toutes les orbites sont liées et qu'elles E_{min} doivent dépasser $\sqrt{kl^2/m}$. (b) Vérifiez que l'orbite est une ellipse fermée avec l'origine au centre. Si la relation $E/E_{min} = \cosh\xi$ définit la quantité ξ, montrez que les paramètres orbitaux pour a, b et l'excentricité. Discutez du cas limite $E \to E_{min}$ et $E \gg E_{min}$. (c) Montrer que la période est indépendante de E et l.

3.8 Petites oscillations autour des équilibres stables

Jusqu'à présent, nous avons considéré la mécanique orbitale de base et obtenu le résultat orbital classique d'une ellipse (avec le cercle comme cas particulier). Mais dans quelle mesure ce résultat idéalisé est-il stable pour des systèmes plus réalistes où il pourrait y avoir des interactions extérieures occasionnelles poussant les choses ? Dans quelle mesure ces solutions sont-elles stables dans la « réalité » ? Il s'avère qu'il s'agit d'une question liée aux petites oscillations (à décrire en détail dans cette section) et à la stabilité globale (à décrire au chapitre 6, où la dynamique est décrite dans l'espace des phases, et dans le formalisme qui y est décrit le les critères de stabilité peuvent être déterminés plus facilement). Notez qu'élargir la classe de solutions pour permettre de petites perturbations est la première étape pour avoir une solution de mécanique générale, mais jusqu'où peut-on aller ? La réponse, qui suivra également dans une section ultérieure, dépend de la « frontière du chaos », qu'il atteint de manière distinctive, donnant lieu à des constantes universelles, y compris C_∞ avec sa relation éventuellement spéciale avec alpha (détails dans [45]) .

Considérons donc une petite oscillation dans le cas de l'orbite circulaire. Dans le potentiel nous sommes dans une situation où nous sommes déjà au minimum du potentiel (inévoluant dans le temps). Si nous poussons cette configuration, nous voyons que nous connaîtrons un environnement potentiel dominé par le potentiel au voisinage de l'équilibre, et comme il est au minimum (requis pour l'équilibre dans les systèmes en général, cette discussion s'est donc généralisée aux cas comme eh bien) alors il n'y a pas de terme de premier ordre, seulement un terme d'ordre supérieur :

$$U(r) - U(r_{min}) \cong \frac{1}{2} k (r - r_{min})^2 \ldots$$

plus des conditions de commande plus élevées.

(3-39)

Si nous nous concentrons maintenant sur le petit déplacement $x = r - r_{min}$ et supprimons le $U(r_{min})$ terme constant, nous avons l'oscillateur à ressort classique Lagrangien en variable x :

$$L = \frac{1}{2} m \dot{x}^2 - \frac{1}{2} k x^2$$

(3-40)

Pour lequel les équations d'Euler-Lagrange donnent l'équation du mouvement du second ordre :

$$m\ddot{x} + kx = 0 \quad \rightarrow \quad \ddot{x} + \omega^2 x = 0, \quad where \ \omega^2 = \frac{k}{m}.$$

(3-41)

Puisque la convention est de parler de fréquences positives dans ce contexte, prenez la racine positive : $\omega = \sqrt{k/m}$. La solution générale de l'équation différentielle est alors : $x(t) = a \cos(\omega t) + b \sin(\omega t)$. Ainsi, le ressort classique 1-D a deux oscillations indépendantes possibles. Les conditions aux limites se réduisent souvent à un degré de liberté d'oscillation indépendant. Comme pour le problème de l'orbite circulaire avec une petite oscillation, où le moment cinétique orbital est modifié par la petite oscillation (généralement), où la sélection des conditions aux limites concerne l'oscillation à ressort qui se traduit par une propagation d'onde autour de l'orbite circulaire d'équilibre dans la même orientation que l'orbite circulaire d'équilibre. moment cinétique du système, donnant un moment cinétique net du système qui est plus grand, ou l'inverse, avec un moment cinétique net inférieur. Supposons que cela sélectionne ensuite une solution avec une seule des oscillations cohérentes, en choisissant par commodité $x(t) = a \cos(\omega t)$, nous avons alors :

$$E = \frac{1}{2} m \omega^2 a^2 \propto (amplitude)^2.$$

(3-42)

Ainsi, la fréquence du système ne dépend pas de l'amplitude mais l'énergie du système correspond au carré de l'amplitude. Notez que l'équation du mouvement d'oscillation à ressort 1D peut être réécrite comme suit :

$$\frac{d^2 x}{dt^2} + \omega^2 \frac{d^2 x}{dX^2} = 0,$$

(3-43)

où les deux classes de solutions sont maintenant capturées sous la forme :

$$x(t, X) = a \cos(\omega t - X) + b \cos(\omega t + X).$$

(3-44)

L'équation d'onde 1-D (différentielle partielle) pour les vibrations sur une corde est étroitement liée à celle-ci $y(t, X)$:

$$\frac{\partial^2 y}{\partial t^2} - \omega^2 \frac{\partial^2 y}{\partial X^2} = 0,$$

où les deux classes de solutions indépendantes sont maintenant capturées sous la forme (D'Alembert [7]) :

$$y(t, X) = f(\omega t - X) + g(\omega t + X).$$

Pour l'oscillateur 1-D et la vibration des cordes 1-D, les conditions aux limites ont un impact sur l'évaluation des degrés de liberté fonctionnels disponibles.

3.8.1 Systèmes pilotés

Maintenant que nous comprenons les oscillations « naturelles » du système, que se passe-t-il si nous exerçons une force à plusieurs reprises sur le système (en restant toujours dans l'approximation des petites oscillations) ? En restant dans le régime des petites oscillations nous devons avoir un potentiel suffisamment faible, et ceci étant le cas nous pouvons l'étendre à l'ordre le plus bas en déplacement du système par rapport à son équilibre. Ainsi, en plus de la force de rappel du ressort à partir de l'énergie potentielle, $\frac{1}{2} k x^2$ nous avons maintenant

$$U_{external}(x, t) \cong U_{ext}(0, t) + x[\partial U_{ext}/\partial x]_{x=0}$$

En supprimant le terme sans dépendance x ni force d'écriture, $F(t) = -[\partial U_{ext}/\partial x]_{x=0}$ nous obtenons alors le lagrangien pour l'oscillateur piloté :

$$L = \frac{1}{2}m\dot{x}^2 - \frac{1}{2}kx^2 + xF(t).$$

(3-46)

Cela donne lieu à l'équation différentielle :

$$\ddot{x} + \omega^2 x = \frac{F(t)}{m},$$

(3-47)

dont la solution générale peut être obtenue de la manière habituelle des équations différentielles inhomogènes en construisant à partir des solutions de l'équation différentielle homogène. Dans ce cas, supposons que cela soit écrit sous la forme d'une solution générale $x(t) = x_{hom}(t) + x_{inhom}(t)$, alors que $x_{hom}(t) = a\cos(\omega t + \alpha)$ comme auparavant, elle est $\{a, \alpha\}$ déterminée par les conditions aux limites. Pour calculer la $x_{inhom}(t)$ pièce, considérons les forces externes qui sont des facteurs périodiques (la sommation de ces forces peut alors, par transformation de Fourier, modéliser toute force externe variant dans le temps) :

$$F(t) = f\cos(\gamma t + \beta).$$

(3-48)

Si nous devinons une solution $x_{inhom}(t) = b\cos(\gamma t + \beta)$, nous trouvons qu'elle fonctionne pour $b = f/m(\omega^2 - \gamma^2)$, nous avons donc pour notre solution globale :

$$x(t) = a\cos(\omega t + \alpha) + \left[\frac{f}{m(\omega^2 - \gamma^2)}\right]\cos(\gamma t + \beta).$$

(3-49)

Notez que cette solution consiste en une partie oscillant à la fréquence propre du système et une partie oscillant à la fréquence motrice de la force. Notez également que quelque chose de spécial se produit si la fréquence de pilotage correspond à la fréquence naturelle du système. C'est le phénomène de résonance.

Pour examiner ce qui se passe à la résonance, nous voulons avoir une forme pour prendre la limite $\gamma \to \omega$. Pour cela, nous avons besoin que le deuxième terme soit sous une forme permettant d'utiliser la règle de L'Hôpital. En cassant simplement un morceau du premier terme et en décalant son terme de phase si nécessaire (tous valables dans l'approximation des petites oscillations du premier ordre), nous pouvons simplement réécrire :

$$x(t) = a' \cos(\omega t + \alpha) + \left[\frac{f}{m(\omega^2 - \gamma^2)}\right][\cos(\gamma t + \beta) - \cos(\omega t + \beta)],$$

$$(3\text{-}50)$$

et on obtient :

$$\lim_{\gamma \to \omega} x(t) = a' \cos(\omega t + \alpha) + \left[\frac{ft}{2m\omega}\right][\sin(\omega t + \beta)].$$

$$(3\text{-}51)$$

Comme on peut le voir, l'instabilité familière à la résonance apparaît dans le deuxième terme, qui croît linéairement dans le temps (violant bientôt les hypothèses de petites oscillations). Les systèmes se cassent souvent lorsqu'ils sont entraînés en résonance, car ils sont capables d'absorber efficacement l'énergie du conducteur, suffisante non seulement pour violer les hypothèses de petites oscillations (et la réceptivité à une absorption ultérieure de l'énergie du conducteur), mais également suffisante pour briser une contrainte du système. Remarque : c'est ainsi qu'une voiture garée peut être déplacée par un petit groupe de personnes poussant périodiquement sur la voiture (« rebondissant » sans « soulever ») si la suspension est entraînée en résonance et si des poussées latérales sont effectuées à un point culminant de rebond de suspension. .

Considérons maintenant les systèmes à plus d'un degré de liberté. Généralement, les termes d'ordre inférieur dans l'expression potentielle dans les déplacements impliqueront des termes croisés. Même ainsi, des coordonnées peuvent généralement être recherchées pour se découpler en un potentiel d'ordre inférieur sans termes croisés (appelés « coordonnées normales »), et le système avec N degrés de liberté se découple ainsi en N oscillations 1-D comme déjà examiné.

En suivant la notation de [27] considérons U comme fonction de coordonnées multiples. Nous nous intéressons aux expansions de ce potentiel avec de petits déplacements par rapport à son minimum (car supposant un équilibre avec de petites oscillations). En utilisant la liberté de déplacer l'échelle d'énergie, nous choisissons que le potentiel minimum soit à zéro, et avons pour potentiel jusqu'à des termes quadratiques (pas de termes linéaires puisqu'au minimum) :

$$U = \frac{1}{2}\sum_{i,k} K_{ik} x_i x_k,$$

où les x sont les déplacements de coordonnées par rapport au minimum du potentiel. De même, le terme cinétique en coordonnées généralisées sera toujours quadratique dans les vitesses, mais le coefficient aura généralement une dépendance en coordonnées :

$$T = \frac{1}{2}\sum_{i,k} m(x_i, x_k)\dot{x}_i\dot{x}_k \cong \frac{1}{2}\sum_{i,k} m_{ik}\dot{x}_i\dot{x}_k,$$

où cette dernière approximation, avec une matrice d'inertie constante, m_{ik} est obtenue en prenant le terme d'ordre le plus bas dans la fonction d'inertie généralisée $\sum_{i,k} m(x_i, x_k)$(conforme aux scénarios de petit déplacement ou de petite oscillation). Le Lagrangien est donc :

$$L = \frac{1}{2}\sum_{i,k} (m_{ik}\dot{x}_i\dot{x}_k - K_{ik} x_i x_k),$$

et les équations d'Euler-Lagrange résultantes :

$$\sum_{k} (m_{ik}\ddot{x}_k + K_{ik} x_k) = 0.$$

Considérons comme solution possible les déplacements dans les coordonnées généralisées ayant des grandeurs différentes mais la même fréquence : $x_k = A_k \exp i\omega t$. En substituant, il faut maintenant résoudre :

$$\sum_{k} (-\omega^2 m_{ik} + K_{ik})A_k = 0 \quad \rightarrow \quad det|-\omega^2 m_{ik} + K_{ik}| = 0,$$

Ainsi, nous fixons le déterminant égal à zéro, ce qui donne une équation caractéristique de degré « N » (le nombre de coordonnées généralisées). Les solutions $\{\omega_\alpha\}$ sont les fréquences caractéristiques du système. Ceci suggère une solution générale pour que chaque déplacement de coordonnées généralisé soit constitué d'une somme sur toutes les fréquences caractéristiques (en restant cohérent avec la notation de [27]) :

$$x_k = \sum_{\alpha} \Delta_{k\alpha}\theta_\alpha \;; \quad \theta_\alpha = \text{Re}[C_\alpha \exp i\omega_\alpha t],$$

(3-52)

où C_α sont des constantes complexes arbitraires, et les $\Delta_{k\alpha}'$ sont les mineurs du déterminant associé à chacune des fréquences caractéristiques ω_α(en supposant que toutes ω_α soient différentes). Ainsi, la variation temporelle de chaque coordonnée du système est une superposition de N oscillateurs périodiques simples (avec des amplitudes et des phases arbitraires mais N fréquences définies). Pour plus de simplicité, continuons à supposer que tous les ω_α sont différents et simplement substitués $x_k = \sum_\alpha \Delta_{k\alpha}\theta_\alpha$, à partir desquels nous obtenons N équations découplées lors de la substitution dans le lagrangien (par exemple, en utilisant les fréquences caractéristiques, nous diagonalisons simultanément les termes cinétiques et potentiels, mis à part un facteur d'inertie I_α pour chaque contribution en fréquence) :

$$L = \frac{1}{2}\sum_\alpha I_\alpha(\dot{\theta}_\alpha{}^2 - \omega_\alpha{}^2\theta_\alpha{}^2),$$

(3-53)

ce qui nécessite une mise à l'échelle des coordonnées pour arriver à la convention pour les coordonnées normales selon laquelle leur terme cinétique a un coefficient de 1/2. Ainsi $\theta_\alpha \rightarrow \theta_\alpha/\sqrt{I_\alpha}$, et si la force est présente, le lagrangien révisé devient :

$$L = \frac{1}{2}\sum_\alpha(\dot{\theta}_\alpha{}^2 - \omega_\alpha{}^2\theta_\alpha{}^2) + \sum_\alpha\sum_k\frac{F_k(t)}{\sqrt{I_\alpha}}\Delta_{k\alpha}\theta_\alpha.$$

(3-54)

Ainsi, l'utilisation de coordonnées normales permet de réduire une oscillation forcée dans un système à plus d'un degré de liberté à une série de problèmes d'oscillateur forcé unidimensionnels.

3.8.2 Exemples de petites oscillations multimodales et verrouillées
Exemple 3.24. Pendule suspendue au bord d'un disque cylindrique.
Un simple pendule est suspendu au bord d'un disque cylindrique, comme le montre la figure 3.9. Le pendule a une longueur l et une masse m. Le disque a un rayon $r = l/2$, avec une masse $M = 2m$, et peut tourner librement autour d'un axe passant par son centre. Trouvez les modes et fréquences normaux dans l'approximation des petites oscillations.

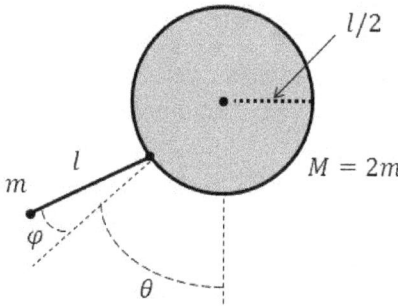

Graphique 3.9.

73

Pour obtenir le lagrangien, nous avons d'abord besoin du moment d'inertie d'un disque solide :

$$I = \int\limits_0^r \rho r^2 (2\pi r) dr = 2\pi\rho \frac{r^4}{4}, \qquad where \ \rho(\pi r^2) = M,$$

ainsi,

$$I = \frac{1}{2} M r^2 = \frac{1}{2}(2m)\left(\frac{l}{2}\right)^2 = \frac{1}{4} m l^2.$$

Pour la coordonnée angulaire de la rotation du disque nous avons θ, avec la fréquence angulaire $\omega = \dot\theta$. Considérons maintenant les coordonnées du mouvement du pendule :

$$y = \frac{l}{2}cos\theta + lcos(\theta + \varphi) \quad and \quad x = \frac{l}{2}sin\theta + lsin(\theta + \varphi)$$

avec dérivée temporelle :

$$\dot y = -\left\{\frac{l}{2}sin\theta\dot\theta + lsin(\theta + \varphi)(\dot\theta + \dot\varphi)\right\} \quad and \quad \dot x$$
$$= \left\{\frac{l}{2}cos\theta\dot\theta + lcos(\theta + \varphi)(\dot\theta + \dot\varphi)\right\}.$$

Les termes cinétiques sont donc :

$$T = \frac{1}{2}I\omega^2 + \frac{1}{2}m(\dot x^2 + \dot y^2)$$
$$= \frac{1}{2}\left(\frac{1}{4}ml^2\right)\dot\theta^2$$
$$+ \frac{1}{2}m\left\{\left(\frac{l}{2}\dot\theta\right)^2 + [l(\dot\theta + \dot\varphi)]^2 + l^2\dot\theta(\dot\theta + \dot\varphi)cos\varphi\right\}$$

Le terme potentiel est :

$$U = -mgy = -mgl\left(\frac{1}{2}cos\theta + cos(\theta + \varphi)\right).$$

Rassembler cela pour obtenir le lagrangien et passer à l'approximation aux petits angles (et supprimer les constantes) :

$$L = \frac{1}{8}ml^2\dot\theta^2 + \frac{1}{2}m\left\{\left(\frac{l}{2}\dot\theta\right)^2 + [l(\dot\theta + \dot\varphi)]^2\right\} + mgl(\frac{1}{2}\left(-\frac{1}{2}\theta^2\right)$$
$$- \frac{1}{2}(\theta - \varphi)^2$$
$$= \frac{5}{4}ml^2\dot\theta^2 + \frac{3}{2}ml^2\dot\theta\dot\varphi + \frac{1}{2}ml^2\dot\varphi^2 - \frac{3}{4}mgl\theta^2 - mgl\theta\varphi - \frac{1}{2}mgl\varphi^2$$

En utilisant la relation EL, les équations du mouvement sont alors :

$$\frac{5}{2}ml^2\ddot\theta + \frac{3}{2}ml^2\ddot\varphi + \frac{3}{2}mgl\theta + mgl\varphi = 0$$

$$ml^2\ddot\varphi + \frac{3}{2}ml^2\ddot\theta + mgl\varphi + mgl\theta = 0$$

$$\begin{vmatrix} \left(3\left(\frac{g}{l}\right) - 5\omega^2\right) & \left(2\left(\frac{g}{l}\right) - 3\omega^2\right) \\ \left(2\left(\frac{g}{l}\right) - 3\omega^2\right) & \left(2\left(\frac{g}{l}\right) - 2\omega^2\right) \end{vmatrix} = 0$$

$$\omega^2 = \frac{4\left(\frac{g}{l}\right) \pm \sqrt{\left(4\left(\frac{g}{l}\right)\right)^2 - 4\left(2\left(\frac{g}{l}\right)^2\right)}}{2} = \left(\frac{g}{l}\right)\{2 \pm \sqrt{2}\}$$

et on peut maintenant écrire pour $\omega^2 = \left(\frac{g}{l}\right)(2 + \sqrt{2})$:

$$(v - \omega^2 m)\rho^{(1)} = \begin{pmatrix} \{3 - 5(2+\sqrt{2})\}\left(\frac{g}{l}\right) & \{2 - 3(2+\sqrt{2})\}\left(\frac{g}{l}\right) \\ \{2 - 3(2+\sqrt{2})\}\left(\frac{g}{l}\right) & \{2 - 2(2+\sqrt{2})\}\left(\frac{g}{l}\right) \end{pmatrix}\begin{pmatrix} \theta \\ \varphi \end{pmatrix}$$

$$= 0$$

$$(-7 - 5\sqrt{2})\theta + (-4 - 3\sqrt{2})\theta = 0$$

$$(-4 - 3\sqrt{2})\theta + (-2 - 2\sqrt{2})\theta = 0$$

$$\theta = -\frac{(4 + 3\sqrt{2})\varphi}{(7 + 5\sqrt{2})} \simeq -\frac{4.1}{7}\varphi$$

Ainsi:

$$\rho^{(1)} \simeq c\begin{pmatrix} 1 \\ -7/4 \end{pmatrix} \quad for \quad \omega^2 = \left(\frac{g}{l}\right)(2 + \sqrt{2})$$

De même, pour $\omega^2 = \left(\frac{g}{l}\right)(2 - \sqrt{2})$

$$(v - \omega^2 m)\rho^{(2)} = \begin{pmatrix} \{3 - 5(2 - \sqrt{2})\}\left(\frac{g}{l}\right) & \{2 - 3(2 - \sqrt{2})\}\left(\frac{g}{l}\right) \\ \{2 - 3(2 - \sqrt{2})\}\left(\frac{g}{l}\right) & \{2 - 2(2 - \sqrt{2})\}\left(\frac{g}{l}\right) \end{pmatrix}\begin{pmatrix} \theta \\ \varphi \end{pmatrix}$$

$$= 0$$

$$\theta = \frac{(-4 - 3\sqrt{2})\varphi}{(-7 - 5\sqrt{2})} \simeq 4\varphi$$

$$\rho^{(2)} \simeq c\begin{pmatrix} 1 \\ 1/4 \end{pmatrix} \; for \; \omega^2 = \left(\frac{g}{l}\right)(2 - \sqrt{2})$$

Normalisons maintenant les vecteurs :

$$M = m\begin{pmatrix} \frac{5}{2} & \frac{3}{2} \\ \frac{3}{2} & 1 \end{pmatrix}$$

$$mc^2\begin{pmatrix} 1 & \frac{-7}{4} \end{pmatrix}\begin{pmatrix} \frac{5}{2} & \frac{3}{2} \\ \frac{3}{2} & 1 \end{pmatrix}\begin{pmatrix} 1 \\ -\frac{7}{4} \end{pmatrix} = mc^2\begin{pmatrix} 1 & \frac{-7}{4} \end{pmatrix}\begin{pmatrix} -\frac{1}{8} \\ -\frac{1}{4} \end{pmatrix}$$

$$= mc^2\left(-\frac{1}{8} + \frac{7}{16}\right) = mc^2\left(\frac{5}{16}\right)$$

$$c \simeq \frac{4}{\sqrt{5m}}$$

$$\vec{\rho}^{(1)} = \frac{4}{\sqrt{5m}}\begin{pmatrix} 1 \\ -7/4 \end{pmatrix}$$

De même, on obtient pour l'autre mode :

$$c \simeq \frac{4}{\sqrt{53m}}$$

$$\vec{\rho}^{(2)} = \frac{4}{\sqrt{53m}}\begin{pmatrix} 1 \\ 1/4 \end{pmatrix}$$

Ainsi, les modes normaux se combinent pour donner la position par :

$$\vec{x} = \frac{4}{\sqrt{5m}}\begin{pmatrix} 1 \\ -7/4 \end{pmatrix}\left\{c_1 \cos\left(\sqrt{(2 + \sqrt{2})\left(\frac{g}{l}\right)}\, t\right)\right.$$

$$\left. + d_1 \sin\left(\sqrt{(2 + \sqrt{2})\left(\frac{g}{l}\right)}\right)t\right\}$$

76

$$+ \frac{4}{\sqrt{53m}} \begin{pmatrix} 1 \\ 1/4 \end{pmatrix} \left\{ c_2 \cos \left(\sqrt{(2 - \sqrt{2})\left(\frac{g}{l}\right)} \, t \right) \right.$$

$$\left. + d_2 \sin \left(\sqrt{(2 - \sqrt{2})\left(\frac{g}{l}\right)} \right) t \right\}$$

Exercice 3.24. Au lieu d'un disque solide, ayez un cerceau (même masse). Répétez l'analyse.

Exemple 3.25. *Deux petites perles sur un fil circulaire.*
Pour l'exemple suivant, considérons deux petites billes de masse m et de charge e qui se déplacent sans friction sur un fil circulaire de rayon a. A t=0, les billes sont diamétralement opposées les unes aux autres. Si la perle 2 est initialement au repos et que la perle 1 a initialement de la vitesse :

$$v \ll \sqrt{\left(\frac{e^2}{ma}\right)},$$

pour les petites oscillations, trouver la position de la perle 1 au temps t.

Tout d'abord, écrivons le Lagrangien où les coordonnées sont simplement la position angulaire des billes :

$$L = \frac{1}{2} m \left(a^2 \dot{\theta}_1^{\,2} + a^2 \dot{\theta}_2^{\,2} \right) - U(r).$$

Le potentiel est dû à la force coulombienne, donc

$$F = \frac{-e^2}{r^2} \quad \Rightarrow \quad U = \frac{e^2}{r}.$$

Maintenant, calculons la distance r entre les charges. Commencer par définir l'écart angulaire entre les perles : $\alpha = \theta_2 - \theta_1$ et considérer l'alignement des axes tel que la perle 1 soit au bas du fil et à l'origine et la perle 2 ait

$$x = a \sin\alpha \quad and \quad y = a(1 - \cos\alpha) \quad and \quad r = a\sqrt{2(1 - \cos\alpha)}$$
$$= 2a \sin\frac{\alpha}{2}.$$

On peut maintenant écrire le lagrangien sous la forme :

$$L = \frac{1}{2}ma^2\left(\dot{\theta_1}^2 + \dot{\theta_2}^2\right) - \frac{e^2}{2a\sin\frac{\alpha}{2}}$$

$$= \frac{1}{2}ma^2\left(\dot{\alpha}^2 + 2\dot{\theta_1}\dot{\alpha} + 2\dot{\theta_1}^2\right) - \frac{e^2}{2a\sin\frac{\alpha}{2}}$$

Pour les petites oscillations, nous voulons $\alpha = \pi + \eta$, où η est petit (zéro au potentiel minimum), et puisque nous l'avons, $\sin\left(\frac{\pi}{2} + \frac{\eta}{2}\right) = \cos\left(\frac{\eta}{2}\right)$ nous obtenons alors :

$$L = \frac{1}{2}ma^2\left(\dot{\eta}^2 + 2\dot{\theta_1}\dot{\eta} + 2\dot{\theta_1}^2\right) - \frac{e^2}{2a\sin\frac{\eta}{2}}$$

Les équations du mouvement découlent alors de la relation EL, $\frac{d}{dt}\left(\frac{\partial L}{\partial \dot{q}}\right) - \frac{\partial L}{\partial q} = 0$, pour donner :

$$\frac{1}{2}ma^2(2\ddot{\eta} + 4\ddot{\theta_1}) = 0 \Rightarrow \ddot{\theta_1} = -\frac{1}{2}\ddot{\eta}$$

$$\frac{1}{2}ma^2(2\ddot{\eta} + 2\ddot{\theta_1}) + \frac{e^2}{2a}\left(\frac{-\left(-\sin\left(\frac{\eta}{2}\right)\frac{1}{2}\right)}{\cos^2\left(\frac{\eta}{2}\right)}\right) = 0$$

Et en approximant pour les petits η :

$$\ddot{\eta} + \frac{e^2}{2ma^3}\left(\frac{\eta}{2}\right) = 0,$$

et la fréquence des petites oscillations du système est :

$$\omega^2 = \frac{e^2}{4ma^3}.$$

Au temps t=0 on a $\alpha = \pi \Rightarrow \eta = 0$. Écrire la solution générale pour la fréquence d'oscillation donnée :

$$\eta = B\sin(\omega t).$$

Maintenant, $t = 0$ nous avons $v_2 = v$, $v_1 = 0$, donc :

$$v_2 = a\dot{\theta_2} = v, \quad \text{and} \quad \dot{\eta} = \dot{\alpha} = \dot{\theta_2} - \dot{\theta_1} = \dot{\theta_2} = \frac{v}{a} \quad \text{at } t = 0$$

$$\dot{\eta} = B\omega\cos(\omega t)\Big|_{t=0} = \left(\frac{v}{a}\right) \rightarrow B = \frac{v}{a\omega}$$

78

Ainsi, $\eta = \frac{v}{a\omega} sin(\omega t)$ et on peut écrire

$$\ddot{\theta}_1 = -\frac{1}{2}\ddot{\eta} \quad \rightarrow \quad \frac{d}{dt}\left(\dot{\theta}_1 + \frac{1}{2}\dot{\eta}\right) = 0 \quad \rightarrow \quad \dot{\theta}_1 + \frac{1}{2}\dot{\eta} = \frac{v}{2a}$$

et

$$\dot{\theta}_1 = \frac{v}{2a} - \frac{1}{2}\dot{\eta} \quad \rightarrow \quad \theta_1 = \frac{v}{2a}t - \frac{v}{2a\omega}sin(\omega t) + \theta_0$$

où θ_0 est l'angle initial pour θ_1. Ainsi,

$$\theta_1 = \frac{v}{2a}\left\{t - \frac{sin(\omega t)}{\omega}\right\} + \theta_0, \quad \omega = \sqrt{\frac{e^2}{4ma^3}}$$

Exercice 3.25. Demandez aux deux billes d'être au repos, positionnées à 175 degrés l'une de l'autre, puis relâchez-les. Pour les petites oscillations, trouvez les positions des billes au temps t.

Exemple 3.26. Pendule dans un cerceau roulant.
Considérons maintenant un mince cerceau cylindrique de rayon R et de masse M qui roule sans glisser sur une surface horizontale rugueuse (Fig. 3.10). Un pendule physique de masse m est monté sur l'axe du cylindre au moyen d'un agencement de rayons de masse négligeable convergeant à l'origine et fournissant un support de pendule libre de tourner autour de l'axe cylindrique. Le centre de masse du pendule est à une distance h de l'axe cylindrique et son rayon de giration est k. Pour de petites oscillations autour de la position d'équilibre, obtenez la période d'oscillation en fonction des variables susmentionnées.

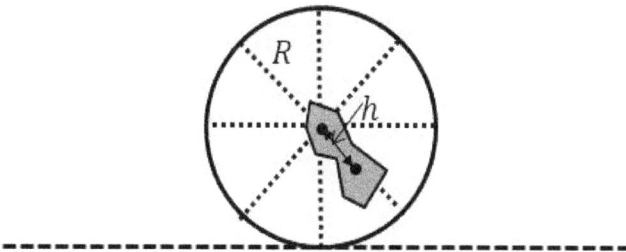

Graphique 3.10.

L'énergie cinétique du cerceau est :

$$T_h = \frac{1}{2}I_h\omega_h^2 + \frac{1}{2}Mv_h^2, \quad where \quad I_h = MR^2 \quad and \quad \omega_h = \dot{\theta}, \quad v_h = R\dot{\theta}$$

L'énergie cinétique du pendule est :
$$T_p = \frac{1}{2}I_{p(cm)}\omega_p{}^2 + \frac{1}{2}mv_p{}^2$$

Le moment d'inertie du pendule est donné par le théorème des axes parallèles :

$$I = I_{cm} + mh^2 \quad \rightarrow \quad I_{p(cm)} = mk^2 - mh^2$$

Ecrire la position du pendule en coordonnées cartésiennes :
$$x = hsin\varphi \quad and \quad y = -hcos\varphi,$$
avec dérivées temporelles :
$$\dot{x} = hcos\varphi\dot{\varphi} \quad and \quad \dot{y} = hsin\varphi\dot{\varphi}.$$
Pour les vitesses on peut alors écrire :
$$\omega_p = \dot{\varphi} \quad and \quad v_T = |\vec{v}_h + \vec{v}_p| = \sqrt{(v_h + h\dot{\varphi}cos\varphi)^2 + (h\dot{\varphi}sin\varphi)^2}$$

La vitesse totale du centre de masse du pendule est donc
$$v_T{}^2 = v_h{}^2 + (h\dot{\varphi})^2 + 2v_h(h\dot{\varphi})cos\varphi$$

et l'énergie potentielle du pendule est :
$$U = -mghcos\varphi.$$
On peut maintenant écrire le Lagrangien :
$$L = \frac{1}{2}MR^2\dot{\theta}^2 + \frac{1}{2}M(R\dot{\theta})^2 + \frac{1}{2}(mk^2 - mh^2)\dot{\varphi}^2$$
$$+ \frac{1}{2}m\{v_h{}^2 - (h\dot{\varphi})^2 + 2v_h(h\dot{\varphi})cos\varphi\} + mghcos\varphi$$

et maintenant passer au formalisme des petites oscillations (en supprimant les termes du 3ème ordre et plus) :
$$L = MR^2\dot{\theta}^2 + \frac{1}{2}(mk^2 - mh^2)\dot{\varphi}^2 + \frac{1}{2}m\{(R\dot{\theta})^2 + (h\dot{\varphi})^2 + 2(R\dot{\theta})(h\dot{\varphi})\}$$
$$- \frac{1}{2}mgh\varphi^2$$
$$= \left(MR^2 + \frac{1}{2}mR^2\right)\dot{\theta}^2 + \frac{1}{2}mk^2\dot{\varphi}^2 + mRh\dot{\theta}\dot{\varphi} - \frac{1}{2}mgh\varphi^2$$

Nous pouvons maintenant obtenir les équations du mouvement en utilisant les équations EL :

$$\theta\ equation: \quad 2\left(MR^2 + \frac{1}{2}mR^2\right)\ddot{\theta} + mRh\ddot{\varphi} = 0$$
$$\implies \quad \frac{d}{dt}\{(2M + m)R^2\dot{\theta} + mhR\dot{\varphi}\} = 0$$

On obtient ainsi $\ddot{\theta} = -\frac{mRh\ddot{\varphi}}{(2M+m)R^2}$, que l'on utilise dans l'autre équation :

$$\varphi \text{ equation:} \quad mk^2\ddot{\varphi} + mhR\ddot{\theta} + mgh\varphi = 0$$

réécriture après substitution :

$$\left\{ mk^2 - \frac{m^2h^2}{(2M+m)} \right\} \ddot{\varphi} + mgh\varphi = 0$$

$$\omega^2 = \frac{mgh}{mk^2 - \dfrac{m^2h^2}{(2M+m)}} \quad \rightarrow \quad \omega = \sqrt{\frac{g}{h} \left\{ \left(\frac{k}{h}\right)^2 - \frac{m}{(2M+m)} \right\}^{-1}}$$

Et à mesure que $M \rightarrow \infty$ le cerceau devient ignorable et que la fréquence

devient $\omega = \sqrt{\frac{gh}{k^2}}$ celle attendue. Pour la période on obtient alors :

$$T = \frac{2\pi}{\omega} = 2\pi \sqrt{\frac{k^2}{gh}} \sqrt{1 - \left(\frac{h}{k}\right)^2 \frac{m}{(2M+m)}}.$$

Notez qu'il n'y a pas de dépendance R dans la solution.

Exercice 3.26. Remplacez le cerceau par un disque solide. (Ignorer les effets de l'épaisseur.)

Exemple 3.27. Une particule dans un potentiel $V(\vec{r}) = V_0 \log r$.
Une particule de masse m se déplace dans un potentiel $V(\vec{r}) = V_0 \log r$.
Soit Ω la fréquence d'une orbite circulaire à r = R, et soit ω la fréquence des petites oscillations radiales autour de cette orbite circulaire. Trouver ω/Ω.

En commençant par le lagrangien en coordonnées polaires :

$$L = \frac{1}{2}m\left(\dot{r}^2 + r^2\dot{\theta}^2\right) - V(\vec{r}) = \frac{1}{2}m\left(\dot{r}^2 + r^2\dot{\theta}^2\right) - V_0 \log r$$

À partir des équations EL pour la θ coordonnée, nous obtenons :

$$\frac{d}{dt}\left(mr^2\dot{\theta}\right) = 0 \rightarrow mr^2\dot{\theta} = l.$$

Pour la coordonnée r, nous obtenons :

$$m\ddot{r} - mr\dot{\theta}^2 + \frac{V_0}{r} = 0 \rightarrow \ddot{r} - \frac{l^2}{m^2r^3} + \frac{V_0}{m}\frac{1}{r} = 0$$

Pour les orbites circulaires, $r = R$ nous obtenons $R^2 = \frac{l^2}{mv_0}$, ou :

$$R = \frac{l}{\sqrt{mv_0}}.$$

La période de l'orbite circulaire est donnée en intégrant $mr^2\dot{\theta} = l$ pour $mr^2(\frac{2\pi}{T}) = l$ parcourir un cycle. La période est donc $T = mr^2(\frac{2\pi}{l})$. En reliant la période à la fréquence, on a alors :

$$\Omega = \frac{l}{mR^2} = \frac{v_0}{l}$$

Considérons maintenant les petites oscillations radiales :

$$r = R + \eta \rightarrow \ddot{\eta} - \frac{l^2}{m^2(R+\eta)^3} + \frac{v_0}{m}\frac{1}{(R+\eta)} = 0$$

ce qui simplifie pour que petit η soit :

$$\ddot{\eta} + \eta\left(\frac{v_0^2}{l^2}\right)2 = 0 \implies \omega = \frac{v_0}{l}\sqrt{2}.$$

Ainsi, le rapport des fréquences est :

$$\frac{\omega}{\Omega} = \sqrt{2}.$$

Exercice 3.27. Essayez comme dans l'Ex. 3.27, mais avec $V(\vec{r}) = -V_0/r$

Exemple 3.28. Cerceau sans masse avec pendule.

Un cerceau sans masse de rayon 2l roule sans glisser sur un sol plat (Figure 3.11). Attachée à la boucle se trouve une tige de longueur 2l et de masse m qui peut osciller librement dans le plan du cerceau. Trouvez la fréquence du mode oscillatoire pour les petites oscillations autour de la position d'équilibre indiquée.

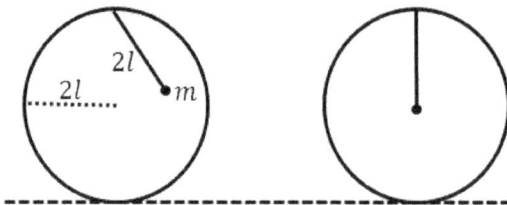

Graphique 3.11.

Utilisons l'angle θ pour spécifier le déplacement par rapport à la position d'équilibre du point d'appui, puis $\omega_1 = \dot{\theta}$ la condition de non-glissement relie cela à la vitesse horizontale du cerceau : $v_h = 2l\omega_1\dot{\theta}$.

Le moment d'inertie de la tige est :

$$I = \frac{1}{3}mR^2 = \frac{1}{3}(m)(2l)^2 = \frac{4}{3}ml^2$$

Exprimons maintenant la position du point d'appui de la tige en coordonnées cartésiennes :
$$x_s = (2l)sin\theta \quad and \quad y_s = 2l + (2l)cos\theta,$$
pour lequel les dérivées temporelles des coordonnées sont :
$$\dot{x}_s = 2lcos\theta\dot{\theta} \quad and \quad \dot{y}_s = -2lsin\theta\dot{\theta}.$$

Exprimons maintenant la position du centre de masse de la tige, respectif au point d'appui, par l'angle φ :
$$x = (l)sin\varphi \quad and \quad y = -(l)cos\varphi,$$
pour lequel les dérivées temporelles des coordonnées sont :
$$\dot{x} = lcos\theta\dot{\varphi} \quad and \quad \dot{y} = -lsin\varphi\dot{\varphi}.$$

On peut maintenant écrire l'énergie cinétique :

$$v = |\overrightarrow{v_s} + \overrightarrow{v_{cm}}| = \sqrt{((v_s)_x + \dot{x})^2 + \left((v_s)_y + \dot{y}\right)^2}$$

après remplacements :
$$v^2 = (v_h + (2l)\omega_1 cos\theta)^2 + 2(v_h + (2l)\omega_1 cos\theta)\dot{x} + \dot{x}^2$$
$$+ (-(2l)\omega_1 sin\theta)^2 - 2((2l)\omega_1 sin\theta)\dot{y} + \dot{y}^2$$
$$v^2 = 2[(2l)\omega_1]^2 + 2[(2l)\omega_1]cos\theta + 2(2l)\omega_1(1 + cos\theta)\dot{x}$$
$$- 2(2l)\omega_1 sin\theta\dot{y} + (l\dot{\varphi})^2$$

Ainsi,

$$T = \frac{1}{2}I\omega^2 + \frac{1}{2}mV^2$$
$$T = \frac{1}{2}\left(\frac{4}{3}ml^2\right)\dot{\varphi}^2$$
$$+ \frac{1}{2}m\left\{2(2l\dot{\theta})^2(1 + cos\theta) + 2(2l\dot{\theta})(1 + cos\theta)\dot{x}\right.$$
$$\left. - 2(2l\dot{\theta})sin\theta\dot{y} + (l\dot{\varphi})^2\right\}$$

L'énergie potentielle est donnée par :
$$U = -mgy_{cm} = -mg(y_s + y) = -mg\{2l + 2lcos\theta - lcos\varphi\}$$

En rassemblant cela pour obtenir le lagrangien et en supposant de petits angles :

$$L = T - U = \frac{2}{3}ml^2\dot{\varphi}^2 + 2m(2l\dot{\theta})^2 + 2m(2l\dot{\theta})(l\dot{\varphi}) + (l\dot{\varphi})^2 - mgl\theta^2$$
$$+ mgl\left(\frac{\varphi^2}{2}\right)$$

On peut maintenant calculer les équations du mouvement :

$$\theta: \quad 4m(2l)^2\ddot{\theta} + m(2l)^2\ddot{\varphi} + 2mgl\theta = 0$$

$$\varphi: \quad \frac{1}{3}m(2l)^2\ddot{\varphi} + m(2l)^2\ddot{\theta} - mgl\varphi = 0$$

Après simplification :

$$\theta: \quad 4\ddot{\theta} + \ddot{\varphi} + \frac{g}{2l}\theta = 0$$

$$\emptyset: \quad \frac{1}{3}\ddot{\varphi} + \ddot{\theta} - \frac{g}{4l}\varphi = 0$$

Résolution pour obtenir les fréquences du mode normal :

$$\begin{vmatrix} \frac{g}{2l} & -\omega^2 \\ -\omega^2 & \frac{g}{4l} - \frac{1}{3}\omega^2 \end{vmatrix} = 0 \quad \rightarrow \quad \omega^2 = \left(\frac{g}{2l}\right)\left\{\frac{-5 \pm \sqrt{25 + 6}}{2}\right\}$$

et pour le mode oscillatoire on prend la $\omega^2 > 0$ racine :

$$\omega^2{}_{osc} = \left(\frac{g}{2l}\right)\left(\frac{\sqrt{31} - 5}{2}\right).$$

Exercice 3.28. Essayez comme dans l'Ex. 3.28, mais avec un cerceau de masse M.

Exemple 3.29. Problème de billes et de ressorts.
Considérons trois billes B, C, D, reliées en une ligne BCD par deux ressorts. Considérez que tout mouvement se déroule le long de l'axe des x. Considérons une balle A venant de la gauche sur une trajectoire de collision avec la balle B. Considérons que les quatre masses de la balle sont m. Considérons que les deux constantes du ressort sont k. Le groupe initial de trois balles est au repos, tandis que la balle A qui s'approche est à la vitesse v. Supposons que la collision se produise à temps = 0 et supposons que le temps de collision est court par rapport à $\sqrt{(m/k)}$. Trouvez la position de la balle D en fonction du temps.

Le lagrangien du système BCD est simplement :

$$L = \frac{1}{2}m\left(\dot{x_B}^2 + \dot{x_C}^2 + \dot{x_D}^2\right)$$
$$-\frac{1}{2}k\left([x_C - x_B]^2 + [x_D - x_C]^2\right)$$

$$\tilde{v} = k\begin{vmatrix} 1 & -1 & 0 \\ -1 & 2 & -1 \\ 0 & -1 & 1 \end{vmatrix} \; and \; \tilde{m} = m\begin{vmatrix} 1 & 0 & 0 \\ 0 & 1 & 0 \\ 0 & 0 & 1 \end{vmatrix} \; and \; |\tilde{v} - \omega^2\tilde{m}| = 0$$

Donnez ensuite le déterminant :

$$\begin{vmatrix} k - \omega^2 m & -k & 0 \\ -k & 2k - \omega^2 m & -k \\ 0 & -k & k - \omega^2 m \end{vmatrix} = 0$$

ainsi

$$m\omega^2(k - \omega^2 m)(3k - \omega^2 m) = 0$$

Et les fréquences sont : $\omega = 0$; $\omega = \sqrt{k/m}$; et $\omega = \sqrt{3k/m}$, où $\omega = 0$ correspond à la traduction. Pour le mode $\omega_1 = 0$:

$$(\tilde{v} - \omega^2\tilde{m})\rho^{(1)} = \begin{pmatrix} 1 & -1 & 0 \\ -1 & 2 & -1 \\ 0 & -1 & 1 \end{pmatrix}\begin{pmatrix} x_B \\ x_C \\ x_D \end{pmatrix} = 0 \quad \rightarrow \quad \rho^{(1)} = c\begin{pmatrix} 1 \\ 1 \\ 1 \end{pmatrix}$$

Maintenant, pour obtenir la normalisation :

$$\rho^{(1)}m\rho^{(1)} = mc^2(1 \quad 1 \quad 1)\begin{pmatrix} 1 & \square & \square \\ \square & 1 & \square \\ \square & \square & 1 \end{pmatrix}\begin{pmatrix} 1 \\ 1 \\ 1 \end{pmatrix} = c^2(3)m = 1$$

Ainsi

$$\rho^{(1)} = \frac{1}{\sqrt{3m}}\begin{pmatrix} 1 \\ 1 \\ 1 \end{pmatrix}$$

Pour le mode $\omega_2 = \sqrt{\frac{k}{m}}$:

$$\begin{pmatrix} 0 & -k & 0 \\ -k & k & -k \\ 0 & -k & 0 \end{pmatrix}\begin{pmatrix} x_B \\ x_C \\ x_D \end{pmatrix} = 0 \quad \rightarrow \quad \rho^{(2)} = c\begin{pmatrix} 1 \\ 0 \\ -1 \end{pmatrix} \quad \rightarrow \quad \rho^{(2)}$$

$$= \frac{1}{\sqrt{2m}}\begin{pmatrix} 1 \\ 0 \\ -1 \end{pmatrix}$$

Et pour le mode $\omega_3 = \sqrt{\frac{3k}{m}}$:

$$\begin{pmatrix} -2k & -k & 0 \\ -k & k & -k \\ 0 & -k & -2k \end{pmatrix} \begin{pmatrix} x_B \\ x_C \\ x_D \end{pmatrix} = 0 \quad \rightarrow \quad \rho^{(3)} = c \begin{pmatrix} 1 \\ -2 \\ 1 \end{pmatrix} \quad \rightarrow \quad \rho^{(2)}$$

$$= \frac{1}{\sqrt{6m}} \begin{pmatrix} 1 \\ -2 \\ 1 \end{pmatrix}$$

La forme générale de la solution avec ces trois modes est :

$$\vec{x}(t) = \vec{\rho}^{(1)}(c_1 + d_1 t) + \vec{\rho}^{(2)}(c_2 \cos \omega_2 t + d_2 \sin \omega_2 t)$$
$$+ \vec{\rho}^{(3)}(c_3 \cos \omega_3 t + d_3 \sin \omega_3 t)$$

$$\vec{x}(0) = \begin{pmatrix} 0 \\ 0 \\ 0 \end{pmatrix} \implies c_1 = 0, c_2 = 0, c_3 = 0$$

Pour les vitesses avec lesquelles nous commençons

$$\dot{\vec{x}}(0) = \begin{pmatrix} v \\ 0 \\ 0 \end{pmatrix} = \vec{v}$$

Alors,

$$\dot{\vec{x}}(0)\tilde{m}\rho^{(1)} = d_1 = (v\ 0\ 0)\frac{m}{\sqrt{3m}}\begin{pmatrix} 1 \\ 1 \\ 1 \end{pmatrix} = \frac{mv}{\sqrt{3m}} \quad \rightarrow \quad d_1 = \frac{mv}{\sqrt{3m}}$$

$$\dot{\vec{x}}(0)\tilde{m}\rho^{(2)} = \omega_2 d_2 = (v\ 0\ 0)\frac{m}{\sqrt{2m}}\begin{pmatrix} 1 \\ 0 \\ -1 \end{pmatrix} = \frac{mv}{\sqrt{2m}} \quad \rightarrow \quad d_2 = \frac{mv}{\sqrt{2k}}$$

$$\dot{\vec{x}}(0)\tilde{m}\rho^{(3)} = \omega_3 d_3 = (v\ 0\ 0)\frac{m}{\sqrt{6m}}\begin{pmatrix} 1 \\ -2 \\ 1 \end{pmatrix} = \frac{mv}{\sqrt{6m}} \quad \rightarrow \quad d_3 = \frac{mv}{3\sqrt{2k}}$$

Ainsi,

$$\vec{x}(t) = \frac{v}{3}\begin{pmatrix} 1 \\ 1 \\ 1 \end{pmatrix} t + \frac{v}{2\omega_2}\begin{pmatrix} 1 \\ 0 \\ -1 \end{pmatrix} sin\omega_2 t + \frac{v}{6\omega_2}\begin{pmatrix} 1 \\ -2 \\ 1 \end{pmatrix} sin\omega_3 t$$

Pour la balle D en particulier :

$$x_D(t) = \frac{v}{3}t - \frac{v}{2\omega_2}sin\omega_2 t + \frac{v}{6\omega_2}sin\omega_3 t.$$

Exercice 3.29. Essayez comme dans l'Ex. 3.29, mais avec la balle C ayant une masse de 2 m et non de m.

Exemple 3.30. Tiges avec ressorts de torsion.
Deux tiges minces uniformes chacune de masse m et de longueur l sont reliées par un ressort de torsion et l'une d'elles a une autre extrémité fixée par un ressort de torsion à un point fixe. Les ressorts de torsion ont un couple = k θ. L'extrémité libre de la tige extérieure est poussée par une

force F. (a) Quelles sont les équations d'Euler-Lagrange ; (b) Dans l'approximation des petites oscillations, quelles sont les fréquences ?

Solution

(a) L'énergie potentielle des ressorts de torsion est :

$$U = \frac{1}{2}k\big[\theta_1{}^2 + (\theta_2 - \theta_1)^2\big]$$

Notez que le moment d'inertie des deux tiges doit être traité différemment car une tige a une extrémité fixe, elle subira donc des rotations autour de ce point fixe, pour lesquelles le moment d'inertie pertinent est

$$I_1 = \frac{1}{3}ml^2,$$

tandis que l'autre tige n'est pas fixe, nous considérerons donc son mouvement dans son cadre de centre de masse, où le moment d'inertie pertinent est autour du centre :

$$I_2 = \frac{1}{12}ml^2.$$

On peut maintenant écrire le Lagrangien :

$$L = \frac{1}{2}I_1\omega_1{}^2 + \frac{1}{2}I_2\omega_2{}^2 + \frac{1}{2}M_2v_2{}^2 - U.$$

Maintenant, pour obtenir la vitesse du centre de masse de la tige avec les extrémités libres :

$$x = l\left(sin\theta_1 + \frac{1}{2}sin\theta_2\right) \quad and \quad y = l\left(cos\theta_1 + \frac{1}{2}cos\theta_2\right),$$

et les vitesses sont :

$$\dot{x} = l\left(cos\theta_1\dot{\theta}_1 + \frac{1}{2}cos\theta_2\dot{\theta}_2\right) \quad and \quad \dot{y} = -l\left(sin\theta_1\dot{\theta}_1 + \frac{1}{2}sin\theta_2\dot{\theta}_2\right)$$

Les vitesses sont donc :

$$v_2{}^2 = (l\dot{\theta}_1)^2 + \left(\frac{l}{2}\dot{\theta}_2\right)^2 + l^2\dot{\theta}_1\dot{\theta}_2\{cos\theta_1cos\theta_2 + sin\theta_1sin\theta_2\}$$

et selon choix des angles :

$$\omega_1 = \dot{\theta}_1 \quad and \quad \omega_2 = -\dot{\theta}_2$$

Le Lagrangien est donc :

$$L = \frac{1}{2}\left(\frac{1}{3}ml^2\right)\dot{\theta}_1{}^2 + \frac{1}{2}\left(\frac{1}{12}ml^2\right)\dot{\theta}_2{}^2$$
$$+ \frac{1}{2}m\left\{(l\dot{\theta}_1)^2 + (\frac{l}{2}\dot{\theta}_2)^2 + l^2\dot{\theta}_1\dot{\theta}_2\cos(\theta_2 - \theta_1))\right\} - U$$

Pour lequel les équations du mouvement sont :

$$\theta_1: \left(ml^2 + \frac{ml^2}{3}\right)\ddot{\theta}_1 + \frac{d}{dt}\left\{\frac{1}{2}ml^2\dot{\theta}_2\cos(\theta_2 - \theta_1)\right\}$$

$$-\frac{1}{2}ml^2\dot{\theta}_1\dot{\theta}_2\sin(\theta_2 - \theta_1)) + \{k\theta_1 + k(\theta_2 - \theta_1)(-1)\}$$

$$= F_1$$

$$\frac{4ml^2}{3}\ddot{\theta}_1 + \frac{ml^2}{2}\left\{\ddot{\theta}_2\cos(\theta_2 - \theta_1)\right.$$

$$\left. - (\dot{\theta}_2)^2\sin(\theta_2 - \theta_1)\right\} + k\{2\theta_1 - \theta_2\} = F_1$$

et

$$\theta_2: \frac{ml^2}{3}\ddot{\theta}_2 + \frac{ml^2}{2}\left\{\ddot{\theta}_1\cos(\theta_2 - \theta_1) + (\dot{\theta}_1)^2\sin(\theta_2 - \theta_1)\right\} + k(\theta_2 - \theta_1)$$

$$= F_2$$

où

$$F_{\theta_2} = F_y\frac{\partial y}{\partial \theta_1} = (-F)(-l\sin\theta_2) = Fl\sin\theta_2 \quad and \quad F_{\theta_1} = (-F)\frac{\partial y}{\partial \theta_1}$$

$$= Fl\sin\theta_1$$

Ainsi,

$$\theta_1: \frac{4}{3}ml^2\ddot{\theta}_1 + \frac{ml^2}{2}\left\{\ddot{\theta}_2\cos(\theta_2 - \theta_1) - \dot{\theta}_2^2\sin(\theta_2 - \theta_1)\right\} + k\{2\theta_1 - \theta_2\}$$

$$= Fl\sin\theta_1$$

et

$$\theta_2: \frac{1}{3}ml^2\ddot{\theta}_2 + \frac{ml^2}{2}\left\{\ddot{\theta}_1\cos(\theta_2 - \theta_1) - \dot{\theta}_1^2\sin(\theta_2 - \theta_1)\right\} + k\{\theta_2 - \theta_1\}$$

$$= Fl\sin\theta_2$$

(b) Passons maintenant aux petites oscillations :

$$\frac{4}{3}ml^2\ddot{\theta}_1 + \frac{ml^2}{2}\{\ddot{\theta}_2\} + k\{2\theta_2 - \theta_1\} - Fl\theta_1 = 0$$

et

$$\frac{1}{3}ml^2\ddot{\theta}_2 + \frac{ml^2}{2}\{\ddot{\theta}_1\} + k\{\theta_2 - \theta_1\} - Fl\theta_2 = 0$$

Maintenant, pour obtenir les fréquences du mode normal en évaluant le déterminant :

$$\begin{vmatrix} -[2k + Fl] - \frac{4}{3}ml^2\omega^2 & -k - \frac{1}{2}ml^2\omega^2 \\ -k - \frac{1}{2}ml^2\omega^2 & -[-k + Fl] - \frac{1}{3}ml^2\omega^2 \end{vmatrix} = 0$$

$$\left(\left[-2k + Fl\right] + \frac{4}{3}ml^2\omega^2\right)\left(\left[-k + Fl\right] + \frac{1}{3}ml^2\omega^2\right) - \left(-k - \frac{1}{2}ml^2\omega^2\right)$$
$$= 0$$

Quand $Fl \gg k$:
$$\left(Fl + \frac{4}{3}ml^2\omega^2\right)\left(Fl + \frac{1}{3}ml^2\omega^2\right) \cong 0 \quad \rightarrow \quad \omega_1{}^2 = -\frac{3F}{4ml} \quad and \quad \omega_2{}^2$$
$$= -\frac{3F}{ml}$$

Quand $Fl \ll k$:
$$\left(-2k + \frac{4}{3}ml^2\omega^2\right)\left(-k + \frac{1}{3}ml^2\omega^2\right) - (k + \frac{1}{2}ml^2\omega^2)^2 = 0$$

où les fréquences sont :
$$\omega^2 = \frac{3kml^2 \pm \sqrt{9 - \frac{28}{36}(kml^2)}}{2 * \frac{7}{36}(ml^2)^2} \quad (both\ positive).$$

Exercice 3h30. Essayez comme dans l'Ex. 3h30, mais avec un forfait désormais gratuit.

3.8.3 Amortissement

Maintenant que nous avons couvert les oscillations libres et forcées, le prochain effet phénoménologique clé est l'amortissement (friction), et cela nous donne finalement un terme dérivé du temps de premier ordre dans les équations du mouvement, par exemple, nous avons maintenant une force de friction opposée. linéaire en vitesse ($F = -\alpha\dot{x}$):

$$m\ddot{x} + kx = -\alpha\dot{x} \quad \rightarrow \quad \ddot{x} + 2\lambda\dot{x} + \omega^2 x = 0, where\ \omega^2 = \frac{k}{m}\ and\ 2\lambda$$
$$= \frac{\alpha}{m}.$$

Pour résoudre, essayez la forme $x = \exp(rt)$ qui a des racines d'équation caractéristique : $r_{1,2} = -\lambda \pm \sqrt{\lambda^2 - \omega^2}$. Ainsi, $x(t) = c_1\exp(r_1 t) + c_2\exp(r_2 t)$ dans la solution générale et on a les cas suivants :

Cas $< \omega$: oscillations exponentiellement amorties
$$x(t) = a\exp(-\lambda t)\cos(\omega' t + \alpha), \quad \omega' = \sqrt{\omega^2 - \lambda^2}.$$
Notez qu'il y a une diminution de la fréquence puisque la friction retarde le mouvement.

Cas $= \omega$: amortissement exponentiel sans oscillation
$$x(t) = (c_1 + c_2 t)\exp(-\lambda t).$$

Cas > ω: Amortissement apériodique

$$x(t) = c_1 \exp(r_1 t) + c_2 \exp(r_2 t), \, with \, r_{1,2} \, roots \, real \, and \, negative.$$

3.8.4 Première rencontre avec la fonction Dissipative

Considérons le frottement dans le cas multidimensionnel avec N>1 degrés de liberté $F_i = -\sum_k \alpha_{ik} \dot{x}_k$. Pour éviter l'instabilité rotationnelle ou d'autres pathologies de la mécanique statistique, nous avons besoin α_{ik} d'être symétriques, nous pouvons donc introduire une fonction de dissipation $\mathcal{F}$:

$$\mathcal{F} = \frac{1}{2} \sum_{i,k} \alpha_{ik} \dot{x}_i \dot{x}_k \, , \qquad F_i = -\frac{\partial \mathcal{F}}{\partial x_i}$$

(3-55)

Considérons le taux de dissipation de l'énergie dans le système :

$$\frac{dE}{dt} = \frac{d}{dt} \left(\sum_i \dot{x}_i \frac{\partial L}{\partial \dot{x}_i} - L \right) = -\sum_i \dot{x}_i \frac{\partial \mathcal{F}}{\partial \dot{x}_i} = -2\mathcal{F}.$$

(3-56)

donc $\mathcal{F}$ proportionnel au taux de dissipation de l'énergie comme son nom l'indique.

3.8.5 Oscillations forcées sous frottement

Dans cette section, nous combinons à la fois la force de friction et la force motrice. La forme générale de l'équation différentielle décrivant l'oscillation forcée avec amortissement (forme complexe) est :

$$\ddot{x} + 2\lambda\dot{x} + \omega^2 x = \left(\frac{F}{m} \right) \exp i\gamma t.$$

(3-57)

Essayez $x(t) = B \exp(i\gamma t)$ la solution particulière, alors l'équation caractéristique nous donne :

$$B = \frac{F}{m(\omega^2 - \gamma^2 + 2i\lambda\gamma)} = b \exp(i\delta),$$

(3-58)

où

$$b = \frac{F}{m\sqrt{(\omega^2 - \gamma^2)^2 + (2\lambda\gamma)^2}}, \qquad \tan\delta = \frac{(2\lambda\gamma)}{(\omega^2 - \gamma^2)}.$$

(3-59)

90

En ajoutant la solution particulière à la solution générale de l'équation homogène (et en prenant $\omega > \lambda$ pour précision ce qui suit), et en prenant la partie réelle comme solution, nous avons :

$$x(t) = a \exp(-\lambda t) \cos(\omega t + \alpha) + b \cos(\gamma t + \delta),$$

$$(3\text{-}60)$$

et après suffisamment de temps, il y a juste $x(t) \cong b \cos(\gamma t + \delta)$.

Près de la résonance, $\gamma = \omega + \epsilon$, supposons aussi que $\lambda \ll \omega$, alors

$$b = \frac{F}{2m\omega\sqrt{\epsilon^2 + \lambda^2}}, \qquad \tan\delta = \frac{\lambda}{\epsilon}.$$

$$(3\text{-}61)$$

La différence de phase δ entre l'oscillation et la force externe est toujours négative. Loin de la résonance, $\gamma < \omega$: $\delta \to 0$; et $\gamma > \omega$: $\delta \to -\pi$. En passant par la résonance $\gamma = \omega$: $\delta \to -\frac{1}{2}\pi$. En l'absence de frottement, la phase de l'oscillation forcée change de façon discontinue de π at $\gamma = \omega$; lorsque la friction s'ajoute, la discontinuité s'aplanit.

Une fois le mouvement stable atteint, $x(t) \cong b \cos(\gamma t + \delta)$ l'énergie absorbée par la force externe correspond à celle dissipée par frottement. Nous avons le taux de dissipation dû au frottement précédemment comme $-2\mathcal{F}$, où $\mathcal{F} = \frac{1}{2}\alpha\dot{x}^2 = \lambda m b^2 \gamma^2 \sin^2(\gamma t + \delta)$, avec une moyenne temporelle : $2\bar{\mathcal{F}} = \lambda m b^2 \gamma^2$. L'énergie absorbée par unité de temps est donc $\lambda m b^2 \gamma^2$. Maintenant, si nous voulons l'intégrale de l'énergie absorbée à toutes les fréquences motrices, l'absorption sera dominée par les fréquences proches de la résonance, pour lesquelles l'intégrale se rapproche de $\pi F^2 / 4m$.

Notez que dans cette analyse, nous considérons le ressort ou le pendule avec seulement une force de rappel linéaire. Cependant, pour le pendule dans l'approximation aux petits angles, tel est le cas, où le terme de force due au terme de gravité est $-mg\sin(\theta) \cong -mg\theta$. Lorsque nous reviendrons plus tard à l'oscillateur piloté amorti sans cette approximation, nous verrons que le mouvement chaotique devient omniprésent parmi les mouvements possibles provoqués.

Avant de passer du sujet de la dissipation, et pour avoir un aperçu de la représentation du diagramme de phase utilisée dans l'approche hamiltonienne qui sera discutée ensuite, considérons le système :

$$m\ddot{x} + \gamma\dot{x} + \frac{dU}{dx} = 0,$$

(3-62)

lorsque le potentiel est un double puits. La figure 3.12 montre un schéma du potentiel, du diagramme de phases du système lorsque $\gamma = 0$(pas de dissipation) et du diagramme de phases du système lorsque $\gamma \neq 0$. Pour le système avec dissipation, nous voyons qu'il existe une spirale décroissante qui sélectionne un puits où se localiser lorsque l'énergie se dissipe au niveau de la séparatrice.

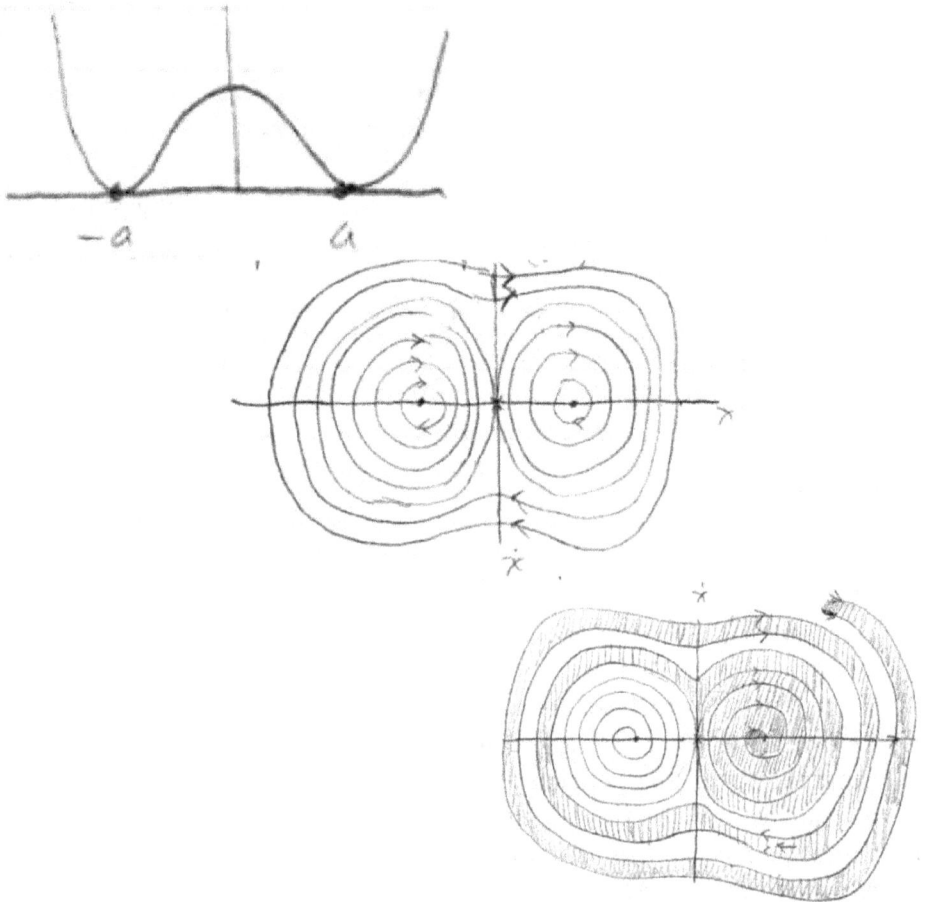

Graphique 3.12. À gauche : un croquis d'un potentiel à double puits ; Au milieu : croquis du diagramme de phase sans dissipation ; Diagramme de phases avec dissipation (et éventuelle décantation dans le puits de droite).

3.8.6 Résonance paramétrique

Au lieu d'une force externe, considérons maintenant les modulations des paramètres du système eux-mêmes (le système n'est pas fermé). Pour une force externe entraînant le système en résonance, nous avons constaté une croissance linéaire dans le temps du déplacement du système par rapport à l'équilibre. Pour la résonance paramétrique, nous verrons que cette croissance à la résonance est *exponentielle*, où la croissance est multiplicative, mais cela signifie également que ce phénomène de croissance par résonance ne se produit pas si le déplacement (ou le système) est à l'équilibre pour démarrer (car en multipliant la croissance par zéro). Un exemple à garder à l'esprit est le swing familier. Une fois mis en mouvement (avec un démarrage non nul), le mouvement de balancement est soutenu par le timing approprié (correspondance de résonance) du mouvement de balancement avec le cycle de balancement, une résonance paramétrique. Pour capturer le phénomène, considérons un système de ressorts 1D avec une masse et une constante de ressort k :

$$\frac{d}{dt}(m\dot{x}) + kx = 0.$$

$$(3\text{-}63)$$

Redimensionnons le temps pour permettre de séparer le m(t) présumé dépendant du temps :

$$d\tau = \frac{dt}{m(t)} \rightarrow \frac{d^2x}{d\tau^2} + mkx = 0.$$

Ainsi, sans perte de généralité (wlog), on peut considérer le problème sous la forme

$$\frac{d^2x}{dt^2} + \omega^2(t)x = 0,$$

$$(3\text{-}64)$$

à laquelle nous aurions pu arriver dès le départ, en permettant m=constant, mais en arrivant à une forme avec une fréquence système dépendant du temps $\omega(t)$.

Considérons le cas où $\omega(t)$ est périodique avec fréquence γ et période $T = 2\pi/\gamma$. Si $\omega(t) = \omega(t + T)$, alors la solution globale est invariante à $t \rightarrow t + T$. À son tour, cela signifie que les deux solutions indépendantes pour les déplacements, $x_1(t)$ et $x_2(t)$ doivent également être invariantes à $t \rightarrow t + T$, comme on peut le voir par substitution dans l'équation différentielle du second ordre ci-dessus, mis à part un facteur constant non dépendant du temps, donc les solutions générales doivent satisfaire:

$$x_1(t + T) = c_1 x_1(t) \; and \; x_2(t + T) = c_2 x_2(t).$$

La solution la plus générale est alors :
$$x_1(t) = (c_1)^{t/T} P_1(t; T) \ and \ x_2(t) = (c_2)^{t/T} P_2(t; T),$$

(3-65)

où $P_1(t; T)$ et $P_2(t; T)$ sont des fonctions purement périodiques de période T. Il s'avère cependant que les constantes c_1 et c_2 (qui sont exponentiées) dans les solutions, ont une relation qui oblige l'une d'elles à toujours être l' inverse de l'autre, donc il y aura toujours être un terme de croissance exponentielle. Considérer:

$$x_2(\ddot{x}_1 + \omega^2(t)x_1) = 0 \ and \ x_1(\ddot{x}_2 + \omega^2(t)x_2) = 0 \rightarrow \frac{d}{dt}(\dot{x}_1 x_2 - x_1 \dot{x}_2)$$
$$= 0$$

Si $\dot{x}_1 x_2 - x_1 \dot{x}_2 = constant$, alors avec $t \rightarrow t + T$ le facteur global supplémentaire de $c_1 c_2$ cela, les résultats doivent être égaux à un, c'est-à-dire que l'un c est l'inverse de l'autre. C'est ce qu'on appelle la résonance paramétrique, mais notez que cela se produit pour n'importe quelle fréquence de commande paramétrique – en pratique, le domaine accessible pour ce type de résonance est plus restreint, comme le montre la dérivation qui suit. (Remarque : les conditions aux limites peuvent être telles que les fonctions purement périodiques sont simplement nulles, un cas particulier où la croissance exponentielle ne se produit pas car elle est nulle au départ.)

Puisque la résonance paramétrique est un phénomène générique lors de la modulation d'un paramètre du système, existe-t-il une fréquence optimale pour ce faire ? La réponse est oui, et c'est simplement le double de la fréquence de résonance naturelle du système. Dans les applications réelles avec traînée, cette fréquence de conduite optimisée peut souvent encore fonctionner à une résonance paramétrique (croissance exponentielle). Pour montrer la résonance spécialisée dans le cas sans traînée, commencez par le paramètre de fréquence divisé en terme de résonance indépendant du temps $\omega_0{}^2$ et terme multiplicateur de décalage dépendant du temps :

$$\omega^2(t) = \omega_0{}^2(1 + h \cos(\gamma t)),$$

(3-66)

où $h \ll 1$, et nous choisissons $\gamma = 2\omega_0 + \epsilon$, où $\epsilon \ll \omega_0$. Essayons une solution de la forme sans modulation paramétrique, puis tenons compte de cette modulation par un décalage par rapport à la fréquence naturelle qui correspond à la fréquence paramétrique du pilote :

$$x(t) = x_1(t) + x_2(t) = a(t) \cos\left(\left[\omega_0 + \frac{1}{2}\epsilon\right]t\right) + b(t)\sin\left(\left[\omega_0 + \frac{1}{2}\epsilon\right]t\right)$$

En remplaçant la solution ci-dessus et en l'étendant au premier ordre dans h et au premier ordre dans ϵ, où a(t) et b(t) varient lentement par rapport à ω_0, et supposons $\dot{a} \sim \epsilon a$ et $\dot{b} \sim \epsilon b$ (vérifié plus tard dans le résultat), considérons d'abord les termes croisés trigonométriques :

$$\cos\left(\left[\omega_0 + \frac{1}{2}\epsilon\right]t\right)\cos([2\omega_0 + \epsilon]t)$$
$$= \frac{1}{2}\cos\left(3\left[\omega_0 + \frac{1}{2}\epsilon\right]t\right) + \frac{1}{2}\cos\left(\left[\omega_0 + \frac{1}{2}\epsilon\right]t\right).$$

Notez que la fréquence multiple la plus élevée dans le premier terme qui en résulte. Des termes de fréquences multiples plus élevés contribueront à un ordre de petitesse plus élevé par rapport à h, ainsi, comme h d'ordre supérieur, ils pourront être supprimés dans l'analyse du premier ordre. L'équation résultante est :

$$-(2\dot{a} + b\epsilon + \frac{1}{2}h\omega_0 b)\omega_0\sin\left(\left[\omega_0 + \frac{1}{2}\epsilon\right]t\right) + (2\dot{b} - a\epsilon + \frac{1}{2}h\omega_0 a)\omega_0\cos\left(\left[\omega_0 + \frac{1}{2}\epsilon\right]t\right) = 0$$

Les coefficients des termes trigonométriques doivent indépendamment être nuls. Essayons $a(t) \sim \exp(st)$ et $b(t) \sim \exp(st)$, ce qui donne lieu aux équations caractéristiques :

$$sa + \frac{1}{2}\left(\epsilon + \frac{1}{2}h\omega_0\right)b = 0 \text{ and } \frac{1}{2}\left(\epsilon - \frac{1}{2}h\omega_0\right)a - sb = 0 \rightarrow s^2$$
$$= \frac{1}{4}\left[\left(\frac{1}{2}h\omega_0\right)^2 - \epsilon^2\right].$$

Notez que la plage de solutions pour la croissance exponentielle est là où s est réel, nous avons donc la contrainte :

$$-\frac{1}{2}h\omega_0 < \epsilon < \frac{1}{2}h\omega_0.$$

3.8.7 Oscillations anharmoniques

Considérons maintenant un Lagrangien avec des termes du troisième ordre, mais avec un plan pour travailler avec des expansions de la magnitude de la perturbation. En effet, nous résolvons des équations différentielles en utilisant la méthode classique des approximations successives. Ce qui se passe avec cette approche, c'est que l'oscillateur anharmonique est converti en une succession de problèmes d'oscillateur

95

harmonique piloté. Commençons par un Lagrangien générique du troisième ordre :

$$L = \frac{1}{2}\sum_{\alpha}(\dot{\theta}_\alpha{}^2 - \omega_\alpha{}^2\theta_\alpha{}^2) + \sum_{\alpha,\beta,\gamma} C_{\alpha\beta\gamma}\dot{\theta}_\alpha\dot{\theta}_\beta\theta_\gamma - \sum_{\alpha,\beta,\gamma} D_{\alpha\beta\gamma}\theta_\alpha\theta_\beta\theta_\gamma$$

(3-67)

ce qui conduit à une équation EL du second ordre de la forme :

$$\ddot{\theta}_\alpha + \omega_\alpha{}^2\theta_\alpha = f_\alpha(\theta_\alpha, \dot{\theta}_\alpha, \ddot{\theta}_\alpha).$$

(3-68)

Ceci est ensuite résolu par la méthode des approximations successives, une analyse de perturbation :

$$\theta_\alpha = \theta_\alpha^{(1)} + \theta_\alpha^{(2)}, where\ \theta_\alpha^{(2)} \ll \theta_\alpha^{(1)}, and\ \theta_\alpha^{(1)} + \omega_\alpha{}^2\theta_\alpha^{(1)} = 0.$$

Cela laisse la perturbation en termes de force effective, mais dans l'analyse de perturbation, nous pouvons approximer la dépendance de coordonnée généralisée de la force généralisée par le niveau d'approximation préalable, ici :

$$\ddot{\theta}_\alpha^{(2)} + \omega_\alpha{}^2\theta_\alpha^{(2)} = f_\alpha\left(\theta_\alpha^{(1)}, \dot{\theta}_\alpha^{(1)}, \ddot{\theta}_\alpha^{(1)}\right).$$

(3-69)

En deuxième approximation, nous avons la fréquence propre du système modifiée par diverses combinaisons de fréquences, telles que $\omega_\alpha \pm \omega_\beta$, incluant $2\omega_\alpha$ et $\omega_\alpha = 0$. Ce processus peut être répété jusqu'à des niveaux d'approximation plus élevés, mais les fréquences fondamentales ω_α dans des approximations plus élevées ne sont pas égales à leurs niveaux non perturbés. Pour corriger cela, une modification est apportée de telle sorte que les facteurs périodiques dans la solution contiennent les fréquences exactes. Pour être plus précis, considérons l'exemple de l'oscillateur anharmonique 1-D suivant [27] :

$$L = \frac{1}{2}m\dot{x}^2 - \frac{1}{2}m\omega_0^2x^2 + xF(t),$$

$$where\ F(t) = -\frac{1}{3}m\alpha x^2 - \frac{1}{4}m\beta x^3$$

(3-70)

pour lequel on obtient :

$$\ddot{x} + \omega_0^2 x = -\alpha x^2 - \beta x^3.$$

(3-71)

En utilisant la méthode des approximations successives décrite ci-dessus (plus de détails à ce sujet peuvent être trouvés en annexe A), nous avons :

$$x = x^{(1)} + x^{(2)} + x^{(3)} + \cdots,$$

où nous commençons par la solution de l'équation homogène, c'est-à-dire où $x^{(1)} = a\cos\omega t$ avec la valeur exacte de ω où :

$$\omega = \omega_0 + \omega^{(1)} + \omega^{(2)} + \omega^{(3)} + \cdots,$$

(3-73)

et on obtient :

$$\frac{\omega_0^2}{\omega^2}\ddot{x} + \omega_0^2 x = -\alpha x^2 - \beta x^3 - \left(1 - \frac{\omega_0^2}{\omega^2}\right)\ddot{x}.$$

(3-74)

Pour passer au niveau d'approximation suivant, considérons $x = x^{(1)} + x^{(2)}$ et $\omega = \omega_0 + \omega^{(1)}$, et en omettant les termes au-dessus du deuxième ordre de petitesse :

$$\ddot{x}^{(2)} + \omega_0^2 x^{(2)} = -\alpha a^2 \cos^2 \omega t + 2\omega_0\omega^{(1)} a \cos \omega t$$

(3-75)

choisissons maintenant $\omega^{(1)} = 0$ d'arriver à une solution simple (on choisit les ω modifications à approximations successives pour un découplage ou une simplification similaire) :

$$x^{(2)} = -\frac{\alpha a^2}{2\omega_0^2} + \frac{\alpha a^2}{6\omega_0^2}\cos 2\omega t$$

(3-76)

En passant au niveau d'approximation suivant avec $x = x^{(1)} + x^{(2)} + x^{(3)}$ et $\omega = \omega_0 + \omega^{(2)}$, on obtient :

$$\ddot{x}^{(3)} + \omega_0^2 x^{(3)} = -2\alpha x^{(1)} x^{(2)} - \beta\left(x^{(1)}\right)^3 + 2\omega_0\omega^{(2)} x^{(1)}$$

(3-77)

$$\ddot{x}^{(3)} + \omega_0^2 x^{(3)} = a^3\left[\frac{\beta}{4} - \frac{\alpha^2}{6\omega_0^2}\right]\cos 3\omega t$$
$$+ a\left[2\omega_0\omega^{(2)} + \frac{5a^2\alpha^2}{6\omega_0^2} - \frac{3}{4}a^2\beta\right]\cos \omega t$$

(3-78)

où, encore une fois, on choisit $\omega^{(2)}$ tel que le terme de droite soit nul pour une solution simple :

$$\omega^{(2)} = -\frac{5a^2\alpha^2}{12\omega_0^3} + \frac{3\beta a^2}{8\omega_0}$$

(3-79)

et,

$$x^{(3)} = \frac{a^3}{16\omega_0^2}\left[\frac{\alpha^2}{3\omega_0^2} - \frac{\beta}{2}\right]\cos 3\omega t.$$

$$(3\text{-}80)$$

La résonance paramétrique est principalement évidente dans les études de systèmes agissant sous de petites oscillations et implique une variation temporelle des paramètres du système – comme le point d'appui d'un pendule (qui sera décrit dans la section suivante). Les oscillations forcées, avec ou sans amortissement, ont une dépendance en fréquence de type dispersion sur l'absorption de l'énergie du conducteur. Il y a une résonance à la fréquence naturelle du système. Pour les mouvements qui ont été substantiellement excités, nous entrons dans le régime non linéaire des termes d'énergie cinétique et potentielle dans le Lagrangien. Les oscillations anharmoniques ou non linéaires (comme dans la section précédente) se mélangent en raison des non-linéarités qui se traduisent par des fréquences combinées qui elles-mêmes peuvent sembler résonantes. À cet égard, la méthode des approximations successives doit être utilisée avec précaution, de manière cohérente avec le fait de ne pas avoir de termes auto-résonants via le mixage.

3.8.8 Mouvement dans un champ oscillant rapidement (c'est-à-dire analyse à deux temps)

Considérons le mouvement dans un potentiel U de période T où une force d'oscillation rapide est appliquée,

$$m\ddot{x} = -\frac{dU}{dx} + f, \quad f = f_1\cos\omega t + f_2\sin\omega t, \quad \omega \gg \frac{1}{T}$$

$$(3\text{-}81)$$

Nous ne supposons pas cela, $f \ll U$ ni même $f < U$, nous supposons plutôt un résultat avec de petites oscillations au-dessus du chemin lisse que la particule traverserait ne serait-ce que sous le potentiel U :

$$x(t) = X(t) + \varepsilon(t), \qquad \overline{\varepsilon(t)} = 0.$$

$$(3\text{-}82)$$

Ceci est parfois appelé une analyse à deux temps [30]. En substituant, nous arrivons alors au premier ordre dans les développements de Taylor :

$$m\ddot{X} + m\ddot{\varepsilon} = -\frac{dU}{dx} - \varepsilon\frac{d^2U}{dx^2} + f(X,t) + \varepsilon\frac{\partial f}{\partial X}.$$

$$(3\text{-}83)$$

Désormais, tous les termes du premier ordre ε sont négligeables par rapport aux autres termes, à l'exception du $\ddot{\varepsilon}$ terme, car les facteurs de fréquence sont supposés très grands (puisqu'ils oscillent rapidement). En divisant la trajectoire lisse ($X(t)$trajectoire avec $f = 0$) et la partie oscillant rapidement, on obtient pour cette dernière :

$$m\ddot{\varepsilon} = f(X,t) \rightarrow \varepsilon = -\frac{f}{m\omega^2}$$

(3-84)

Considérons maintenant la moyenne par rapport au temps sur l'équation du premier ordre, toutes les puissances premières autonomes de ε et f seront nulles :

$$m\ddot{X} = -\frac{dU}{dx} + \overline{\varepsilon\frac{\partial f}{\partial X}} = -\frac{dU}{dx} - \frac{1}{m\omega^2}\overline{f\frac{\partial f}{\partial X}} = -\frac{dU_{eff}}{dx},$$

où,

$$U_{eff} = U + \frac{\overline{f^2}}{2m\omega^2}, \quad U_{eff} = U + \frac{(f_1^2 + f_2^2)}{4m\omega^2} = U + \frac{1}{2}m\overline{\dot{\varepsilon}^2}$$

(3-85)

Pour voir comment cela se manifeste en pratique, considérons le pendule dont le point d'appui subit *des oscillations horizontales rapides* :
$x = l\sin\varphi + a\cos\gamma t$ et $\dot{x} = l\dot{\varphi}\cos\varphi - a\gamma\sin\gamma t$
$y = l\cos\varphi$ et $\dot{y} = -l\dot{\varphi}\sin\varphi$
$U = -mgl\cos\varphi$

$$L = T - U = \frac{1}{2}m(l\dot{\varphi})^2 - ml\dot{\varphi}a\gamma\cos\varphi\sin\gamma t + mgl\cos\varphi$$

en utilisant la liberté d'ajouter une dérivée totale en temps,
$\frac{d}{dt}(mla\gamma\sin\varphi\sin\gamma t)$, pour obtenir :

$$L = T - U = \frac{1}{2}m(l\dot{\varphi})^2 + mla\gamma^2\sin\varphi\cos\gamma t + mgl\cos\varphi$$

En utilisant l'équation d'Euler-Lagrange on obtient alors :

$$ml^2\ddot{\varphi} = mla\gamma^2\cos\varphi\cos\gamma t - mgl\sin\varphi = -\frac{dU}{dx} + f_\varphi,$$

où,

$$f_\varphi = mla\gamma^2\cos\varphi\cos\gamma t$$

En utilisant la relation de la discussion précédente :

$$U_{eff} = U + \frac{\overline{f_\varphi}^2}{2m\gamma^2} = mgl\left[-\cos\varphi + \frac{a^2\gamma^2}{4gl}\cos^2\varphi\right].$$

En résolvant pour, $\frac{dU_{eff}}{d\varphi} = 0$ nous obtenons des solutions à $\sin\varphi = 0$ et $\cos\varphi = 2gl/a^2\gamma^2$, là où l'existence de cette dernière solution l'exige $2gl < a^2\gamma^2$.

De même, on pourrait considérer le pendule dont le point d'appui subit *des oscillations verticales rapides* :

$$x = l \sin \varphi \quad \text{et} \quad \dot{x} = l\dot{\varphi} \cos \varphi$$
$$y = l \cos \varphi + a \cos \gamma t \quad \text{et} \quad \dot{y} = -l\dot{\varphi} \sin \varphi - a\gamma \sin \gamma t$$
$$U = -mgl \cos \varphi + mga \cos \gamma t$$

$$L = T - U = \frac{1}{2}m(l\dot{\varphi})^2 + ml\dot{\varphi}a\gamma \sin \varphi \sin \gamma t + \frac{1}{2}ma^2\gamma^2 \sin^2 \gamma t$$
$$+ mgl \cos \varphi - mga \cos \gamma t$$

En supprimant les fonctions pures dépendant du temps et en utilisant la liberté d'ajouter une dérivée temporelle totale, $\frac{d}{dt}(mla\gamma \cos \varphi \sin \gamma t)$, pour obtenir :

$$L = T - U = \frac{1}{2}m(l\dot{\varphi})^2 + mla\gamma^2 \cos \varphi \cos \gamma t + mgl \cos \varphi$$

En utilisant l'équation d'Euler-Lagrange on obtient alors :

$$ml^2\ddot{\varphi} = -mla\gamma^2 \sin \varphi \cos \gamma t - mgl \sin \varphi = -\frac{dU}{dx} + f_\varphi,$$

où,

$$f_\varphi = -mla\gamma^2 \sin \varphi \cos \gamma t$$

En utilisant à nouveau la relation de la discussion précédente :

$$U_{eff} = U + \frac{\overline{f_\varphi}^2}{2m\gamma^2} = mgl\left[-\cos \varphi + \frac{a^2\gamma^2}{4gl} \sin^2 \varphi\right].$$

En résolvant pour, $\frac{dU_{eff}}{d\varphi} = 0$ nous obtenons des solutions à $\varphi = 0$ et $\varphi = \pi$, là où l'existence de cette dernière solution l'exige $2gl < a^2\gamma^2$.

Chapitre 4. Mesure classique

4.1 Capture de petites mesures dans des systèmes intégrables dans le temps

La mesure avec la sensibilité la plus élevée se produit lorsque l'événement de mesure est répété, souvent dans des arrangements où une valeur clé est additionnée au fil du temps. Il est donc naturel de considérer les systèmes intégrables dans le temps comme un élément clé d'un détecteur sensible. Un oscillateur est un exemple d'un tel système, pour lequel un bref récapitulatif est fourni ci-après. Après cela, nous faisons une dernière généralisation, l'ajout des fluctuations de bruit (fondamentalement présentes en raison des sources de bruit thermique) pour obtenir une description des limites expérimentales réelles. Dans un premier temps, pour nous appuyer sur les résultats de mécanique classique présentés au chapitre 3, nous développerons l'oscillateur piloté amorti avec bruit et verrons quelle force minimale détectable agissant sur l'oscillateur (masse) est possible. Ceci décrit une méthode de « contact » pour la détection de force.

Les méthodes de contact direct pour la détection réelle sont plus généralement basées sur des jauges de contrainte ou des éléments piézoélectriques qui peuvent se coupler directement à des circuits électriques (de résonance) (notez la conversion du signal sous forme électronique, qui sera la norme). Les méthodes de contact indirect basées sur des capacimètres fonctionnent mieux dans cette catégorie, où la mesure d'un déplacement modifie directement la capacité (via une séparation des plaques directement liée au déplacement). La capacité de repos est choisie dans un circuit fonctionnant à la résonance (ou sur la partie raide de la courbe de résonance) [51] de telle sorte que les déplacements de fréquence du circuit soient plus visibles par un dispositif de mesure du circuit secondaire (contact indirect). Des exemples de capacimètres entrent dans des descriptions de circuits qui, bien que simples [52], sortent du cadre de cette description et ne seront donc pas discutés davantage.

Les méthodes optiques sans contact offrent la plus grande sensibilité, et celles-ci seront brièvement discutées après des résultats plus explicites pour les méthodes avec contact (puisque la présentation d'un détecteur oscillateur à contact direct démontre de nombreux concepts clés et facteurs limitants). Notez que la détection « sans contact » la plus extrême est la non-démolition quantique, mais cela ne sera pas discuté. Notes du projet LIGO et ont été obtenues à partir du cours Ph118 ca. 1988 (dans l'Annexe B, ~ 1988, la liste de contacts LIGO montre moins de 30 personnes sur le projet, dont moi-même étudiant diplômé à l'époque, il y a maintenant plus de 3000 contributeurs à ce projet dans le monde).

4.1.1 Récapitulatif de l'oscillateur piloté amorti
Pour l'oscillateur entraîné amorti, nous avons l'équation différentielle ordinaire :

$$\ddot{x} + 2\lambda\dot{x} + \omega^2 x = \left(\frac{F}{m}\right)\exp i\gamma t,$$

(4-1)

avec solution :

$$x(t) = a\exp(-\lambda t)\cos(\omega t + \alpha) + b\cos(\gamma t + \delta) \cong b\cos(\gamma t + \delta),$$

(4-2)

où

$$b = \frac{F}{m\sqrt{(\omega^2 - \gamma^2)^2 + (2\lambda\gamma)^2}} \quad \tan\delta = \frac{(2\lambda\gamma)}{(\omega^2 - \gamma^2)}.$$

(4-3)

Une fois le mouvement stable atteint, $x(t) \cong b\cos(\gamma t + \delta)$ l'énergie absorbée par la force externe correspond à celle dissipée par frottement. Nous avons le taux de dissipation dû au frottement précédemment comme $-2\mathcal{F}$, où $\mathcal{F} = \frac{1}{2}\alpha\dot{x}^2 = \lambda m b^2 \gamma^2 \sin^2(\gamma t + \delta)$, avec une moyenne temporelle : $2\bar{\mathcal{F}} = \lambda m b^2 \gamma^2$. L'énergie absorbée par unité de temps est donc $\lambda m b^2 \gamma^2$. Maintenant, si nous voulons l'intégrale de l'énergie absorbée à toutes les fréquences motrices, l'absorption sera dominée par les fréquences proches de la résonance, pour lesquelles l'intégrale se rapproche de $\pi F^2/4m$.

4.1.2 Oscillateur piloté amorti avec fluctuations de bruit
Considérons maintenant l'oscillateur entraîné amorti avec des fluctuations de bruit et déterminons la force minimale détectable que le système peut fournir. C'est le scénario, avec des fluctuations de bruit réalistes, qui fournit une limite précise à la sensibilité de la mesure. Commençons par

la nouvelle équation différentielle ordinaire avec le terme de fluctuations de bruit ajoutéF_{fl} :

$$\ddot{x} + 2\lambda\dot{x} + \omega^2 x = F(t) + F_{fl},$$

(4-4)

où le résultat de l'état stationnaire précédent, sans forces de bruit de fluctuation, était de $x(t) \cong b\cos(\gamma t + \delta)$. Existe-t-il toujours un état stationnaire mais avec une forme un peu plus générale ? Considérons d'abord que la relation amplitude temps est donnée par $\tau_m = 1/\lambda$et nous supposons que l'intention est de faire des mesures précises, nous recherchons donc un amortissement minimal, donc un temps de relaxation maximal τ_m, donc effectivement un régime stable par rapport au temps de mesure et au temps de l' $F(t)$effet censé être détecté. Nous aurons ainsi la forme d'état stationnaire indiquée avec une éventuelle dépendance temporelle des constantes au hasard. Essayer la supposition et la valider prouve alors que cela est correct [53] et [54]. Passant maintenant à la notation de Braginsky [51], nous résumerons la dérivation de Braginsky présentée dans l'annexe de [51] intitulée « Critères statistiques pour la détermination de l'excitation d'un oscillateur par une force externe » :

$$x(\tau) \cong A(\tau)\sin\big(\omega_0\tau + \varphi(\tau)\big) \qquad \overline{A(\tau)} \gg \frac{1}{\omega_0}\frac{dA(\tau)}{d\tau}.$$

(4-5)

Notre affirmation d'un événement de détection sera probabiliste, surtout compte tenu de l'ajout d'un processus stochastique (fluctuations de bruit). Nous souhaitons considérer la probabilité qu'un événement de force $F(t)$se produise dans un temps $\hat{t}$compris dans la période de mesure. La détectabilité d'un tel événement nécessite de le distinguer des faux signaux provenant du bruit de fluctuation F_{fl}. À son tour, la nature de la détectabilité doit être examinée pour les deux. Dans les deux cas, ce que nous cherchons est une variation de l'amplitude d'oscillation en fonction de la différence $A(\tau) - A(0)$, et dans le cas du bruit de fluctuation cette limite doit être qualifiée pour être valable avec probabilité « $1 - \alpha$ ». Cette approche est motivée par l'expression de [54] pour la densité de probabilité d'une distribution arbitraire des amplitudes d'oscillation après le temps de l'événement $\hat{t}$:

$$P[A(\hat{t})|A(0)]$$

$$= \frac{A(\hat{t})}{\sigma^2(1-\varepsilon^2)} I_0\left(\frac{\varepsilon A(0)A(\hat{t})}{\sigma^2(1-\varepsilon^2)}\right)\exp\left(-\frac{\big(A(\hat{t})\big)^2 + \varepsilon\big(A(0)\big)^2}{2\sigma^2(1-\varepsilon^2)}\right),$$

(4-6)

où,

$$\varepsilon = e^{(-\hat{\tau}/\tau_m)} \quad and \quad \sigma^2 = \overline{A(\tau)^2}.$$

L'erreur statistique du formalisme de premier type (avec « $1 - \alpha$ ») prend désormais la forme :

$$1 - \alpha = \int_{A(0)}^{A(\hat{\tau})} P[A(\hat{\tau})|A(0)]dA(\hat{\tau}).$$

(4-7)

Suite à l'analyse de Braginsky, nous allons maintenant considérer la résolution de l'intégrale pour deux cas : $A(0) = 0$ et $A(0) = \sigma$. Nous constaterons que l'évaluation de la force minimale détectable est à peu près la même quelle que soit la valeur initiale de l'amplitude, tandis que l'échange d'énergie avec l'oscillateur est significativement affecté par l'amplitude initiale. De plus, à la suite de Braginsky, nous supposerons que notre source de bruit est purement une source de bruit thermique. Il s'agit du meilleur scénario, car les sources de bruit thermique sont fondamentales dans les systèmes physiques de diverses manières (voir [24] pour le calcul de ces sources de bruit dans les circuits, par exemple). Si l'on suppose « juste » le bruit thermique on a alors, en fonction de la température de thermalisation, T ce qui suit :

$$\sigma^2 = \frac{k_B T}{k}, \quad where \ \omega_0 = \sqrt{k/m}.$$

(4-8)

En résolvant l'intégrale et en la substituant, nous obtenons alors :

$$[A(\hat{\tau})]_{1-\alpha} = 2\sigma\sqrt{(\hat{\tau}/\tau_m)\ln(1/\alpha)}.$$

(4-9)

Ainsi, si nous démarrons un événement de détection avec $A(0) \cong 0$, et que nous voyons l'amplitude croître dans le temps $\hat{\tau}$ telle que $A(\hat{\tau}) > [A(\hat{\tau})]_{1-\alpha}$, alors nous avons avec probabilité, ou « fiabilité », $(1 - \alpha)$ qu'un événement s'est produit. Comme l'a noté Braginsky, nous ne disposons jusqu'à présent que d'une condition seuil décrivant ce qu'il faut faire si le seuil est atteint. Si le seuil est atteint, alors nous disons qu'il n'y a pas d'événement de détection, par exemple cela $F(t) = 0$, mais cela peut uniquement être dû à une annulation malheureuse de la force de l'événement et des forces de fluctuation. Pour évaluer l'erreur qui peut en découler, Braginsky introduit une mesure d'une erreur statistique de deuxième espèce correspondant à la probabilité d'avoir $F(t) \neq 0$ tout en ayant encore l'événement en dessous du seuil $A(\hat{\tau}) < [A(\hat{\tau})]_{1-\alpha}$. Plus précisément, considérons la force $F(t)$ lorsqu'il n'y a pas de force de fluctuation présente et telle que la variation de l'amplitude dans le temps $\hat{t}$ atteint une valeur Γ supérieure au seuil, telle que nous avons

$$\gamma = \Gamma / [A(\hat{t}) - A(0)]_{1-\alpha}$$

(4-10)

avec $\gamma \geq 1$. Ceci pose les bases de l'évaluation de l'erreur du deuxième type (plus de détails figurent dans [51]). La conclusion est qu'un simple facteur constant, ~ 1, est tout ce qui modifierait la condition seuil pour l'événement de détection.

Relions maintenant le changement d'amplitude minimal détectable à l'énergie transmise ou extraite de l'oscillateur en utilisant la forme ci γ-dessus :

$$\Delta E = k\gamma^2 [A(\hat{t})]_{1-\alpha}^2 = 2\ln(1/\alpha)\,(2\hat{t}/\tau_m)\gamma^2 k_B T.$$

(4-11)

En revenant au cas simple d' $F(t) = F_0 \sin(\omega\tau)$ un intervalle de temps de 0 à $\hat{t}$ (et d'une force nulle en dehors de cet intervalle de temps), nous avons alors la croissance linéaire en amplitude selon :

$$\Gamma = \frac{F_0\hat{t}}{2m\omega}, \qquad where \quad \omega = \sqrt{k/m}$$

(4-12)

et exigeant que cela $\Gamma > [A(\hat{t}) - A(0)]_{1-\alpha}$ donne alors le minimum détectable F_0 :

$$[F_0]_{min} = \rho\sqrt{4k_B Tm/(\hat{t}\tau_m)},$$

(4-13)

où ρ est un facteur de fiabilité sans dimension compris entre 2,45 et 4,29 pour les valeurs de fiabilité typiques α (voir le tableau A1 dans [51])., Une analyse similaire pour le cas où $A(0) \cong \sigma$ au début de l'événement de détection se réduit à la même formule avec des facteurs de fiabilité allant entre 1,96 et 3,88. Ainsi, la force minimale détectable est à peu près la même quelle que soit la valeur initiale de l'amplitude et a la forme :

$$[F_0]_{min} \propto \sqrt{\frac{4k_B Tm}{(\hat{t}\tau_m)}}.$$

(4-14)

4.1.3 Méthodes optiques sans contact

Il existe deux types de mesures optiques sur lesquelles nous nous concentrerons ici : (i) le tranchant d'un couteau ; et (ii) l'auto-ingérence. Les méthodes au couteau impliquent un levier optique dans une certaine mesure. Si nous dirigeons un faisceau laser sur un miroir et mesurons ses fluctuations sur une distance d'écran D, alors le signal projeté est deux fois plus important si nous doublons simplement la distance de projection en 2D. Plus courant, et un mélange des types (i) et (ii), consiste à utiliser un réseau de diffraction, où l'effet de gain est multiplié en fonction de la séparation dans le réseau de diffraction mobile qui fait partie d'une mesure de transmission de faisceau (impliquant un deuxième, fixe, réseau de diffraction). Cependant, le type d'événement de détection d'auto-interférence optique le plus sensible implique généralement un interféromètre de Michelson-Morley. L'idée de base est que le faisceau est divisé et autorisé à interférer avec lui-même de telle sorte qu'une annulation parfaite soit accordée au niveau de la partie transmise du séparateur de faisceau. Lorsqu'un déplacement dans le miroir (ou une distance miroir-cavité) se produit, nous constatons alors un glissement par rapport à l'état annulé et voyons un éclair de lumière en fonction du degré de non-annulation, qui est lié à la force du signal. Comme pour de nombreuses méthodes de détection, une évaluation de la sensibilité semble souvent prometteuse mais, en réalité, il est souvent impossible d'obtenir les paramètres physiques nécessaires du dispositif. Cependant, avec les approches interférométriques, ce qui est nécessaire est souvent à portée de main, en utilisant pour commencer des lasers très puissants, des miroirs hautement réfléchissants, des miroirs parfaitement stabilisés et un miroir séparateur de faisceau. Il s'avère que cela est possible, mais c'est une question d'échelle.

Les travaux auxquels j'ai participé et impliquant le prototype de détecteur LIGO dans les années 1980 ont été un exemple où il a été démontré que les méthodes interférométriques fonctionnaient extrêmement bien. Mais les bras prototypes de l'interféromètre mesuraient 20 m de long, et non 2 km, comme ils devraient éventuellement l'être. L'échelle du vide était donc très différente (les cavités de l'interféromètre laser sont maintenues sous vide poussé pour éliminer le bruit, et plus important encore, éviter un processus destructeur sur les (très coûteux) miroirs hautement réfléchissants (un effet EM qui sera discuté dans [40] , entraîne une « poussière » non chargée prenant une charge efficace et, dans le champ électrique non uniforme de la cavité, la poussière est entraînée dans les miroirs, provoquant leur dégradation constante. Ceci, ainsi que d'autres problèmes de mise à l'échelle, ont nécessité encore 30 ans). du développement jusqu'à ce que le projet LIGO soit finalement mis en ligne avec le premier observatoire d'ondes gravitationnelles (Prix Nobel pour Kip Thorne, et al. Dans les années 1980, auquel j'ai participé pendant quelques années (avant de passer à des questions plus théoriques, qui seront décrites dans []. 45,46]), le groupe LIGO était assez petit (environ 30, voir l'ancien répertoire dans la figure B.1). La mise à l'échelle de 100x de la taille de l'appareil a été en partie satisfaite par un redimensionnement de 100x dans l'effort de groupe d'ici 2020.

Une description appropriée de la méthodologie de détection LIGO nous amènerait très loin dans les propriétés du bruit laser et des propriétés de la cavité optique, mais une description de haut niveau est toujours donnée. Premièrement, l'interféromètre en « forme de L » est doublement important pour le type d'événement de détection recherché, qui pour LIGO était une onde gravitationnelle. Une telle onde ne serait mesurable que via son effet quadripolaire (avec des bras de détecteur orthogonaux, voir le Livre 3 pour plus de détails) par lequel un bras de l'interféromètre est allongé tandis que l'autre est raccourci, provoquant une modification du signal d'interférence (ceci pour l'onde quadripolaire). frappant le détecteur parfaitement transversalement et aligné sur les bras du détecteur). Deuxièmement, le bruit laser (multimodalité) est directement lié aux changements du mode principal qui est « verrouillé », ce qui constitue un problème de bruit et nécessite donc quelque chose pour « nettoyer » le bruit laser. À l'époque où je travaillais chez LIGO, la cavité résonante utilisée pour cette tâche était appelée par Ron Drever le « dewiggler ». Ainsi, il existe une cavité laser (haute puissance) qui alimente un nettoyeur de mode (le dewiggler) qui alimente ensuite l'interféromètre en « L ». Et troisièmement, il y a la question de stabiliser la longueur des bras contre les fluctuations de position dans la bande de fréquences d'intérêt pour la détection. Essentiellement, les miroirs d'extrémité et le miroir séparateur de faisceau doivent tous être asservis à une position fixe les uns par rapport aux autres (l'ensemble du système flotte par rapport à la chambre à vide environnante tout en étant relativement « verrouillé »). En fin de compte, un traitement du signal spécialisé est nécessaire pour la détection d'un profil de signal connu (ou d'un groupe de profils). Essentiellement, un filtre spécialisé basé sur l'adaptation au signal recherché est utilisé pour une capacité de détection optimale.

4.2 Théorie de la mesure – Variables et processus aléatoires

De nombreuses expériences sont décrites lorsqu'il existe une fréquence prédite ou une autre caractéristique mesurable . Nous aimerions obtenir une « mesure précise », mais qu'est-ce que cela signifie ? Pour commencer, considérons un ensemble de mesures pour certaines circonstances, peut-être aussi simples que la mesure répétée de quelque chose. Dans la théorie des mesures, l'ensemble de ces mesures, dans les cas les plus simples qui ne varient pas dans le temps, est considéré comme un échantillon d'un seul type de distribution de fond. En effectuant des mesures répétées (x_N), nous savons intuitivement que nous obtenons une mesure meilleure, ou « plus sûre », mais pourquoi ? Il s'avère qu'il est simple de déduire la propriété selon laquelle la variance de l'échantillon diminue avec le nombre de mesures prises. Le nombre de mesures à prendre détermine ensuite le degré de serrage souhaité de vos « barres d'erreur » (la région délimitée d'un écart type, ou σ(sigma), en dessous de la moyenne jusqu'à un écart type au-dessus). Nous verrons que $Var(\bar{x}_N) = \sigma^2/N$, où σ est l'écart type d'une mesure unique de la variable aléatoire (X), et Var est la variance (écart-type au carré) de la mesure répétée. Ce calcul est appelé calcul du sigma de la moyenne et nous obtenons cela $\sigma_\mu = \sigma/\sqrt{N}$, nous pouvons ainsi améliorer la précision de nos mesures (sigma réduit sur la moyenne) en fonction du nombre de mesures effectuées (N). Le résultat principal ci-dessus (justification des mesures répétées dans le processus expérimental) ainsi que d'autres seront maintenant décrits plus en détail. Un certain nombre de termes techniques sont déjà apparus dans la discussion ci-dessus, cependant, un bref aperçu de la terminologie et des définitions de base sera maintenant donné en premier.

Définitions
La plupart des définitions qui suivent dans cette section sont détaillées plus loin dans [55].

Variable aléatoire
Une variable aléatoire X est une attribution d'un nombre, x(θ), à chaque résultat θ de X.

Processus stochastique
Un processus stochastique est une attribution d'un nombre dépendant d'un paramètre temporel, x(θ,t), à chaque résultat θ de X.

Considéré comme un indice, si le paramètre de temps t est continu, alors nous avons un processus en temps continu, sinon c'est un processus en temps discret. Travaillons pour l'instant avec des processus à temps discret et fournissons plus de définitions - jetant les bases d'un scénario de mesures expérimentales répétées :

L'espérance, E(X), de la variable aléatoire X

L'espérance, E(X), de la variable aléatoire X est définie comme étant :

$$EX) \equiv \sum_{i=1}^{L} x_i \, p(x_i) \, si \; x_i \in \mathfrak{R}.$$

(4-15)

De même, l'espérance, E(g(X)), d'une fonction g(X) de variable aléatoire X est :

$$E(g(X)) \equiv \sum_{i=1}^{L} g(x_i) \, p(x_i) \, si \; x_i \in \mathfrak{R}.$$

Considérons maintenant le cas particulier où $g(x_i) = -log(p(x_i))$, qui donne lieu à l'entropie de Shannon :

$$H(X) \equiv E[g(X)] = -\sum_{i=1}^{L} p(x_i) \, log(p(x_i)) \; si \; p(x_i) \in \mathfrak{R}^+,$$

De même, pour les informations mutuelles, utilisez $g(X,Y) = log(p(x_i, y_i)/p(x_i)p(y_i))$ pour obtenir :

$$je(X;Y) \equiv E[g(X,Y)] \equiv \sum_{i=1}^{L} p(x_i, y_i) \, log(p(x_i, y_i)/p(x_i)p(y_i)),$$

et si $p(x_i)$, $p(y_i)$, $p(x_i, y_i)$ sont tous $\in \mathfrak{R}^+$, alors cela équivaut à l'entropie relative entre une distribution conjointe et la même distribution si les variables aléatoires sont indépendantes, c'est-à-dire que c'est la divergence de Kullback-Leibler : $D(p(x_i, y_i) \, || \, p(x_i)p(y_i))$ qui prévaut dans la théorie de l'information [24] .

L'inégalité de Jensen

Les bases ont été posées pour une preuve simple de l'inégalité de Jensen, qui est fournie ci-après. Cette inégalité est une manœuvre clé utilisée dans d'autres définitions à suivre (Hoeffding).

Soit φ(·) une fonction convexe sur un sous-ensemble convexe de la droite réelle : $\varphi: \chi \to \mathfrak{R}$. Convexité par définition : $\varphi(\lambda_1 x_1 + ... y_n x_n) \leq \lambda_1 \varphi(x_1)$ $) + ... + \lambda_n \varphi(x_n)$, où $\lambda_i \geq 0$ et $\Sigma \lambda_{je} = 1$. Ainsi, si $\lambda_1 = p(x_1)$, nous satisfaisons les relations d'interpolation de ligne ainsi que les distributions de probabilité discrètes, nous pouvons donc réécrire en termes de définition de l'attente :

$$\varphi(E(X)) \leq E(\varphi(X)).$$

Appliquons cela pour obtenir une relation impliquant l'entropie de Shannon en choisissant $\varphi(x) = -log(x)$, qui est une fonction convexe, nous avons donc ça :

$$log(E(X)) \geq E(log(X)) = -H(X).$$

Variance

$$Var(X) \equiv E([X - E(X)]^2) = \sum_{i=1}^{L} (x_i - E(X))^2 p(x_i) = E(X^2) - (E(X))^2$$

(4-16)

109

Écart de l'échantillon

$$Var_N(X) = \frac{1}{N-1}\sum(x_i - E(x))^2$$

(4-17)

L'inégalité de Chebyshev

Pour $k>0$, $P(|X - E(X)|>k) \leq Var(X)/k^2$

(4-18)

Preuve : $Var(X) = \sum_{i=1}^{L}(x_i - E(X))^2 p(x_i)$

$= \sum_{\{x_i| \ |x_i-E(X)|>k\}}(x_i - E(X))^2 p(x_i)$

$+ \sum_{\{x_i| \ |x_i-E(X)|\leq k\}}(x_i - E(X))^2 p(x_i)$

$\geq k^2 P(|X - E(X)|>k)$

Mesure répétée et sigma de la moyenne

Soit X_k des copies indépendantes distribuées de manière identique (iid) de X, et soit X le nombre réel « alphabet ». Soit $\mu=E(X)$, $\sigma^2=Var(X)$, et notons

$$\bar{x}_N = \frac{1}{N}\sum_{k=1}^{N} X_k$$

$$E(\bar{x}_N) = \mu$$

$$Var(\bar{x}_N) = \frac{1}{N^2}\sum_{k=1}^{N} Var(X_k) = \frac{1}{N}\sigma^2$$

Ainsi, pour des mesures répétées, le sigma de la moyenne est $\sigma_\mu = \sigma/\sqrt{N}$, Comme mentionné précédemment. Notons que si l'on continue l'analyse de ce scénario on obtient pour la relation de Chebyshev :

$$P(|\bar{x}_N - \mu|>k) \leq Var(\bar{x}_N)/k^2 = \frac{1}{Nk^2}\sigma^2.$$

(4-19)

d'où peut être dérivée la loi des grands nombres.

La loi des grands nombres, forme faible (Weak-LLN)

Le LLN sera désormais dérivé sous la forme « faible » classique. (La forme « forte » est dérivée du contexte mathématique moderne des Martingales dans une section ultérieure.) Comme N, $\to\infty$ nous obtenons ce que l'on appelle la loi des grands nombres (faible), où $P(|\bar{x}_N - \mu|>k)$ $\to 0$, pour tout $k>0$. Ainsi, la moyenne arithmétique d'une séquence de iid rvs converge vers leur attente commune. La forme faible a une convergence « en probabilité », tandis que la forme forte aura une convergence « avec probabilité une ».

4.3 Collisions et diffusion

Passons maintenant à la considération des collisions et de la diffusion. Il s'agit d'une application de l'analyse lagrangienne qui est généralement simple, en particulier lorsqu'on considère la diffusion classique pour laquelle il y a toujours une réponse [56]. Nous ferons cela dans la formulation lagrangienne, avec l'énergie comme quantité conservée, et considérerons les trajectoires illimitées (entrantes et sortantes). Une description très brève mais formelle de la diffusion classique dans le sens de Reed et Simon [56] sera donnée ensuite, qui peut alors directement passer à une description de la diffusion quantique (comme indiqué dans [56]). Avant de nous lancer dans la description formelle, commençons par poser les bases en réexaminant la diffusion de Rutherford (1911) [57] et la diffusion de Compton (1923) [73], la première nous éloignant du modèle du plum-pudding de l'atome. au moderne avec noyau compact et nuage d'électrons, et révélant le rôle central de l'alpha ; ces derniers fournissant une preuve directe des mathématiques à 4 vecteurs (preuve de la relativité restreinte). (Si la diffusion Compton avait été observée avant 1905, elle aurait constitué une autre partie de la physique, accessible à partir des dispositifs expérimentaux classiques de l'époque, indiquant la relativité restreinte.)

Jusqu'à présent, la mécanique classique s'est concentrée sur la théorie mathématique et non sur les paramètres observés des particules élémentaires observées ou sur la description phénoménologique des « milieux pondérables » (à discuter, pour le cadre mécanique classique, dans la section 5.1 pour les milieux rigides). Corps et Section 5.2 pour les corps matériels). Et cela a été fait pour séparer clairement les paramètres fondamentaux des particules et les paramètres phénoménologiques de la structure mathématique, y compris des paramètres mathématiques fondamentaux. Cependant, dans la section 4.3 sur la diffusion et dans le chapitre 5 sur le mouvement collectif (une première exploration des propriétés des matériaux), les paramètres physiques sont inévitables et concernent également des expériences clés démontrant la force de certains modèles expérimentaux. Ils commenceront donc à apparaître dans la présentation. . Nous commençons par la diffusion de Rutherford [57], qui est simplement une diffusion coulombienne à faible vitesse (non relativiste). Nous obtenons une formule, et elle convient remarquablement bien aux expériences si nous supposons le modèle atomique moderne (noyau positif et compact, avec un nuage d'électrons négatif). Il n'y a qu'un seul « paramètre d'ajustement » dans la formule et c'est le paramètre alpha sans dimension. Ainsi, nous avons notre première

111

apparition de l'alpha dans la discussion sur la mécanique classique (regroupés sous la forme $\alpha\hbar$), et il est directement lié aux propriétés atomiques (charge), aux propriétés électromagnétiques (permittivité de l'espace libre), aux propriétés relativistes restreintes (vitesse de la lumière) et aux propriétés quantiques. (Constante de Planck). (Remarque : alpha était déjà apparu dans les premiers travaux de mécanique quantique , en tant que constante de structure fine, dans l'analyse spectrographique de Sommerfeld [58], comme cela sera discuté dans le livre 4.) Avant de travailler sur plusieurs exemples, la diffusion Compton est également montrée. . L'expérience de diffusion Compton a effectivement été réalisée et la description s'appuie sur les notes du laboratoire Caltech Ph 7 où l'expérience Compton a été réalisée dans le cadre d'une exigence de laboratoire standard pour les étudiants de premier cycle en physique. L'utilisation de la capacité de détection de coïncidence permet l'acquisition d' excellentes données. La validation de la formule de diffusion de Compton, à son tour, sert à démontrer : (i) que la lumière ne peut pas être expliquée uniquement comme un phénomène ondulatoire (une discussion quantique plus approfondie a été retardée jusqu'au Livre 4 [42]) ; et (ii) cette cohérence nécessite l'utilisation de la relation relativiste énergie-impulsion à 4 vecteurs (la relativité restreinte est traitée dans le livre 2 [40]).

En matière de diffusion, nous cherchons souvent à examiner la quantité de diffusion (ou la probabilité de diffusion) dans un angle donné (comme avec Rutherford). La mesure de la probabilité d'un processus donné se réduit ainsi à l'évaluation de la « section efficace » pertinente. De plus amples détails sur ces définitions et conventions seront apportés au cours de l'examen de la diffusion de Rutherford discuté ensuite.

4.3.1. *Diffusion de Rutherford*

Considérons deux particules ponctuelles chargées interagissant sous un potentiel coulombien central. Le potentiel central classique permet le découplage du mouvement du centre de masse et du mouvement relatif, nous choisissons donc un « repère » pratique avec la particule 1 en mouvement (incident sur la particule 2) avec pour paramètres : m_1, $q_1 = Z_1 e$ (où e est la charge fondamentale, et Z_1 est un entier positif), et une vitesse non nulle v_1 mesurée à très grande distance.

La section 3.7 décrit le mouvement dans un champ coulombien central (avec deux particules ponctuelles ayant des charges opposées), pour lequel nous avons obtenu la solution :

$$p = r(1 + e \cos \theta).$$

(4-20)

La solution générale (y compris le mouvement illimité) est étroitement liée et est donnée par :

$$u = u_0 \cos(\theta - \theta_0) - C, \qquad u = \frac{1}{r}.$$

(4-21)

Si nous considérons maintenant les conditions aux limites, asymptotiquement, pour la diffusion d'intérêt entrant/sortant, nous devons avoir des solutions qui satisfont :

$$u \to 0 \ and \ r \sin \theta \to b \ as \ \theta \to \pi,$$

où b est le paramètre d'impact. Une fois résolu pour fournir une relation entre b et l'angle de déflexion, nous obtenons :

$$b = \frac{Z_1 Z_2 e^2}{4\pi\epsilon_0 m v_1^2} \cot \frac{\theta}{2}.$$

(4-22)

Nous avons maintenant obtenu une relation $b(\theta)$ à partir de laquelle la section efficace est facilement obtenue en utilisant la formule standard :

$$\frac{d\sigma}{d\Omega} = \frac{b}{\sin \theta} \left| \frac{db}{d\theta} \right|.$$

(4-23)

Mais avant de poursuivre, recréons cette formule et, ce faisant, sachons précisément ce que l'on entend par « section efficace de diffusion ». La définition formelle est :

$$\frac{d\sigma}{d\Omega} d\Omega = \frac{number \ scattered \ into \ d\Omega \ per \ unit \ time}{incident \ intensity}.$$

(le nombre dispersé dans un angle solide par unité de temps par intensité incidente)

(4-24)

Considérons un faisceau entrant (axial) de particules, d'intensité uniforme, avec un paramètre d'impact compris entre b et $b + db$, le nombre de particules incidentes avec le paramètre d'impact souhaité est alors :

$$2\pi I b |db| = I \frac{d\sigma}{d\Omega} d\Omega,$$

(4-25)

113

où l'on utilise la définition du nombre de particules dispersées dans un angle solide $d\Omega$. Puisque le potentiel de diffusion est radialement symétrique $d\Omega = 2\pi \sin\theta \, d\theta$, nous avons donc :

$$\frac{d\sigma}{d\Omega} = \frac{b}{\sin\theta}\left|\frac{db}{d\theta}\right|.$$

Application de la formule :

$$\frac{d\sigma}{d\Omega} = \left(\frac{Z_1 Z_2 e^2}{8\pi\epsilon_0 m v_1^2 \sin^2\frac{\theta}{2}}\right)^2 = \left(\frac{Z_1 Z_2 (\alpha\hbar c)}{2m v_1^2 \sin^2\frac{\theta}{2}}\right)^2, \quad \alpha = \frac{e^2}{4\pi\epsilon_0 \hbar c}.$$

$$(4\text{-}26)$$

4.3.2. Diffusion Compton

Considérons ensuite la diffusion des rayons X. Non seulement les rayons X sont diffusés sous différents angles à la manière d'une particule, mais la « particule » elle-même semble changer dans la mesure où la longueur d'onde des rayons X se déplace en fonction de la quantité (angle) de diffusion. Compton considérera les photons dans un formalisme particule-onde en utilisant la formule de l'effet photovoltaïque d'Einstein. Compton considérera également les photons dans un cadre relativiste, tel que l'énergie-impulsion de la relativité restreinte est la représentation de l'énergie totale. L'expérience de diffusion consistera en un faisceau de rayons X entrant (collimaté) frappant un électron fixe avec diffusion des rayons X et recul de l'électron. On a ainsi de la conservation de l'énergie (relativiste) :

$$hf + mc^2 = hf' + \sqrt{(pc)^2 + (mc^2)^2},$$

$$(4\text{-}27)$$

où f est la fréquence des rayons X entrants (en utilisant la relation d'Einstein avec la constante de Planck h), m est la masse (au repos) de l'électron, c est la vitesse de la lumière, mc^2 est donc l'énergie au repos de l'électron selon la relativité restreinte d'Einstein. Sur le RHS, nous avons la nouvelle fréquence des rayons X f', l'impulsion de recul des électrons non nulle p, telle que l'impulsion-énergie relativiste de l'électron de recul est $\sqrt{(pc)^2 + (mc^2)^2}$. Pour la conservation de l'impulsion 4, nous avons :

$$\boldsymbol{p} = \boldsymbol{p_\gamma} - \boldsymbol{p_{\gamma'}}$$

$$(4\text{-}28)$$

qui peut être réécrit comme suit :

$$(pc)^2 = \left(p_\gamma c\right)^2 + \left(p_{\gamma'} c\right)^2 - 2\left(p_\gamma c\right)\left(p_{\gamma'} c\right)\cos\theta,$$

$$(4\text{-}29)$$

et lorsqu'elle est combinée avec la relation de conservation de l'énergie, nous obtenons la célèbre équation de Compton :

$$\frac{c}{f'} - \frac{c}{f} = \frac{h}{mc}(1 - \cos\theta).$$

(4-30)

La distribution angulaire sur les photons diffusés est décrite par la formule de Klein-Nishina :

$$\frac{d\sigma}{d\Omega} = \frac{\left(\frac{1}{2r_0}\right)[1 + \cos^2\theta]}{\left[1 + 2\varepsilon\sin^2(\frac{\theta}{2})\right]}\left\{1 + \frac{4\varepsilon^2\sin^4(\frac{\theta}{2})}{[1 + \cos^2\theta]\left[1 + 2\varepsilon\sin^2(\frac{\theta}{2})\right]}\right\}$$

(4-31)

Exercice. Dérivez la formule de Klein-Nishina.

4.3.3. Discussion théorique et exemples

Jusqu'à présent, les descriptions de diffusion ont impliqué des potentiels avec des forces attractives, comme la gravité ou Coulomb avec des charges opposées. Ils pourraient également impliquer des forces répulsives avec à peu près le même résultat, pour autant qu'elles soient intrinsèquement coulombiennes (donc à symétrie sphérique, entre autres), avec l'analyse comme précédemment. Une variété de potentiels plus complexes pourraient être envisagés, mais la qualité essentielle est qu'il existe des états asymptotiques et peut-être des états liés. Nous pouvons largement déterminer le potentiel des états asymptotiques entrants qui sont « dispersés » dans les états asymptotiques sortants (par le potentiel d'interaction non nul), ou à notre tour, vérifier notre prédiction théorique de ce que serait ce potentiel. C'est là que « le caoutchouc rencontre la route », la physique théorique se connectant à la physique expérimentale.

Notez que lorsque nous parlons d'états asymptotiques non liés, ou d'états libres, et d'états liés, nous parlons de deux résultats dynamiques existant au sein du même système dynamique. Nous l'avons déjà vu, dans le contexte de l'analyse bi-temporelle et de l'analyse perturbative en général (l'analyse perturbative suppose la dynamique d'un système de référence, puis considère un deuxième système, le système perturbé). Nous pouvons « voir » les états asymptotiques qui sont « libres » de l'interaction d'intérêt, asymptotiquement, en les capturant dans notre appareil de détection. On ne peut pas en dire autant des États liés, que nous identifions indirectement.

Récapitulons les questions clés, selon Reed et Simon [56], auxquelles la théorie de la diffusion cherche à répondre (voir [56] pour plus de détails). Pour commencer, adoptons leur notation pour les états libres et liés : ρ_+ est asymptotiquement libre dans le futur ($t \to \infty$), ρ_- est asymptotiquement libre dans le passé ($t \to -\infty$) et ρ est un état lié. De la formulation hamiltonienne on sait qu'on peut parler d'un « opérateur de transformation temporelle » agissant sur les états précités par rapport à un choix d'hamiltonien, ici avec/sans interaction : $\{T_t, T_t^{(0)}\}$. Ainsi, il est possible de considérer les limites asymptotiques :

$$\lim_{t \to -\infty} \left(T_t \rho - T_t^{(0)} \rho_- \right) = 0 \qquad \lim_{t \to \infty} \left(T_t \rho - T_t^{(0)} \rho_+ \right) = 0 .$$

(4-32)

Ces limites ne sont bien définies que si des solutions surviennent pour des paires $\{\rho_-, \rho\}$ où pour chacune ρ il n'y a qu'une seule correspondante ρ_-, de même pour $\{\rho_+, \rho\}$. Les questions clés :

(1) Que sont les États libres ? Peuvent-ils tous être préparés expérimentalement (exhaustivité de la préparation) ?

(2) Y a-t-il unicité sur la correspondance $\{\rho_-, \rho\}$ et $\{\rho_+, \rho\}$?

(3) Existe-t-il une (faible) exhaustivité sur la diffusion ? par exemple, mappez tout ρ_- sur $\rho \in \Sigma$, appelez ce sous-ensemble de Σ, Σ_{in} ; répéter pour ρ_+ obtenir Σ_{out}, n'est-ce pas $\Sigma_{in} = \Sigma_{out}$? Ceci est connu sous le nom de complétude asymptotique faible [56].

(4) Compte tenu de ce qui précède, nous pouvons définir une bijection de Σ sur lui-même, telle que les éléments suivants deviennent bien définis : $\rho_- = \Omega^- \rho$ et $\rho_+ = \Omega^+ \rho$, où Ω^- et Ω^+ sont les applications bijectives. On peut ainsi décrire la diffusion en termes de bijection :

$$S = (\Omega^-)^{-1} \Omega^+ .$$

En mécanique classique, cela existera toujours sous forme de bijection sur l'espace des phases. En mécanique quantique, S sera une transformation unitaire linéaire connue sous le nom de matrice S.

(5) Y a-t-il des symétries ? Parfois, S peut être déterminé en raison de symétries, cela sera exploré plus en détail dans le contexte de la mécanique quantique dans [42].

(6) Quelle est la suite analytique ? Un raffinement courant pour une théorie réelle, afin d'englober les phénomènes ondulatoires (comme lors de la transition vers une théorie quantique), consiste à passer à une théorie complexe en considérant la théorie réelle comme la valeur limite d'une fonction analytique. L'analyticité de la transformation S, selon le choix, confère également une causalité (comme avec le choix de Feynman des définitions intégrales de contour pour les propagateurs dans [43]).

(7) Est-il asymptotiquement complet : $\Sigma_{bound} + \Sigma_{in} = \Sigma_{bound} + \Sigma_{out}$?
Pour la mécanique classique, les opérations « + » sont théoriques
ensemblistes, ce qui se réduit à la question de savoir si $\Sigma_{in} = \Sigma_{out}$ (faible
complétude asymptotique) en dehors d'un ensemble possible de mesure
zéro (c'est-à-dire, il existe des problèmes d'ensemble de mesure zéro -
l'ensemble des états liés peut être de mesure zéro par rapport au
surensemble). En théorie quantique, le « + » est une somme directe des
espaces de Hilbert, ce qui est plus compliqué et n'est pas abordé ici.

Exemple 4.1. Dégradation classique.
Considérons une désintégration classique, A → 3B, dans laquelle la
première particule se désintègre en trois particules identiques de masse m
. Supposons que chaque particule finale ait la même énergie dans le cadre
du centre de masse , que la particule d'origine se déplace à la vitesse V le
long de l'axe z du laboratoire et que l'énergie de désintégration soit ϵ. Si
l'une des particules émerge le long de l'axe z positif, sous quel angle par
rapport à l'axe z les deux autres particules émergent-elles ?

Solution
Nous avons la même énergie dans le cadre du centre de masse , c'est-à-
dire le même élan. Ainsi, dans le référentiel du centre de masse

$$\frac{1}{2}(3m)V^2 = 3\frac{1}{2}(m)V'^2 + \epsilon \;\rightarrow\; (mV') = \sqrt{m^2V^2 - \frac{2}{3}m\epsilon}$$

et

$$\tan\phi = \frac{|(m\vec{V'})|\sin(60°)}{|(3m\vec{V})| - |(m\vec{V'})|\cos(60°)} \qquad \sin 60° = \frac{\sqrt{3}}{2} \qquad \cos 60° = \frac{1}{2}$$

Ainsi,

$$\phi = \tan^{-1}\left\{ \frac{\sqrt{m^2V^2 - \frac{2}{3}m\epsilon}\,\frac{\sqrt{3}}{2}}{3mV - \sqrt{m^2V^2 - \frac{2}{3}m\epsilon}\,\frac{1}{2}} \right\}$$

$$= \tan^{-1}\left\{ \frac{\sqrt{3m^2V^2 - 2m\epsilon}}{6mV - \sqrt{m^2V^2 - \frac{2}{3}m\epsilon}} \right\}$$

Exercice 4.1. Dégradation classique.

Exemple 4.2. (F&W 1.14)
Considérons la diffusion de Rutherford sur une surface nucléaire lorsque la section efficace pour frapper la surface nucléaire est $\sigma_r = \pi b^2$ pour un paramètre d'impact au minimum r :$r_{min} = b$. Rappelons que l'énergie du système asymptotiquement, avec une vitesse entrante V_∞, est simplement

$$E = \frac{1}{2}mV_\infty^2 \quad \rightarrow \quad V_\infty = \sqrt{\frac{2E}{m}}.$$

On a aussi pour le moment cinétique (conservé) :
$$M_\theta = mV_\infty b = \sqrt{m2E}\,b.$$
Ainsi, le potentiel effectif au M_θ potentiel indiqué et coulombien $V_c = \frac{zZe^2}{R}$ est :

$$U_{eff} = \frac{M_\theta^2}{2mR^2} + V_c = E \;\rightarrow\; \frac{m2Eb^2}{2mR^2} + V_c = E \;\rightarrow\; b^2 = R^2\frac{(E - V_c)}{E}$$

Ainsi,
$$\sigma_r = \pi b^2 = \pi R^2(1 - V_c/E).$$

associés : voir Fetter&Walecka [29].

Exemple 4.3. (F&W 1.17)
Envisagez de disperser le potentiel
$$V(r) = \begin{cases} 0 & r > a \\ -V_0 & r < a \end{cases}$$
(1) L'orbite de démonstration est identique à un rayon lumineux réfracté par une sphère de rayon a et $= \sqrt{(E + V_0)/E}$.
(2) Trouvez la section efficace élastique différentielle.

Solution
(1) Rappel $F2\pi b\,db = Fd\sigma_d(\theta)$ and $d\Omega = 2\pi \sin\theta\, d\theta \Rightarrow \frac{d\sigma}{d\Omega} = \frac{b}{\sin\theta}\left|\left(\frac{db}{d\theta}\right)\right|$

Avoir : $mV_1 \sin\theta_1 = mV_2 \sin\theta_2$ et $E = \frac{P_1^2}{2m} + U_1 = \frac{P_2^2}{2m} + U_2$. Ainsi:

$$\sin\theta_1 = \sin\theta_2 \sqrt{1 + \frac{2}{mV_1^2}V_0} \quad \rightarrow \quad \sin\theta_1 = \sqrt{(E + V_0)/E}\,\sin\theta_2$$

Ainsi, l'orbite est identique à un rayon lumineux réfracté par une sphère de rayon a et $n = \sqrt{(E + V_0)/E}$

118

$$\sin \theta_2 = \frac{\sin \theta_1}{\sqrt{(E + V_0)/E}}$$

L'angle de déviation correspondant à θ_1 et θ_2 est $\theta = (\theta_1 - \theta_2)$. Ainsi, $\theta_1 = \frac{\theta}{2} + \theta_2$ et depuis
$b = a \sin \theta_1$ nous avons:

$$\sin \theta_1 = \sin \left\{ \frac{\theta}{2} + \theta_2 \right\} = \sin \left(\frac{\theta}{2}\right) \sin \theta_2 + \cos \left(\frac{\theta}{2}\right) \cos \theta_2 = \frac{\sin\left(\frac{\theta}{2}\right) \sin \theta_1}{n} +$$
$$\cos \left(\frac{\theta}{2}\right) \sqrt{1 - \sin^2 \theta_1^2}$$

$$\sin^2 \theta_1 = \frac{\sin^2 \left(\frac{\theta}{2}\right)}{\left(\frac{1}{n} - \cos \left(\frac{\theta}{2}\right)\right)^2 + \sin^2 \left(\frac{\theta}{2}\right)}$$

$$b^2 = a^2 \sin^2 \theta_1 = \frac{a^2 n^2 \sin^2\left(\frac{\theta}{2}\right)}{+n^2 \sin^2\left(\frac{\theta}{2}\right)+\left(1-2n \cos\left(\frac{\theta}{2}\right)+n^2 \cos^2\left(\frac{\theta}{2}\right)\right)} = \frac{a^2 n^2 \sin^2\left(\frac{\theta}{2}\right)}{1+n^2-2n \cos\left(\frac{\theta}{2}\right)}$$

$$2b\,db = a^2 n^2 \left\{ \frac{2 \sin \left(\frac{\theta}{2}\right) \cdot \frac{1}{2}\cos \left(\frac{\theta}{2}\right)}{1 + n^2 - 2n \cos \left(\frac{\theta}{2}\right)} \right.$$
$$\left. + \frac{(-1)a^2 n^2 \sin^2 \left(\frac{\theta}{2}\right)\left[-2n\left(-\frac{1}{2}\sin \frac{\theta}{2}\right)\right]}{(\square)^2} \right\}$$

$$= \frac{a^2 n^2}{\left(1+n^2-2n \cos\left(\frac{\theta}{2}\right)\right)^2} \left\{ \sin \left(\frac{\theta}{2}\right) \cos \left(\frac{\theta}{2}\right) \left(1 + n^2 - 2n \cos \frac{\theta}{2}\right) - \right.$$
$$\left. n \sin^3 \left(\frac{\theta}{2}\right) \right\}$$

Ainsi,
$$\frac{d\sigma}{d\Omega} = \frac{b}{\sin \theta} \left|\frac{db}{d\theta}\right|$$

$$= \frac{a^2 n^2}{4 \cos \left(\frac{\theta}{2}\right) \left(1 + n^2 - 2n \cos \left(\frac{\theta}{2}\right)^2\right)} \left\{ \cos \left(\frac{\theta}{2}\right) (1 + n^2) \right.$$
$$\left. - 2n + n\left(1 - \cos^2 \left(\frac{\theta}{2}\right)\right) \right\}$$

$$\frac{d\sigma}{d\Omega} = \frac{a^2 n^2}{4\cos\left(\frac{\theta}{2}\right)\left(1 + n^2 - 2n\cos\left(\frac{\theta}{2}\right)\right)^2} \left\{ \left(n\cos\left(\frac{\theta}{2}\right) - 1\right)\left(n - \cos\left(\frac{\theta}{2}\right)\right)\right\}$$

Exercices associés : voir Fetter&Walecka [29].

Exemple 4.4. (F&W 1.18)

Considérons une petite particule avec un grand paramètre d'impact b à partir du potentiel central V (r) avec seulement une légère déviation se produisant lors de la diffusion.
(a) Utilisez une approximation d'impulsion pour dériver le petit angle de déviation.
(b) Examinez le cas $V(r) = \gamma r^{-n}$ où γ et n sont tous deux positifs.
(c) Examiner le cas $V(r) = \gamma e^{-\lambda r}$.
(d) En mécanique quantique, la partie à petit angle de la section efficace est différente de la partie classique, discutez-en.

Solution

(a) Dans l'approximation des impulsions, nous avons $\theta_1 \approx \dfrac{P'_{1y}}{m_1 v_\infty}$ et $P'_{1y} = \int_{-\infty}^{\infty} F_y\, dt = \int_{-\infty}^{\infty} -\dfrac{dU}{dr}\dfrac{y}{r}\, dt$

Supposons une petite déviation $y = b,\ dt = \dfrac{dx}{v_\infty}$:

$$\theta = \frac{b}{m_1 v_\infty^2}\int_{-\infty}^{\infty} -\frac{dU}{dr}\frac{dx}{r} = \frac{2b}{m_1 v_\infty^2}\left|\int_b^{\infty}\frac{dU}{dr}\frac{dr}{\sqrt{r^2 - b^2}}\right|$$

(b) $V(r) = \gamma r^{-n} \qquad r > 0, n > 0$

$$\theta = \frac{2b}{m_1 v_\infty^2}\left|\int_b^{\infty} \gamma(-n) r^{-n-1}\frac{dr}{\sqrt{r^2 - b^2}}\right| = \frac{2b}{m_1 v_\infty^2} n\gamma \left|\int_b^{\infty}\frac{r^{-(n-1)}dr}{\sqrt{r^2 - b^2}}\right|$$

$$\theta = \frac{2b}{mv_\infty^2} \int_b^\infty \frac{dr}{\sqrt{r^2 - b^2}} \gamma n r^{-n-1} = \frac{2b}{mv_\infty^2} \int_1^\infty \frac{\gamma n b dx b^{-(n+1)} x^{-(n+1)}}{b\sqrt{x^2 - 1}}$$

$$= \frac{2b}{mv_\infty^2 b^n} \int_1^\infty \frac{x^{-(n+1)}}{\sqrt{x^2 - 1}} dx$$

Ainsi, $\theta = \frac{C}{b^n}$ $C = \frac{2}{mv_\infty^2} \int_1^\infty \frac{x^{-(n+1)}}{\sqrt{x^2-1}} dx$.

Donc,

$$\frac{d\theta}{db} = \frac{-nC}{b^{n+1}} \quad and \quad \frac{d\sigma}{d\Omega} = \frac{1}{nC} \frac{b^{n+2}}{\sin \theta} \cong \frac{1}{nC} \frac{b^{n+2}}{\theta}$$

Ainsi,

$$b^{n+2} = \left(\frac{C}{\theta}\right)^{\left(\frac{n+2}{n}\right)} \quad and \quad \frac{d\sigma}{d\Omega} = C' \theta^{-\left(2+\frac{2}{n}\right)}.$$

Pour $n = 1$, $\frac{d\sigma}{d\Omega} \simeq C' \theta^{-4} \leftarrow$ Rutherford : $\left(\frac{d\sigma}{d\Omega}\right)_{el} = \left(\frac{zZe^3}{4E \sin^2 \frac{1}{2}\theta}\right)^2$

$n = 2$, $\frac{d\sigma}{d\Omega} \simeq C' \theta^{-3} \leftarrow \left(\frac{d\sigma}{d\Omega}\right)_{el} = \frac{\gamma \pi^2}{E \sin \theta} \frac{\pi - \theta}{\theta^2 (2\pi - \theta)^2}$

Pour σ_τ être bien défini : $\int \frac{d\sigma}{d\Omega} d\Omega < \infty$. Ici nous avons:

$$\int_0^\theta C' \theta^{-\left(2+\frac{2}{n}\right)} d\Omega \sim \int_0^\theta C' \theta^{-\left(2+\frac{2}{n}\right)} \theta d\theta \sim \theta^{-\frac{2}{n}} \Big|_0^\theta = \infty \text{ for } n > 0$$

Ainsi, la section efficace n'est bien définie que si n<0.

(c) Avoir : $V(r) = \gamma e^{-\lambda r}$ $r = bx$

$$\theta = \frac{2b}{m_1 v_\infty^2} \left| \int_b^\infty -\frac{\gamma \lambda e^{-\lambda r} dr}{\sqrt{r^2 - b^2}} \right| = b^2 \left(\frac{\lambda 2\lambda}{m_1 v_\infty^2}\right) \int_1^\infty \frac{x e^{-\lambda b x} dx}{\sqrt{x^2 - 1}}$$

Considérer $b\lambda \gg 1$ seulement $x \approx 1$ contribue

$$\theta = \gamma b \lambda \left(\frac{2}{m_1 v_\infty^2}\right) \int_1^\infty \frac{e^{-\lambda b}\, e^{-\lambda b \epsilon}}{\sqrt{2}\,\sqrt{\epsilon}}\, d\epsilon = \gamma b e^{-\lambda b} K \qquad K$$

$$= \left(\frac{\sqrt{2}\lambda}{m_1 v_\infty^2}\right) \int_1^\infty \frac{e^{-\lambda b \epsilon}}{\sqrt{\epsilon}}\, d\epsilon$$

Ainsi,

$$\theta = \gamma \sqrt{\frac{\pi b}{\lambda}}\, e^{-\lambda b} \left(\frac{\lambda}{m_1 v_\infty^2}\right).$$

Depuis

$$\log \theta \approx -\lambda b \;\; \rightarrow \;\; b \sim \lambda^{-1} \log\left(\frac{1}{\theta}\right) \;\; \rightarrow \;\; \frac{d\sigma}{d\Omega} \sim \frac{b}{\theta}\frac{db}{d\theta}$$

Donc, σ_τ pas bien défini parce que $\int_0^x \frac{dx}{x \log x} = \log(\log x)_{x \to \infty}^{\square} \to \infty$

(d) Classiquement : pas de diffusion à angle nul pour b fini ; tandis que la mécanique quantique a une densité de probabilité finie pour la diffusion à angle nul.

Exercices associés : voir Fetter&Walecka [29].

Chapitre 5. Mouvement collectif

Une brève mention sera maintenant donnée au mouvement collectif pour des cas idéalisés tels que les corps rigides et les corps matériels simples, la discussion phénoménologique impliquant les corps matériels étant en partie laissée au chapitre 8 Phénoménologie et analyse dimensionnelle. Cette brève revue commence par le mouvement du corps rigide.

5.1 Mouvement du corps rigide

Pour un corps rigide, toutes les charges internes sont nettes nulles. Si la géométrie d'un corps rigide est statique, alors les forces appliquées doivent être équilibrées et transmises à travers le corps rigide de telle sorte que les forces et torsions nettes soient nulles. À n'importe quelle position du corps, nous pouvons évaluer les forces et moments de force nets selon six équations d'équilibre scalaires :

$$\sum F_x = 0, \sum F_y = 0, \sum F_z = 0, \sum M_x = 0, \sum M_y = 0, \sum M_z = 0.$$
(5-1)

Lorsqu'on parle d'un matériau homogène comprenant le corps rigide, il est possible de parler de contrainte normale moyenne sur une surface de section transversale ($\sigma = N/A$, où N est la charge axiale interne et A est l'aire de la section transversale) et de contrainte de cisaillement moyenne sur une surface de section transversale. surface de la section transversale ($\tau_{avg} = S/A$, où S est la force de cisaillement agissant sur la section A). Considérons quelques problèmes classiques d'Hibbeler [59,60] pour résoudre certains de ces problèmes statiques et voir leur application.

Exemple 5.1. (Hibbeleur 1-12)

Une poutre est maintenue horizontalement avec son extrémité gauche sur une goupille murale (point A). En procédant de gauche à droite le long de la poutre, nous avons des points étiquetés comme suit : 1 pied à droite de A il y a le point D, encore 2 pieds et le point B, encore 1 pied et le point E, encore 2 pieds et le point G, et encore 1 pied à atteindre l'extrémité où une charge est indiquée en raison d'une connexion par câble à 30 degrés vers l'extérieur (vers la droite) par rapport à la verticale. Au point B se trouve une poutre de support, dirigée vers le haut vers le mur, formant un triangle 3-4-5 avec le mur (montage de la broche supérieure étiqueté C), où le 3 correspond aux 3 pieds de A à B. La charge sur le câble est de 150 lb. Il existe également une charge répartie uniforme entre le point B et l'extrémité de la poutre de 75 lb/ft. Le long de la poutre de support diagonale, à 1 pied de la broche de support au point C, se trouve un point de poutre interne étiqueté F.

"Déterminez les charges internes résultantes au niveau des sections transversales aux points F et G de l'assemblage."
Considérons le diagramme libre de la poutre horizontale, cela nous permettra de déterminer la force axiale de la poutre F_{CB} à partir de laquelle le chargement interne en F peut être obtenu de manière triviale. Une coupe (section) d'un corps libre au niveau de la section transversale de G est effectuée sur le côté droit pour une autre analyse simple du corps libre afin d'obtenir le chargement interne en G. Premièrement, pour F_{CB} :

$$\sum M_A = 0 \rightarrow 3(0.8)F_{BC} - 5(300) - 7(150)(0.5)\sqrt{3} = 0 \rightarrow F_{BC}$$
$$= 1,003.9 \ lb.$$

De là, nous avons la charge interne en F :
$$N_F = F_{BC} = 1,003.9 \ lb, \quad S_F = 0, \quad and \quad M_F = 0.$$
Considérons maintenant le chargement interne en G via la section de corps libre (voir [59,60] pour plus de détails) constituée du corps du côté droit de la coupe :

$$\sum M_G = 0 \rightarrow M_G - (0.5)(75) - (1)(150)(0.5)\sqrt{3} = 0 \rightarrow M_G$$
$$= 167.4ft \ lb.$$
$$\sum F_x = 0 \rightarrow N_G + 150(0.5) = 0 \rightarrow N_G = -75lb.$$
$$\sum F_y = 0 \rightarrow V_G - 75 - 150(0.5)\sqrt{3} = 0 \rightarrow N_G = 205lb$$

Exercice 5.1. *Refaire avec 150 lb →250 livres.*

Exemple 5.2. Hibbeleur (1-66)
Une « charpente » est formée d'un mur vertical et de deux poutres réunies pour former un triangle 3-4-5 (hypoténuse vers le haut, donc poutre sous tension, pas compression). Les supports muraux sont des axes articulés, tout comme la liaison entre les poutres. La distance entre les supports muraux (longueur verticale) est de 2 m et la poutre horizontale a une longueur de 1,5 m. Le support mural inférieur est étiqueté point A, le supérieur B, et le point de connexion des poutres est le point C. Ainsi, l'hypoténuse est de longueur BC. Au point C, une charge P est indiquée verticalement vers le bas. La coupe verticale de la poutre BC est indiquée par une coupe transversale étiquetée «aa».

« Déterminez la charge **P la plus élevée** qui peut être appliquée au cadre sans que la contrainte normale moyenne ou la contrainte de cisaillement moyenne au niveau de la section aa ne dépassent $\sigma = 150MPa$ et $\tau = 60MPa$, respectivement. Le membre CB a une section carrée de 25 mm de chaque côté.

Commençons par considérer la poutre horizontale comme un corps libre à obtenir F_{BC} en fonction de **P** :

$$\sum M_A = 0 \rightarrow \quad 0.8F_{BC} = P.$$

(5-2)

La section transversale considérée n'est pas orthogonale à l'axe de la poutre, il faut donc corriger l'effort normal et l'effort tranchant (non nul) en conséquence :

$$N_{aa} = 0.6F_{BC} = 0.75P \quad and \quad S_{aa} = 0.8F_{BC} = P.$$

L'aire de la section transversale est : $A_{aa} = A/\cos\theta = (5/3)A$. Ainsi, la contrainte normale à la section transversale indiquée est maximale lorsqu'elle est à la limite de contrainte indiquée :

$$\sigma = \frac{N_{aa}}{A_{aa}} = 150MPa \rightarrow P_{max} = 208kN.$$

(5-3)

La charge maximale P pouvant être appliquée en fonction de la contrainte normale est limitée à $P_{max} = 208kN$.

La contrainte de cisaillement indiquée en aa peut être d'au plus 60MPa à partir de laquelle on calcule :

$$\tau = \frac{S_{aa}}{A_{aa}} = 60MPa \rightarrow P_{max} = 22.5kN.$$

(5-4)

La charge maximale P pouvant être exercée en fonction de la contrainte de cisaillement est limitée à $P_{max} = 22.5kN$, et comme cette limite est atteinte plus tôt, la charge maximale possible à P est de 22,5 kN (pour éviter une rupture par cisaillement).

Considérons quelques situations dynamiques avec des corps rigides (quelques-unes ont déjà été évoquées, mais avec des tiges idéalisées sans masse).

Exercice 5.2. *Refaire avec* $\sigma = 250MPa$.

Exemple 5.3. Une planche appuyée contre un mur .

Considérons le problème d'une planche appuyée contre un mur. Si la planche forme θ_0 initialement un angle avec le sol et qu'elle est libre de glisser le long du sol (sans friction), quel est son mouvement ? Quand, le cas échéant, la planche quitte-t-elle le contact avec le mur ? Quand, le cas échéant, la planche quitte-t-elle le contact avec le sol ? Ceci est similaire au problème 3.18 à la page 85 de [29], avec une planche de longueur L et de masse M.

Pour commencer, rappelons que le moment d'inertie d'une planche (uniforme) par rapport à son centre de masse est $I = \frac{1}{12}ML^2$. Le terme d'énergie cinétique peut alors être donné en termes de mouvement linéaire du centre de masse et de rotation autour de ce centre :

$$T = \frac{1}{2}M(\dot{x}^2 + \dot{y}^2) + \frac{1}{2}I\dot{\theta}^2,$$

où les coordonnées (x, y) du centre de masse sont liées θ par $x = \frac{L}{2}\cos\theta$ et $y = \frac{L}{2}\sin\theta$ (tout en maintenant le contact avec le mur). L'énergie potentielle est simplement : $V = Mgy$. Le Lagrangien est donc :

$$L = \frac{1}{2}M(\dot{x}^2 + \dot{y}^2) + \frac{1}{2}I\dot{\theta}^2 - Mgy \quad \rightarrow \quad L$$
$$= \frac{1}{2}M\left(\frac{L}{2}\right)^2\dot{\theta}^2 + \frac{1}{2}I\dot{\theta}^2 - Mg\frac{L}{2}\sin\theta$$

L'équation d'Euler-Lagrange (EL) pour cette dernière (forme contrainte) donne alors :

$$\dot{\theta}^2 = \frac{3g}{l}(\sin\theta_0 - \sin\theta).$$

Puisque nous nous intéressons aux contraintes de contact (et quand elles échouent), revenons à la forme initiale, et ajoutons des multiplicateurs de Lagrange pour les contraintes :

$$L(\lambda, \tau) = \frac{1}{2}M(\dot{x}^2 + \dot{y}^2) + \frac{1}{2}I\dot{\theta}^2 - Mgy + \tau\left(x - \frac{L}{2}\cos\theta\right)$$
$$+ \lambda\left(y - \frac{L}{2}\sin\theta\right).$$

Les équations de mouvement pour les coordonnées (x, y) du centre de masse et les (λ, τ) multiplicateurs de Lagrange pour la contrainte x sont :

$$M\ddot{x} - \tau = 0 \quad \rightarrow \quad \tau = -\frac{ML}{2}\left(\cos\theta\,\dot{\theta}^2 + \sin\theta\,\ddot{\theta}\right)$$

$$= \frac{3gM}{2}\cos\theta\left(\frac{3}{2}\sin\theta - \sin\theta_0\right)$$

où le τmultiplicateur tend vers zéro lorsque :
$$\frac{3}{2}\sin\theta_C - \sin\theta_0 = 0\,.$$

Ainsi, la planche quitte le mur lorsque le point de contact est en hauteur :
$$Y = 2y = 2\left(\frac{L}{2}\right)\sin\theta_C = \frac{2}{3}L\sin\theta_0.$$

Au moment où l'échelle quitte le mur, la coordonnée x est libre et a :

$$x = \frac{L}{2}\sqrt{1 - \left(\frac{2}{3}\right)^2\sin^2\theta_0} \quad and \quad \dot{x} = -\frac{\sqrt{gL}}{3}(\sin\theta_0)^{\frac{3}{2}} \quad and \quad \ddot{x} = 0$$

Examinons maintenant la contrainte y avant et après que la planche quitte le mur :

$$M\ddot{y} + Mg - \lambda = 0 \quad \rightarrow \quad \lambda = \frac{ML}{2}\left(-\sin\theta\,\dot{\theta}^2 + \cos\theta\,\ddot{\theta}\right) + Mg$$

Avant que la planche ne quitte le mur, nous avons $\dot{\theta}^2 = \frac{3g}{L}(\sin\theta_0 - \sin\theta)$et $\ddot{\theta} = -\frac{3g}{2L}\cos\theta$, pour lequel $\lambda > 0$toujours. Une fois que la planche quitte le mur, nous avons $\dot{\theta}^2 = \frac{g}{L}\sin\theta_0$et $\ddot{\theta} = 0$, pour lequel $\lambda > 0$toujours. Ainsi, λne va jamais à zéro et la planche ne quitte jamais le sol, avec un mouvement com y exprimé de la même manière qu'avec le mouvement x ci-dessus.

Exercice 5.3. Supposons qu'il y ait un travailleur sur l'échelle au milieu, de masse M, répétez l'analyse.

Exemple 5.4. Tuyau tournant, à angle fixe, avec bille à l'intérieur.
Considérons un tuyau qui tourne à vitesse angulaire constante autour d'un axe vertical formant ωavec lui un angle fixe . αÀ l'intérieur du tuyau se

trouve une boule de masse m qui glisse librement sans frottement. En utilisant des coordonnées sphériques, au temps t=0, la position de la balle est $r = a$ et $\frac{dr}{dt} = 0$. Pendant tous les moments intéressants, la boule reste dans la partie supérieure du tuyau. (a) Trouvez le lagrangien ; (b) Trouvez les équations du mouvement ; (c) Trouver les constantes du mouvement ; (d) Trouvez t en fonction de r sous la forme d'une intégrale.

Solution

(a) Le lagrangien du mouvement de la balle est donné par

$$L = \frac{1}{2}m\left(\frac{ds}{dt}\right)^2 - mgr\cos\alpha$$

où, pour les coordonnées sphériques : $ds^2 = dr^2 + r^2(d\theta^2 + \sin^2\theta d\varphi^2)$. Ainsi,

$$L = \frac{1}{2}m\left(\dot{r}^2 + r^2(\dot{\theta}^2 + \sin^2\theta\dot{\varphi}^2)\right) - mgr\cos\alpha, \quad with \quad \theta = \alpha, \quad \dot{\varphi} = \omega$$

et on obtient :

$$L = \frac{1}{2}m(\dot{r}^2 + r^2\sin^2\alpha\omega^2) - mgr\cos\alpha$$

(b) L'équation du mouvement pour r pour une fréquence de rotation fixe et un angle de déclinaison spécifié :

$$m\ddot{r} - mr\sin^2\alpha\omega^2 + mg\cos\alpha = 0 \rightarrow \frac{d}{dt}\left\{\frac{1}{2}\dot{r}^2 - \frac{1}{2}r^2\sin^2\alpha\omega^2 + rg\cos\alpha\right\}$$
$$= 0.$$

(c) La constante du mouvement est donc

$$\dot{r}^2 - r^2\sin^2\alpha\omega^2 + r2g\cos\alpha = const$$

De r=a et $\frac{dr}{dt} = 0$ d'initialisation on a

$$const = 2ag\cos\alpha - (a\omega\sin\alpha)^2.$$

(d) On peut écrire

$$\left(\frac{dr}{dt}\right)^2 = \dot{r}^2 = 2g\cos\alpha(a - r) + (\omega\sin\alpha)^2(r^2 - a^2)$$

ou, en passant à la forme intégrale :

$$dt = \frac{dr}{\sqrt{2g\cos\alpha(a - r) + (\omega\sin\alpha)^2(r^2 - a^2)}}$$

Ainsi,

$$t = \int \frac{dr}{\sqrt{2g\cos\alpha(a - r) + (\omega\sin\alpha)^2(r^2 - a^2)}}.$$

Exercice 5.4. *Répétez l'analyse pour un tuyau incurvé paraboloïde tournant avec une bille à l'intérieur.*

5.2 Corps matériels

Jusqu'à présent, nous avons vu comment calculer la contrainte sous forme de force sur une zone ($\sigma = F/A$). Avec les corps non idéalisés (tels que les corps rigides), c'est-à-dire les corps matériels, il y aura une réponse, une déformation, à cette contrainte. Pour quantifier cette déformation définissons la déformation :

$$\epsilon = \frac{\Delta L}{L}.$$

(5-5)

La relation entre la contrainte normale appliquée et la déformation résultante est donnée par la loi de Hooke :

$$\sigma = Y\epsilon,$$

(5-6)

où Y est une constante appropriée au matériau considéré connue sous le nom de module d'Young. A partir de là, nous pouvons calculer la densité d'énergie de déformation : $u = \sigma\epsilon/2$. Des relations similaires existent pour la contrainte de cisaillement. Si nous considérons une charge et une section transversale constantes, nous pouvons regrouper les équations pour obtenir une relation sur le changement de longueur pour une force (normale) appliquée donnée :

$$\delta = \frac{FL}{AY}.$$

(5-7)

S'il existe des sections connectées avec des sections transversales différentes, etc., leurs δ's'ajoutent.

Enfin, pour ce bref aperçu des corps matériels, il faut tenir compte des contraintes thermiques (la plupart des effets thermiques ne sont discutés que dans [44]). Il est bien connu que les corps matériels se dilatent ou se contractent sous l'effet des changements de température. Ceci est décrit par ce qui suit :

$$\delta_T = \alpha\Delta TL,$$

(5-8)

où α est le coefficient linéaire de dilatation thermique.

Exemple 5.5. Hibbeler (3-8)

Une poutre est maintenue horizontalement, initialement, avec une longueur $10ft$, et une charge répartie sur sa totalité de w. Il est maintenu à une extrémité par un axe articulé (mural) et à l'autre extrémité par un support de haubanage à 30 degrés par rapport à l'horizontale.

« La poutre rigide est soutenue par une goupille en C et un hauban A-36 AB. Si le fil a un diamètre de 0,2 po, déterminez la charge répartie w si l'extrémité B est déplacée de 0,75 po. vers le bas."

Nous devons d'abord calculer la contrainte exercée sur le hauban et, à partir de là, déterminer quelle charge est présente. La longueur originale AB est de 11,547 pieds. La longueur étirée du hauban est de 11,578 pieds, donc la contrainte est de $\epsilon = 0.00269$. Le module d'Young du hauban A-36 est $29x10^3 ksi$, donc :

$$\frac{F}{A} = Y\epsilon \quad \rightarrow \quad F = 2.45 kip \quad \rightarrow \quad w = \frac{0.245 kip}{ft}.$$

Exercice 5.5. Refaire pour un diamètre de fil de 0,3 pouce et le déplacement de l'extrémité B est de 1,0 pouce le long de la longueur AB.

Exemple 5.6. Hibbeler (4-70)

Une tige est montée horizontalement entre deux murs à l'aide de deux ressorts (identiques) à chaque extrémité, entre le mur et les extrémités de la tige.

"La tige est en acier A992 [$\alpha = 6.6x10^{-6}/°F$] et a un diamètre de 0,25 po. Si la tige mesure 4 pieds de long lorsque les ressorts [$k = 1000 lb/in$] sont comprimés de 0,5 po et que la température de la tige est de $T = 40°F$, déterminez la force exercée dans la tige lorsqu'elle est la température est de $T = 160°F$.»

Depuis $\delta_T = \alpha\Delta TL \rightarrow \delta_T = 3.168 \times 10^{-3} ft$. Avec les deux ressorts agissant ensemble, nous avons la force agissant vers l'intérieur des deux côtés de :

$$F = k\left(\frac{\delta_T}{2}\right) = 19 \ lb.$$

Exercice 5.6. Répétez l'opération pour T = 360°Fune compression du ressort de 0,75 po.

5.3 Hydrostatique et écoulement de fluide stationnaire
Indices de relativité restreinte : Fizeau, l'effet Doppler relativiste et le calcul K de Bondi

La relativité restreinte se révèle lorsqu'on passe à la théorie des champs pour décrire l'EM. Des indices de l'existence de la relativité restreinte pour des raisons de cohérence sont visibles dans les premières expériences primitives avec la lumière, mais leur signification n'était pas comprise à l'époque.

Fizeau 1851 [22] a découvert que la vitesse de la lumière dans l'eau se déplaçant avec une vitesse v(par rapport au laboratoire) pouvait être exprimée comme suit :

$$u = \frac{c}{n} + kv,$$

(5-9)

où le « coefficient de traînée » a été mesuré comme étant $k = 0.44$. La valeur de k prédite par la dépendance à la vitesse de Lorentz :

$$x = \frac{x' + vt'}{\sqrt{1 - \frac{v^2}{c^2}}} \rightarrow u_x = \frac{dx' + vdt'}{dt' + \frac{v}{c^2}dx'} = \frac{u_x' + v}{1 + \frac{v}{c^2}u_x'}$$

(5-10)

En traitant la lumière comme une particule, l'observateur en laboratoire trouvera que sa vitesse est :

$$u_x = \frac{c/n + v}{1 + \frac{v}{c^2}\frac{c}{n}} \cong \frac{c}{n} + \left(1 - \frac{1}{n^2}\right)v.$$

L'eau a $n \cong 4/3$donc :

$$u_x \cong \frac{c}{n} + (0.44)v,$$

donc accord avec l'expérience réalisée en 1851.

131

Chapitre 6. Transformation de Legendre et hamiltonien

Commençons par le lagrangien et effectuons une transformation de Legendre pour obtenir la formulation hamiltonienne :

$$dL = \sum_i \frac{\partial L}{\partial q_i} dq_i + \frac{\partial L}{\partial \dot{q}_i} d\dot{q}_i$$

En remplaçant la relation par les moments généralisés, $p_i = \frac{\partial L}{\partial \dot{q}_i}$, et les

équations de Lagrange : $F_i = \dot{p}_i = \frac{\partial L}{\partial q_i}$,

$$dL = \sum_i \dot{p}_i dq_i + p_i d\dot{q}_i.$$

En regroupant, nous arrivons à l'hamiltonien du système (vu plus tôt comme l'énergie si le système est conservé) :

$$dH = d\left(\sum_i p_i \dot{q}_i - L\right) = -\sum_i \dot{p}_i dq_i + \dot{q}_i dp_i,$$

$$(6\text{-}1)$$

ce qui indique que, $\dot{p}_i = -\frac{\partial H}{\partial q_i}$, et $\dot{q}_i = \frac{\partial H}{\partial p_i}$.

Considérons maintenant la dérivée temporelle totale de l'hamiltonien :

$$\frac{dH}{dt} = \frac{\partial H}{\partial t} + \sum_i \frac{\partial H}{\partial q_i} \dot{q}_i + \frac{\partial H}{\partial p_i} \dot{p}_i = \frac{\partial H}{\partial t}$$

$$(6\text{-}2)$$

et si H n'est pas explicitement dépendant du temps, nous obtenons $\frac{dH}{dt} = 0$ donc $H = E$, pour constante E, l'énergie conservée du système.

6.1 Cartographies de conservation de zone

Considérons le mouvement infinitésimal d'un objet en termes de coordonnées généralisées allant de (q_0, p_0) à (q_1, p_1) dans l'espace des phases :

$$q_1 = q_0 + \delta t \dot{q}|_{q=q_0} + O(\delta t^2) = q_0 + \delta t \frac{\partial H(q_0, p_0, t)}{\partial p_0} + O(\delta t^2)$$

$$p_1 = p_0 + \delta t \dot{p}|_{p=p_0} + O(\delta t^2) = p_0 - \delta t \frac{\partial H(q_0, p_0, t)}{\partial q_0} + O(\delta t^2)$$

Considéré comme une transformation de coordonnées, le jacobien est :

$$\frac{\partial(q_1, p_1)}{\partial(q_0, p_0)} = \begin{vmatrix} \dfrac{\partial q_1}{\partial q_0} & \dfrac{\partial p_1}{\partial q_0} \\ \dfrac{\partial q_1}{\partial p_0} & \dfrac{\partial p_1}{\partial p_0} \end{vmatrix} = 1 + O(\delta t^2).$$

(6-3)

Lorsque l'infinitésimal est porté à zéro, nous voyons que tout écoulement satisfaisant les équations de Hamilton préserve la zone (Jacobien = 1). L'inverse est également vrai, si l'écoulement dans une région fermée sous la cartographie de l'espace des phases ou l'écoulement préserve la zone, alors l'écoulement satisfait aux équations de Hamilton.

6.2 Hamiltoniens et cartes de phases

Puisque l'hamiltonien est conservé, il implique un mouvement dans l'espace des phases le long de courbes de constante $H = E$. Le diagramme de phase d'un système hamiltonien est donc constitué de contours de constante H, comme une carte de contour. Précédemment,

$$L = \frac{1}{2} m \dot{q}^2 - U(q) \rightarrow E = \frac{1}{2} m \dot{q}^2 + U(q)$$

(6-4)

en utilisant,

$$H = \sum_i p_i \dot{q}_i - L, \, with \, p_i = \frac{\partial L}{\partial \dot{q}_i}$$

(6-5)

Ayez maintenant :

$$H(p, q) = \frac{p^2}{2m} + U(q).$$

(6-6)

Les contours, ou courbes de niveau, de l'hamiltonien sont des ensembles invariants, tout comme les points fixes. Des points fixes dans l'espace des phases se produisent lorsque le gradient de l'hamiltonien est nul : $\nabla H = 0$, $i.\,e.\ \partial H/\partial q = 0$, et $\partial H/\partial p = 0$. Le système est à l'équilibre lorsqu'il se trouve à un point fixe, donc l'identification de ces points, ainsi que des attracteurs et des cycles limites associés, sera donc intéressante pour comprendre la dynamique d'un système et son comportement asymptotique (tout cela sera discuté).

Les cas 1 à 4 ci-dessous décrivent des instances d'équations différentielles ordinaires, avec la stabilité indiquée. Une analyse complète dans ce sens, localement, révèle les différents types de stabilité et les critères généraux [31] et est discutée dans la section suivante. Si une séparabilité entièrement globale peut être obtenue, elle est la plus claire dans le formalisme hamiltonien-jacobi (également discuté dans une section ultérieure).

Commençons par une analyse des systèmes autonomes du second ordre dans le sens de [28]. Cela couvre de nombreux systèmes d'intérêt, ainsi que l'approximation linéarisée (locale) pour tout système. Nous commençons par décrire le système via un vecteur réel, $r(t)$à 2N composantes s'il y a N degrés de liberté, avec une « vitesse de phase » associée $\dot{r}(t) = v(t)$, qui est une équation différentielle vectorielle du premier ordre. L'ordre est défini comme le nombre minimum d'équations couplées du premier ordre, ici 2N.

Les mouvements d'un système du second ordre peuvent être décrits en termes de lignes d'écoulement et de points fixes (le cas échéant), dans leur $\{r(t), v(t)\}$« portrait de phase » ou « diagramme de phase » associé. Cela permet une analyse qualitative des propriétés d'un système, où les cas particuliers analysés dans les cas I à VI permettent de comprendre les éléments constitutifs d'une telle analyse qualitative.

Suite à [28], considérons d'abord les cartes d'espace de phases pour les cas spéciaux d'ordre le plus bas q, $U(q)$puis décrivons une classe générale de potentiels obtenus par construction à partir de ces cas particuliers. Pour commencer, considérons $U(q) = aq$:

Exemple 6.1. Cas 1 . $U(q) = aq$. Le champ de force uniforme. $aq = E - \frac{p^2}{2m}$:

Rappelez-vous que $\dot{p}_i = -\frac{\partial H}{\partial q_i}$, et $\dot{q}_i = \frac{\partial H}{\partial p_i}$et supposons $p = 0$à $t_0$et q_0:

$$H(p, q) = \frac{p^2}{2m} + aq \rightarrow \dot{p}_{\square} = -a \quad \dot{q}_{\square} = \frac{p}{m}$$

Intégration des équations du premier ordre :

$$p = -a(t - t_0) \quad q = q_0 - \frac{a}{2m}(t - t_0)^2.$$

Exercice 6.1. Affichez la carte de l'espace des phases pour l'hamiltonien avec potentiel $U(q) = aq$(et le graphique du potentiel). Montrer qu'il n'y a pas de points fixes.

Exemple 6.2. Cas 2 . $U(q) = +\frac{1}{2}aq^2$. L'oscillateur linéaire. $\frac{1}{2}aq^2 + \frac{p^2}{2m} = E$(cercles/ellipses dans l'espace des phases) :

$$H(p,q) = \frac{p^2}{2m} + \frac{1}{2}aq^2 \rightarrow \dot{p}_\square = -aq \quad and \quad \dot{q}_\square = \frac{p}{m}$$

L'équation du mouvement du second ordre qui en résulte est :

$$\ddot{q} = -\frac{a}{m}q = -\omega^2 q \rightarrow q = A\cos(\omega t + \delta) \rightarrow p = -m\omega A \sin(\omega t + \delta).$$

Il s'agit d'un mouvement harmonique simple classique avec période $T = 2\pi/\omega$et $E = \frac{1}{2}mA^2\omega^2$.

Exercice 6.2. Affichez la carte de l'espace des phases pour l'hamiltonien avec potentiel $U(q) = +\frac{1}{2}aq^2$(avec le graphique du potentiel). Montrer que les courbes de niveau sont des ellipses et qu'il existe un point fixe elliptique en q=0, p=0.

Exemple 6.3. Cas 3 . $U(q) = -\frac{1}{2}aq^2$. La force répulsive linéaire (barrière potentielle quadratique).

$$H(p,q) = \frac{p^2}{2m} - \frac{1}{2}aq^2 \rightarrow \dot{p}_\square = aq \quad \dot{q}_\square = \frac{p}{m}$$

L'équation du mouvement du second ordre qui en résulte est :

$$\ddot{q} = \frac{a}{m}q = \gamma^2 q \rightarrow q = Ae^{\gamma t} + Be^{-\gamma t} \rightarrow p$$
$$= m\gamma Ae^{\gamma t} - m\gamma Be^{-\gamma t}, and \ E = -2m\gamma^2 AB.$$

Jusqu'à présent, nous avons vu un cas sans point fixe, un point fixe elliptique et un point fixe hyperbolique. Voici quelques-unes des principales catégories d'intérêt, mais pour être complet, considérons un système décrit par une fonction vectorielle du temps $r(t) = (q(t), p(t))$qui satisfait une équation différentielle vectorielle du mouvement du premier ordre :

$$\frac{dr(t)}{dt} = (\dot{q}(t), \dot{p}(t)) = v(q, p, t)$$

Un point (q,p)appelé $v(q, p, t) = 0$point fixe, il représente le système en équilibre. Si comme $t \rightarrow \infty$nous l'avons $r(t) \rightarrow r_0$, alors $r_0$on l'appelle un attracteur. Un attracteur fort se produit lorsqu'une trajectoire de phase n'importe où dans un certain voisinage du point de l'attracteur r_0 entraîne la trajectoire rejoignant (asymptotant) l'attracteur.

La séparation des variables est généralement possible, à partir de la théorie des équations différentielles ordinaires [32] et de la stabilité [31], et sera utilisée pour catégoriser les types d'écoulements (avec ou sans points stables) dans la suite de cette section (le long de la lignes de [28]). Une discussion plus approfondie sur la séparabilité a lieu dans une section ultérieure où l'équation de Hamilton-Jacobi est discutée [27].

Exercice 6.3. Montrez la carte de l'espace des phases pour l'hamiltonien de potentiel $U(q) = -\frac{1}{2}aq^2$. Montrer que les courbes de niveau sont des hyperboles, ou des droites si cas dégénéré (montrer la séparatrice). Montrer qu'il existe un point fixe à p=0, q=0 (hyperbolique et clairement instable).

Exemple 6.4. Cas 4 . $U(q) = cubic$. La barrière de potentiel cubique, solution d'espace de phase construite à partir des cas 1 à 3 :

Exercice 6.4. Affichez la carte de l'espace des phases pour l'hamiltonien avec potentiel $U(q) = cubic$ (avec le tracé du potentiel).

Exemple 6.5. Considérons l'hamiltonien : $H = a|p| + b|q|$, décrivez toutes les solutions cohérentes.

1er cas, $a > 0, b > 0$

$$\text{Quadrants :} \quad \begin{array}{l} \text{I :} H_I = ap + bq \\ \text{II :} H_{II} = ap - bq \\ \text{III :} H_{III} = ap - bq \\ \text{IV :} H_{IV} = ap + bq \end{array}$$

Pour obtenir la dynamique, utilisez les équations de Hamilton :

Considérons le quadrant I : $\dot{q} = a, \dot{p} = -b$, donc $q = at + a_0, p = -bt + b_0$. Donc, $q = at, p = -bt + \frac{H}{a}$ cela donne le flux.

2ème ^{cas}, $a < 0, b < 0$

137

$$\text{Quadrants :} \quad H_I = -ap - bq$$
$$H_{II} = -ap + bq$$
$$H_{III} = ap + bq$$
$$H_{IV} = ap - bq$$

H ≤ 0 est la seule solution cohérente de $a < 0, b < 0$.

3ème ^{cas}, $a > 0, b < 0$

$$H_I = ap - bq \qquad\qquad \frac{dp}{dq} = {}^b/_a , q = 0, p = \frac{H}{a}$$

$$H_{II} = ap + bq \qquad\qquad \dot{q} = a, \dot{p} = b$$

$$H_{III} = -ap + bq \qquad\qquad q = at, p = bt + \frac{H}{a}$$

$$H_{IV} = ap + bq \qquad\qquad \dot{q} = -a, \dot{p} = -b \quad \rightarrow \quad q =$$

$$-at, p = -bt - \frac{H}{a}$$

4 ^{ème} cas, $a < 0, b > 0$

$$H_I = -ap + bq \qquad\qquad p = 0, q = \frac{H}{b}$$

$$H_{II} = -ap - bq \qquad\qquad \dot{q} = a, \dot{p} = -b$$

$$H_{III} = ap - bq \qquad\qquad q = at + a_0, p = bt +$$

$$b_0 \text{où} a_0 = 0 \qquad b_0 = \frac{H}{b}$$

$$H_{IV} = ap + bq \qquad\qquad \text{similaire}$$

Exercice 6.5. Que se passe-t-il à (0, 0) ?

Exemple 6.6. Considérez le potentiel de mouvement 1D avec $V = -Ax^4$, $A > 0$.

$$H(x, P_x) = \frac{P_x^2}{2m} + V(x)$$

$$2mE = P_x^2 - 2mAx^4 = \left(P_x - \sqrt{2mA}x^2\right)\left(P_x + \sqrt{2mA}x^2\right)$$

Il y a un point fixe à l'origine, $x = P_x = 0$ et les contours d'énergie sont constitués des paraboles $P_x = \pm\sqrt{2mA}x^2$ passant par ce point fixe. La séparatrice est la trajectoire instable qui passe par un point fixe instable. Avoir:

$$\dot{x} = \frac{\partial H}{\partial P_x} = \frac{P_x}{m} = \frac{\sqrt{2mA}x^2}{m} = \sqrt{\frac{2A}{m}}x^2$$

$$t = \frac{1}{x\sqrt{\frac{2A}{m}}} \text{ as } x \to 0 \ \text{ and } \ t \to \infty \ \text{motion terminates.}$$

Ainsi, le mouvement se termine.

Exercice 6.6. Ce qu'il se passe quand $sqn(P_0X_0) = 1$? Montrez les tracés de potentiel et de phase.

6 .3 Examen des équations différentielles ordinaires et classification des points fixes au niveau local linéarisé (séparable)

Commençons par déplacer l'origine dans le diagramme de phase pour qu'elle soit à un point d'intérêt fixe et écrivons explicitement la fonction de vitesse en termes de fonction d'expansion en position :

$$v(r) = Ar + O(|r|^2),$$

(6-7)

puisqu'en $v(0) = 0$ point fixe, où A est une matrice réelle non singulière. Suivant la notation de Percival [28], soit

$$A = \begin{pmatrix} a & b \\ c & d \end{pmatrix}.$$

(6-8)

Pour suffisamment petit, $r(x, y)$ nous obtenons uniquement le terme linéaire et $\dot{r} = Ar$. Nous aimerions diagonaliser la matrice A, et à partir de là avoir une évaluation standardisée du comportement du point fixe. Pour ce faire, envisagez la transformation vers de nouvelles coordonnées $R(X, Y) = Mr \rightarrow \dot{R} = BR$, où $B = MAM^{-1}$. Il en résulte trois cas :

Cas (1) les valeurs propres de B sont réelles et distinctes, auquel cas $\dot{X} = \lambda_1 X$, $\dot{Y} = \lambda_2 Y$, donc

$$\left(\frac{X}{X_0}\right)^{\lambda_2} = \left(\frac{Y}{Y_0}\right)^{\lambda_1}.$$

(6-9)

Si c'est le cas $\lambda_1 < \lambda_2 < 0$, nous avons également un nœud stable $\lambda_2 < \lambda_1 < 0$. Si nous avons $\lambda_1 > \lambda_2 > 0$, alors nous avons un nœud instable, de même pour $\lambda_2 > \lambda_1 > 0$. Si c'est le cas, $\lambda_1 < 0 < \lambda_2$ nous avons un nœud instable (un point hyperbolique) ; et de même mais avec les flèches inversées si $\lambda_2 < 0 < \lambda_1$.

Cas (2) les valeurs propres de B sont réelles et égales. Il y a deux sous-cas : supposons $b = c = 0$, alors doit avoir $\lambda_1 = \lambda_2 < 0$ ($b = c = 0$) connue sous le nom d'étoile stable. De même, le $\lambda_1 = \lambda_2 > 0$ ($b = c = 0$) le cas est l'étoile instable. Si, par contre, $c \neq 0$, alors avoir

$$B = \begin{pmatrix} \lambda & 0 \\ c & \lambda \end{pmatrix},$$

(6-10)

avec solution :

$$\frac{Y}{X} = \frac{c}{\lambda} \ln \left(\frac{X}{X_0} \right)$$

(6-11)

Les courbes de phase pour ce cas décrivent un nœud impropre qui est stable si $\lambda_1 = \lambda_2 < 0$ ($b \neq 0 \ c \neq 0$), ou un nœud inapproprié instable si $\lambda_1 = \lambda_2 > 0$ ($b \neq 0 \ c \neq 0$).

Cas (3), les valeurs propres de B sont complexes et conjuguées entre elles $\lambda_1 = \alpha + i\omega = \lambda_2 *$. Supposons que les valeurs propres soient purement imaginaires ($\alpha = 0$), cela donne lieu à un point elliptique, avec rotation dans le sens horaire ou anti-horaire selon le signe de ω. Supposons $\alpha < 0$ que nous ayons alors un point de spirale stable, avec une rotation selon le signe de ω. De même, si $\alpha > 0$, on a alors un point de spirale instable, avec rotation selon le signe de ω.

Jusqu'à présent, nous avons identifié les différents comportements des points fixes. Pour les systèmes du premier ordre, tout mouvement tend soit vers un point fixe, soit vers l'infini, nous avons donc une « taxonomie » complète avec ce qui a été décrit jusqu'à présent. Pour les systèmes du second ordre et supérieurs, ce n'est pas nécessairement le cas. L'exemple explicite du cycle limite est donné ensuite, avec des attracteurs étranges laissés dans une section ultérieure où nous discutons de la transition vers le chaos.

Dans notre identification du comportement en point fixe, nous avons négligé la possibilité d'un sous-ensemble fixe qui n'est pas simplement un point. Même dans les systèmes du second ordre, ces phénomènes peuvent se produire, entraînant le phénomène classique de « cycle limite ». Considérons le cas explicite suivant donné par [28] à cet égard. Supposons que nous ayons un système séparable en coordonnées polaires selon :

$$\dot{r} = \alpha r(r - R), \ \ R > 0, and \ \ \dot{\theta} = \omega.$$

Le cercle $r = R$ est invariant, et pour le mouvement au voisinage du cycle, il est soit un attracteur fort (stable), soit l'inverse (par exemple, instable, avec des lignes d'écoulement inversées).

$$\dot{x} = x^2 \longrightarrow \frac{dx}{dt} = x^2 \longrightarrow -x^{-1} + x_0^{-1} = t$$

$$\dot{y} = -y \longrightarrow \frac{dy}{dt} = y \longrightarrow y = y_0 e^{-t}$$

Exemple 6.7. Spirale instable et cycle limite stable.
Pour le petit x_1, x_2 système :

$$\dot{x}_1 = -x_2 + x_1 r(1 - r)$$
$$\dot{x}_2 = x_1 + x_2 r(1 - r)$$
$$r^2 = x_1^2 + x_2^2$$

se réduit à un système linéaire qui a un centre en (0,0). Montrer que le système non linéaire a une spirale instable en (0,0) et un cycle limite stable en r=1.

Solution
$$\dot{x}_1 = -x_2 + x_1 r(1 - r)$$
$$\dot{x}_2 = x_1 + x_2 r(1 - r)$$
$$r^2 = x_1^2 + x_2^2$$

Pour (x_1, x_2) les petits et donc les petits r ($\sim x$), ayez

$$\dot{x}_1 = -x_2 \longrightarrow \begin{pmatrix} \dot{x}_1 \\ \dot{x}_2 \end{pmatrix} = \begin{pmatrix} 0 & -1 \\ 1 & 0 \end{pmatrix} \begin{pmatrix} x_1 \\ x_2 \end{pmatrix}$$
$$\dot{x}_2 = x_1$$
$$\lambda^2 + 1 = 0 \quad \rightarrow \quad \lambda = \pm i.$$

Ce dernier résultat établit qu'il s'agit d'un point ellipsoïde {Percival], de centre en (0,0). Examinons maintenant le comportement r. Commencez par regrouper :

$$x_1\dot{x}_1 + x_2\dot{x}_2 = (x_1^2 + x_2^2)\gamma(1 - r) = r^2(1 - r).$$

Cela peut être réécrit :

$$\frac{1}{2}\frac{d}{dt}(x_1^2 + x_2^2) = \frac{1}{2}\frac{d}{dt}\dot{r}^2 = r^3(1 - r) \rightarrow \frac{dr}{dt} = r^2(1 - r).$$

Un cycle limite est indiqué en $r = 1$. Confirmer,

$$dt = \frac{dr}{r^2(1 - r)}, and \ as \ r \rightarrow 1 \ we \ get \ dt = \frac{dr}{1 - r}.$$

Aux alentours de $r = 1$:

$$t = -\ln|1 - r| \rightarrow r = 1 \pm \exp(-t), and \ as \ t \rightarrow \infty, r$$
$$\rightarrow 1, a \ limit \ cycle.$$

Considérons maintenant quand r est proche de zéro. Pour r proche de zéro, nous avons $\dot{r} \cong r^2$ et puisque nous commençons par, $r > 0$ nous aurons clairement $\dot{r} > 0$ une spirale vers l'extérieur.

141

Exemple 6.8. Point fixe elliptique (voir Percival [28], p41)

Montrer que l'origine est un point fixe elliptique du système :

$$\dot{x}_1 = -x_2 + x_1 r^2 \sin\left(\frac{\pi}{r}\right)$$

$$\dot{x}_2 = x_1 + x_2 r^2 \sin\left(\frac{\pi}{r}\right).$$

De plus, montrez que :

(a) les cercles r=1/n, n=1,2,..., sont des courbes de phase.

(b) les trajectoires entre deux cercles consécutifs sont en spirale soit en s'éloignant soit en direction de l'origine

(c) les courbes de phase en dehors de r = 1 sont illimitées

Solution

Nous avons un point elliptique de centre (0,0) si $\dot{x}_1 = -x_2$ et $\dot{x}_2 = x_1$ précisément le cas où r tend vers zéro.

(a) Lorsque nous substituons r=1/n, nous identifions ces courbes de phase comme des cercles concentriques :

$$\dot{x}_1 = -x_2 + x_1 \left(\frac{1}{n}\right)^2 \sin(\pi n) = -x_2$$

$$\dot{x}_2 = x_1 + x_2 \left(\frac{1}{n}\right)^2 \sin(\pi n) = x_1$$

(b) Regrouper les équations pour obtenir une dérivée totale :

$$x_1 \left(\dot{x}_1 = -x_2 + x_1 \, r^2 \, \sin\left(\frac{\pi}{r}\right) \right)$$

$$+ x_2 \left(\dot{x}_2 = x_1 + x_2 \, r^2 \sin\left(\frac{\pi}{r}\right) \right)$$

$$x_1 \dot{x}_1 + x_2 \dot{x}_2 = (x_1^2 + x_2^2) r^2 \sin\left(\frac{\pi}{r}\right)$$

Ainsi, nous avons :

$$\frac{1}{2}\frac{d}{dt}(x_1^2 + x_2^2) = r^4 \sin\left(\frac{\pi}{r}\right) \quad \rightarrow \quad 2r\dot{r} = 2r^4 \sin\left(\frac{\pi}{r}\right) \quad \rightarrow \quad \dot{r}$$

$$= r^3 \sin\left(\frac{\pi}{r}\right).$$

Le signe des $\dot{r}$ changements selon $\sin(\pi/r)$. Si nous nous regroupions pour obtenir la deuxième solution, nous verrions ce groupe se replier sur lui-même. Entre deux cercles consécutifs r=1/n, le signe s'inversera. Ainsi, les courbes r=1/n seront des cycles limites $\dot{r} < 0$ si elles sont supérieures et $\dot{r} > 0$ inférieures au cycle limite r=1/n.

(c) Si $r > 1$, alors $\sin\left(\frac{\pi}{r}\right)$ est toujours positif, donc $\dot{r}$ est toujours positif, en spirale vers l'extérieur.

6.4 Systèmes linéaires et formalisme du propagateur

Le cas 4 ci-dessus est un exemple de système non autonome, où la fonction vitesse est une fonction explicite du temps. Pour un système linéaire du second ordre (éventuellement par approximation des perturbations qui sera discutée plus tard), nous avons les équations :

$$\frac{d\boldsymbol{r}(t)}{dt} = A(t)\boldsymbol{r}(t) + b(t).$$

(6-12)

Prenons $b(t) = 0$, pour lequel il existe une fonction à valeur matricielle 2x2 qui permet d'écrire :

$$\boldsymbol{r}(t_1) = \boldsymbol{K}(t_1, t_0)\boldsymbol{r}(t_0),$$

(6-13)

où la matrice $\boldsymbol{K}(t_1, t_0)$est le propagateur de t_0à t_1. Notez que le propagateur satisfait la relation de Chapman-Kolmogorov (qui se produit en théorie de l'information) :

$$\boldsymbol{K}(t_2, t_0) = \boldsymbol{K}(t_2, t_1)\boldsymbol{K}(t_1, t_0)$$

(6-14)

Les matrices de propagateur dans cette représentation n'ont pas besoin de commuter. Une discussion sur les critères d'échange de Chapman-Kolmogorov et de deFinetti est faite dans les sections suivantes (variantes quantiques dans le livre 4, variantes Stat. Mech dans le livre 5 et questions de théorie de l'information dans le livre 9).

De nombreux résultats sont facilement accessibles dans le formalisme du propagateur. Pour commencer, établissons une relation entre les solutions connues et la matrice du propagateur, pour arriver à une transformation rapide vers le formalisme du propagateur. Suite à la discussion de [28], commençons par écrire le vecteur colonne à deux éléments comme un mélange de n'importe quelle paire de solutions :

$$\boldsymbol{r}(t) = c_1\boldsymbol{r_1}(t) + c_2\boldsymbol{r_2}(t).$$

Concentrons-nous maintenant sur le cas où, en t_0, on a $\boldsymbol{r_1}(t_0) = \binom{1}{0}$et $\boldsymbol{r_2}(t_0) = \binom{0}{1}$, $c_1 = \boldsymbol{x}(t_0)$et $c_2 = \boldsymbol{y}(t_0)$:

$$\begin{pmatrix} \boldsymbol{x}(t_1) \\ \boldsymbol{y}(t_1) \end{pmatrix} = c_1 \begin{pmatrix} \boldsymbol{x_1}(t_1) \\ \boldsymbol{y_1}(t_1) \end{pmatrix} + c_2 \begin{pmatrix} \boldsymbol{x_2}(t_1) \\ \boldsymbol{y_2}(t_1) \end{pmatrix} = c_1 \begin{pmatrix} \boldsymbol{K_{11}} \\ \boldsymbol{K_{21}} \end{pmatrix} + c_2 \begin{pmatrix} \boldsymbol{K_{12}} \\ \boldsymbol{K_{22}} \end{pmatrix},$$

où les valeurs matricielles sont choisies comme indiqué, compte tenu des solutions spéciales choisies en t_0, et pour être cohérentes avec la forme de propagateur éventuelle obtenue :

$$\begin{pmatrix} x(t_1) \\ y(t_1) \end{pmatrix} = \begin{pmatrix} K_{11}x(t_0) \\ K_{21}x(t_0) \end{pmatrix} + \begin{pmatrix} K_{12}y(t_0) \\ K_{22}y(t_0) \end{pmatrix} = \begin{pmatrix} K_{11}x(t_0) + K_{12}y(t_0) \\ K_{21}x(t_0) + K_{22}y(t_0) \end{pmatrix}$$
$$= \begin{pmatrix} K_{11} & K_{12} \\ K_{21} & K_{22} \end{pmatrix} \begin{pmatrix} x(t_0) \\ y(t_0) \end{pmatrix}$$

Ainsi,

$$r(t_1) = K(t_1, t_0)r(t_0),$$

(6-15)

Considérons le cas 2 ci-dessus, où $U(q) = +\frac{1}{2}aq^2$ (l'oscillateur linéaire). Les solutions ont été trouvées :

$$q = A\cos(\omega t + \delta) \quad and \quad p = -m\omega A \sin(\omega t + \delta)$$

(6-16)

Soit t_0 correspond à $t = 0$, on a alors pour solution 1 :

$$r_1(t_0) = \begin{pmatrix} x(t_0) \\ y(t_0) \end{pmatrix} = \begin{pmatrix} A\cos(\delta) \\ -m\omega A \sin(\delta) \end{pmatrix},$$

(6-17)

où nous rencontrons le formulaire spécial nécessaire si $\delta = 0$ et $A = 1$. De même, pour $r_2(t_0)$, on choisit $\delta = 90$ et $A = 1/(-m\omega)$. Ainsi:

$$K(t = t_1, t_0 = 0) = \begin{pmatrix} \cos(\omega t) & (m\omega)^{-1}\sin(\omega t) \\ -m\omega \sin(\omega t) & \cos(\omega t) \end{pmatrix}$$

(6-18)

Notez que $\det K = 1$, décrit ainsi une cartographie qui préserve la zone, comme cela est nécessaire pour les systèmes hamiltoniens. Pour la matrice K, nous avons des évaluations de stabilité similaires à celles précédentes pour la matrice B, une discussion plus approfondie dans ce sens peut être trouvée dans [28].

Chapitre 7. Chaos

Il existe de nombreuses façons de montrer le chaos dans la littérature scientifique (voir [61], autres). Le chaos se retrouve facilement dans de nombreux systèmes unidimensionnels qui présentent un doublement de période dans certains régimes, où ce régime de doublement de période se transforme finalement en un régime de chaos. Nous examinerons plusieurs de ces systèmes dans ce qui suit. D'autres voies menant au chaos, telles que l'intermittence et les crises [61], vues graphiquement, présentent des régions de goulot d'étranglement dans leurs cartographies itératives, ou des régions semi-stables cycliques, qui expliqueraient l'apparition d'un comportement de type chaos. Ainsi, les exemples de chaos fournis seront globalement assez généraux.

Dans la section 7.1, nous discuterons d'un cheminement général vers le phénomène de chaos lorsqu'il y a un mouvement périodique. En effet, le chaos est omniprésent et, en mettant l'accent sur le mouvement périodique, nous disposons d'une base mathématique simple, via une formulation cartographique itérative, qui permettra d'identifier facilement les domaines du chaos.

Cependant, avant de passer au chaos, regroupons-nous un instant et réfléchissons à ce qui est le contraire du chaos pour avoir un peu de recul. Le système le plus ordonné est celui qui est « intégrable » ou pour lequel il existe une « intégrabilité ». Rappelez-vous comment nous avons utilisé les quantités conservées, au fur et à mesure de leur identification, pour réduire la complexité des équations différentielles, comme pour l'identification du moment cinétique. Nous pouvons également représenter les symétries comme des quantités conservées (théorème de Noether). Si les constantes de mouvement et les symétries sont suffisantes pour avoir une solution complète des équations du système, alors nous avons l'intégrabilité, sinon, alors elle est non intégrable. Une discussion plus approfondie sur l'intégrabilité peut être trouvée dans [38,32,37].

Un exemple de l'importance de l'intégrabilité et de la non-intégrabilité pour accéder à un comportement chaotique est véhiculé par la Swinging Atwood's Machine (Figure 7.1) [79] :

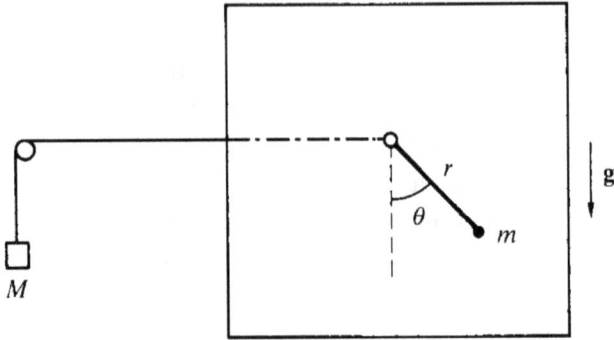

Graphique 7.1.

L'hamiltonien est

$$H = \frac{p_r^2}{2m(1+\mu)} + \frac{p_\theta^2}{2mr^2} + mgr(\mu - \cos\theta), \quad \mu = \frac{M}{m},$$

(7-1)

et le mouvement n'est pas, en général, intégrable, puisque H est habituellement la seule constante du mouvement.

Dans le cas $\mu > 1$, le mouvement de m est toujours limité par une courbe de vitesse nulle ($p = 0$), qui est une
ellipse dont la forme dépend du rapport de masse μ et de l'énergie H .

Lorsque $\mu \leq 1$, le mouvement n'est limité à aucune énergie et finalement la masse M passe sur la poulie.

Le système est intégrable dans le cas $\mu = 3$! Dans ce cas particulier, il existe une deuxième quantité conservée donnée par

$$J = \frac{p_\theta}{4m}\left(p_r \cos\frac{\theta}{2} - \frac{2p_\theta}{r} \sin\frac{\theta}{2}\right) + mgr^2 \sin\frac{\theta}{2} \cos^2\frac{\theta}{2}.$$

(7-2)

où $J = 0$. Lorsque $\mu = 3$, le mouvement est complètement ordonné. Pour tous les autres rapports de masse, il existe des régions de mouvement chaotique.

146

7.1. Chemin général vers le phénomène de chaos : → chaos de cartes itératives à mouvement périodique→

Supposons qu'un système linéaire étudié, $dr(t)/dt = A(t)r(t)$ avec un choix de temps approprié, ait des paramètres périodiques dans le temps : $A(t + T) = A(t)$ pour tout t. Si nous considérons le propagateur sur une telle période T, nous avons, avec un choix pratique pour l'origine du temps, le propagateur $K = K(T, 0) =. K(nT, (n - 1)T)$ Considérons maintenant le propagateur des pas nT dans le temps (et utilisez la relation de Chapman-Kolmogorov) pour obtenir :

$$K(nT, 0) = K^n.$$

(7-3)

De l'équation ci-dessus, nous pouvons voir que les systèmes avec des paramètres dépendants du temps et périodiques dans le temps, le propagateur, $K(t, 0)$, ont la propriété de pouvoir être déterminé à certains moments ultérieurs, nT, simplement par des propagations répétées par le propagateur de période K. Considérant que le propagateur de périodes est une carte linéaire (et préservant la zone pour les systèmes hamiltoniens), cela indique qu'une grande partie du comportement futur (stable ou non) d'un système à paramètres périodiques peut être déterminée par les classes de comportement sous des mappages de propagateurs de périodes répétés. . En d'autres termes, le comportement du système se réduit principalement à l'analyse du comportement de sa carte itérée de propagation de période.

Considérons maintenant la définition formelle d'une « carte » au sens de système à temps discret. Le temps discret peut être dû à la définition des données (une séquence de lectures annuelles), ou à la périodicité (avec une mesure prise avec un échantillonnage périodique), ou à diverses autres raisons. Décrivons le système avec un vecteur à valeur réelle $r(t)$, maintenant avec n composantes, et pour le scénario à temps discret avec carte, nous supposons que $r(t + 1) = F(r(t), t)$, où F est la fonction map (une fonction à valeur vectorielle) de l'espace des phases sur lui-même. Pour les fonctions cartographiques qui ne dépendent pas explicitement du temps, nous obtenons la notation $r_{t+1} = F(r_t)$. Ainsi, le formalisme cartographique est très naturel pour les équations différentielles linéaires lorsqu'il existe des fonctions de vitesse périodiques (par exemple, $dr(t)/dt = A(t)r(t)$ avec $(t + T) = A(t)$). La condition d'une fonction de vitesse périodique semble très puissante à cet égard, et si nous assouplissons la condition de linéarité, nous constatons que le résultat de la carte itérative est toujours valable.

Considérez $dr(t)/dt = v(r, t)$ avec $v(r, t + T) = v(r, t)$ en général (non linéaire). Au premier pas de temps discret, t=1, on a $r(1) = F(r(0))$ par la définition de la carte introduite. On voit alors que $dr(t + 1)/dt = v(r(t + 1), t)$, donc $r(2) = F(r(1))$ avec la même fonction de cartographie, et par induction doit avoir $r_{t+1} = F(r_t)$ en général. En d'autres termes, les systèmes autonomes et non autonomes, s'ils ont des fonctions de vitesse périodiques, peuvent être décrits en termes de fonction de cartographie associée à un système autonome à temps discret. Cela conduit à un processus en deux étapes pour résoudre les équations différentielles : (1) Déterminer la fonction de cartographie F de l'examen de la solution pendant une période de mouvement (de t=0 à t=1) ; (2) Déterminer le comportement de la solution par application répétée de la fonction de cartographie. Nous pouvons en déduire que le comportement chaotique du système est omniprésent. Même des systèmes hamiltoniens simples avec un degré de liberté peuvent présenter un chaos, ou de simples systèmes hamiltoniens *conservateurs* à 2 degrés de liberté ou plus. En fait, pour les systèmes à mouvement limité, une partie importante de l'espace des phases implique des points de phase qui subissent un mouvement chaotique.

Dans l'exemple du pendule à amortissement forcé qui sera décrit ensuite (un système hamiltonien simple), nous trouverons un mouvement chaotique dans un ensemble général de circonstances. En d'autres termes, nous verrons qu'un comportement chaotique (à définir précisément) est un résultat « normal » lorsque l'on repousse les limites perturbatives d'un système, ou même s'il se situe bien dans un domaine perturbatif si l'espace des paramètres pousse la « phase de chaos ». du système. Cette dernière description d'une « phase » de chaos dans un paramètre donné est exacte puisque le paramètre qui entre dans une phase de chaos (mouvement classique mais indéterministe) pour le système peut sortir de cette phase de chaos, retournant dans un domaine de mouvement déterministe classique (et retour et-vient). Ce dernier comportement est universel dans les systèmes du premier et du second ordre [19], décrivant un ensemble de paramètres universels pour les systèmes classiques au « bord du chaos ». Dans [45] nous verrons que l'émanation/propagation maximale de l'information est au bord du chaos.

7.2 Le chaos et le pendule entraîné amorti

Auparavant, pour les petites oscillations, l'oscillateur pendulaire était assimilé à l'oscillateur à ressort classique (force de rappel linéaire), où l'équation différentielle décrivant l'oscillation forcée avec amortissement était (forme réelle) :

$$\ddot{x} + 2\lambda\dot{x} + \omega^2 x = \left(\frac{F}{m}\right)\cos\gamma t,$$

(7-4)

pour lequel nous avons trouvé les solutions :

$$x(t) = a\exp(-\lambda t)\cos(\omega t + \alpha) + b\cos(\gamma t + \delta),$$

(7-5)

où

$$b = \frac{F}{m\sqrt{(\omega^2 - \gamma^2)^2 + (2\lambda\gamma)^2}}, \qquad \tan\delta = \frac{(2\lambda\gamma)}{(\omega^2 - \gamma^2)}.$$

(7-6)

Si on n'utilise pas l'approximation aux petits angles pour faire $\sin x \cong x$, et que l'on suppose que le fil du pendule est rigide (donc une tige de pendule), on a alors :

$$\ddot{x} + 2\lambda\dot{x} + \omega^2\sin x = \left(\frac{F}{m}\right)\cos\gamma t.$$

(7-7)

Considérons maintenant cela dans le sens de l'étude réalisée par [34]. Tout d'abord, modifions les variables et normalisons globalement de telle sorte que $\omega = 1$:

$$\ddot{\theta} + \frac{1}{q}\dot{\theta} + \sin\theta = \alpha\cos\gamma t.$$

(7-8)

En utilisant la notation de [34] nous devons $\omega = \dot{\theta}$, à ne pas confondre avec la notation a priori ω, obtenir trois équations indépendantes du premier ordre :

(1) $\dot{\omega} = -\omega/q - \sin\theta + \alpha\cos\varphi$, où, $q$est le facteur de qualité.
(2) $\dot{\theta} = \omega$
(3) $\dot{\varphi} = \gamma$

À ce stade, nous avons rempli les deux conditions générales pour qu'il existe des domaines de solutions chaotiques :

(1) Le système comporte trois variables dynamiques ou plus.
(2) Les équations du mouvement contiennent des termes de couplage non linéaires.

149

Pour notre problème, la condition (2) est remplie avec les termes de couplage sin θ et $\alpha \cos \varphi$. D'après [34], pour le cas où $q = 2$, on obtient le comportement suivant lorsque l'on augmente l'amplitude motrice α:

(1) $\alpha = 0.5$, le pendule modérément entraîné, avec un comportement périodique de type pendule simple une fois installé en régime permanent (la trajectoire est un cycle limite, donc asymptotiquement un cycle comme avec un pendule simple).

(2) $\alpha = 1.07$, le pendule avec une trajectoire à double boucle dans son diagramme de phases mais avec la particularité que sa trajectoire dans un diagramme de configuration n'a pas encore complété une boucle même si des oscillations dépassant 180 degrés peuvent se produire.

(3) $\alpha = 1.15$, le mouvement du pendule n'a pas d'état stable, il est chaotique, cependant son diagramme de phase indique une structure qui est mieux révélée en termes de section de Poincaré (qui suit la position à des multiples de la période de l'oscillation de forçage). Pour le mouvement chaotique, la structure des sections de Poincaré (trajectoires de l'espace des phases) est *auto-similaire* , ce qui permet de déterminer une dimension fractale précise [34] pour le mouvement chaotique.

(4) $\alpha = 1.35$, le pendule boucle désormais une boucle dans la configuration de l'espace (réel).

(5) $\alpha = 1.45$, le pendule effectue maintenant deux boucles dans la configuration de l'espace (réel).

(6) $\alpha = 1.50$, le mouvement du pendule est chaotique

Comment interpoler entre les observations ci-dessus, quelle est la frontière entre les systèmes avec état stable et ceux sans (chaotique). Ceci est plus facilement représenté dans ce que l'on appelle le diagramme de bifurcation (voir Figure 7.2). Dans le diagramme de bifurcation, les fréquences instantanées observées sur une plage d'oscillations motrices $\alpha = 1$ montrent $\alpha = 1.50$ un comportement clair de doublement de période qui se multiplie rapidement à l'approche d'un domaine de chaos (détails à suivre).

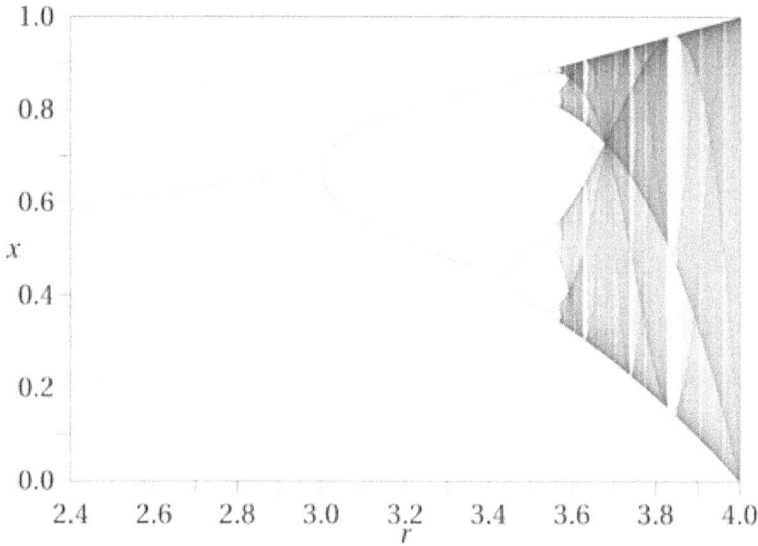

Graphique 7.2. Diagramme de bifurcation pour la carte logistique :
$$x_{n+1} = rx_n(1 - x_n)[80].$$

Le diagramme de bifurcation capture le plus clairement la transition d'un comportement du système à l'état stable à un comportement chaotique. Le système de pendule précédent est omniprésent, mais générer des résultats numériques précis prend du temps si l'on veut simplement démontrer le comportement universel des systèmes chaotiques. En effet, la transition par doublement de période vers le chaos est un trait distinctif à la fois des systèmes dynamiques du second ordre et des systèmes dynamiques du premier ordre dont les cartographies itératives (sections de Poincaré) impliquent des fonctions de positions de cartographie antérieures qui ont un maximum simple [19]. Les conditions générales dans lesquelles un système dynamique avec une dépendance de cartographie spécifique donne lieu à un comportement chaotique ont été prouvées par [19] avec des constantes universelles également révélées (détails à suivre). Plutôt que de travailler avec une évaluation complexe à chaque étape de la section Poincaré pour, par exemple, le pendule, explorons le diagramme de cartographie et de bifurcation de la figure 7.2 qui résulte de la carte logistique beaucoup plus simple, qui est du premier ordre, mais dont les constantes clés sont censés être universels, donc plus faciles à évaluer de cette façon. Voici le synopsis de [34] : « En faisant varier le paramètre r , on observe le comportement suivant :

151

- Avec r compris entre 0 et 1, la population finira par mourir, indépendamment de la population initiale.
- Avec r compris entre 1 et 2, la population se rapprochera rapidement de la valeur $r - 1/r$, indépendamment de la population initiale.
- Avec r compris entre 2 et 3, la population finira également par se rapprocher de la même valeur $r - 1/r$, mais fluctuera d'abord autour de cette valeur pendant un certain temps. Le taux de convergence est linéaire, sauf pour $r = 3$, où il est considérablement lent, moins que linéaire (voir Mémoire de bifurcation).
- Avec r compris entre 3 et $1 + \sqrt{6} \approx 3{,}44949$ la population se rapprochera d'oscillations permanentes entre deux valeurs. Ces deux valeurs dépendent de r et sont données

  par   .
- Avec r compris entre 3,44949 et 3,54409 (environ), dans presque toutes les conditions initiales, la population s'approchera d'oscillations permanentes entre quatre valeurs. Ce dernier nombre est une racine d'un polynôme du 12ème degré (séquence A086181 dans l'OEIS).
- Avec r augmentant au-delà de 3,54409, à partir de presque toutes les conditions initiales, la population approchera des oscillations entre 8 valeurs, puis 16, 32, etc. Les longueurs des intervalles de paramètres qui produisent des oscillations d'une longueur donnée diminuent rapidement ; le rapport entre les longueurs de deux intervalles de bifurcation successifs se rapproche de la constante de Feigenbaum $\delta \approx 4{,}66920$. Ce comportement est un exemple de cascade de doublement de période.
- À $r \approx 3{,}56995$ (séquence A098587 dans l'OEIS) se situe le début du chaos, à la fin de la cascade de doublement de période. Dans presque toutes les conditions initiales, on ne voit plus d'oscillations de période finie. De légères variations dans la population initiale donnent des résultats radicalement différents au fil du temps, caractéristique essentielle du chaos.
- La plupart des valeurs de r au-delà de 3,56995 présentent un comportement chaotique , mais il existe encore certaines plages isolées de r qui montrent un comportement non chaotique ; on les appelle parfois *des*

îlots de stabilité. Par exemple, commençant à 1 + √8(environ 3,82843), il existe une plage de paramètres r qui montrent une oscillation entre trois valeurs, et pour des valeurs légèrement plus élevées de r oscillation parmi 6 valeurs, puis 12, etc.

Si la première bifurcation se produit pour $\mu = \mu_1$, et la seconde pour $\mu = \mu_2$, alors il est possible de définir une constante universelle F, d'après Feigenbaum [19] :

$$F = \lim_{k \to \infty} \frac{\mu_k - \mu_{k-1}}{\mu_{k+1} - \mu_k} = 4.66920160910299\ ...,$$

(7-9)

où, remarquablement, il s'agit d'un comportement universel pour toutes les applications à maximum quadratique. Ainsi, en d'autres termes, pour une application quadratique simple (réelle) ou une application quadratique complexe (générateur de l'ensemble de Mandelbroit [35]), nous arrivons exactement à la même constante à partir de leurs applications de bifurcation basées sur la paramétrisation de leurs événements de bifurcation. De la même manière:

Carte maximale quadratique : $x_{n+1} = a - x_n^2 \text{a} \lim_{k \to \infty} \frac{a_k - a_{k-1}}{a_{k+1} - a_k} = F.$

Carte maximale quadratique complexe de Mandelbroit) : $z_{n+1} = c + z_n^2 \text{a} \lim_{k \to \infty} \frac{c_k - c_{k-1}}{c_{k+1} - c_k} = F.$

7.3 La valeur particulière C_∞

Pour la carte quadratique complexe, l'asymptote réelle de la valeur c au « bord du chaos » est appelée C_∞ et a la valeur $C_\infty = -1.401155189\ ....$ La constante $|C_\infty| = 1.401155189\ ...$est également connue sous le nom de constante de Myrberg [36]. La constante de Myrberg, simplement appelée C_∞ ici et dans [45], jouera un rôle important dans les discussions.

Exemple 7.1. Considérons une autre carte 1D continûment différentiable avec un seul maximum sur l'intervalle (0,1) : $f(x) = \left(\frac{A}{\pi}\right) \sin \pi x$, de sorte que nous ayons la relation itérative :

$$x_{n+1} = \left(\frac{A}{\pi}\right) \sin \pi x_n$$

(7-10)

Au premier point de bifurcation, nous avons

153

$$x_{n+2} = \left(\frac{A}{\pi}\right)\sin\pi\left(\left(\frac{A}{\pi}\right)\sin\pi x_n\right) = x_n$$

Esquissons un tracé du diagramme de bifurcation révélé par les résultats des calculs :

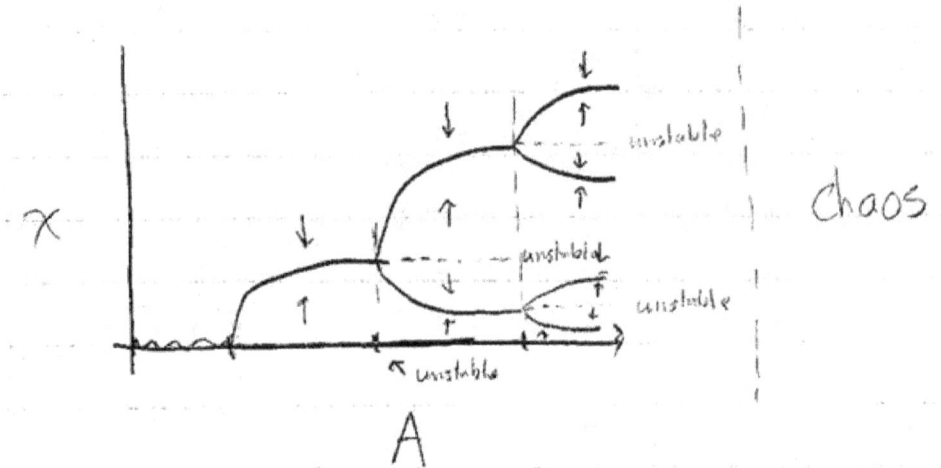

Les valeurs de A où se trouvent les bifurcations indiquées sont :

$a_0 = 1$
$a_1 = 2.253804$
$a_2 = 2.614598$
$a_3 = 2.696126$
$a_4 = 2.714118$
$a_5 = 2.718112$

Le nombre Feigenbaum :

$$F = \lim_{j\to\infty}\frac{a_j - a_{j-1}}{a_{j+1} - a_j} \cong \frac{a_4 - a_3}{a_5 - a_4} = 4.505$$

$$(7\text{-}11)$$

Exercice 7.1. Refaites l'analyse ci-dessus pour une autre carte 1D différenciable en continu avec un seul maximum sur l'intervalle (0,1).

Exemple 7.2. A l'aide de méthodes analytiques, évaluer les périodes 1,2,… points fixes de la carte standard :

$$R \longrightarrow R + \varepsilon\sin\theta$$
$$\theta = \theta + R + \varepsilon\sin\theta$$

Considérons la période 1 points fixes où la cartographie indique

$$R_1 = R_0 + \varepsilon sin\theta_0 \quad\text{and}\quad \theta_1 = R_0 + \theta_0 + \varepsilon sin\theta_0$$

tandis que la période 1 indique : $R_1 = R_0 \quad and \quad \theta_1 = \theta_0$, avec égalité angulaire jusqu'à une différence de $2m\pi$. Ainsi,

$$sin\theta_0 = 0 \longrightarrow \theta_0 = n\pi, \quad n = 0,1,2, ...$$

Notez que pour toute solution $\theta_0 = n\pi$ dans la fonction sinus, il existe toujours la solution $\theta_0 = n\pi + 2m\pi$ issue de la multivalence. Il est utile de le rappeler lorsqu'on envisage des solutions pour $\theta_1 = R_0 + \theta_0$:
$$R_0 = 2n\pi,$$
(pas simplement $R_0 = 0$). Ainsi, les points fixes à la période 1 sont : { $\theta_0 = n\pi,\ R_0 = 2n\pi$ }.

Considérons maintenant les points fixes de la période 2 :
$$R_2 = R_1 + \varepsilon \sin\theta_1 = R_0 + \varepsilon \sin\theta_0 + \varepsilon \sin(R_0 + \theta_0 + \varepsilon \sin\theta_0)$$
$$\theta_2 = R_1 + \theta_1 + \varepsilon \sin\theta_1$$
$$= 2(R_0 + \varepsilon \sin\theta_0) + \theta_0 + \varepsilon \sin(R_0 + \theta_0 + \varepsilon \sin\theta_0)$$
$$R_2 = R_0 \quad \rightarrow \quad \sin\theta_0 + \sin(R_0 + \theta_0 + \varepsilon \sin\theta_0) = 0 \quad \rightarrow \quad \theta_0 =$$
$n\pi \quad$ and $\quad R_0 = n\pi \quad$ or $\quad R_0 = 2n\pi$
$$\theta_2 = \theta_0 \quad \rightarrow \quad 2(R_0 + \varepsilon \sin\theta_0) + \varepsilon \sin(R_0 + \theta_0 + \varepsilon \sin\theta_0) = 0 \quad \rightarrow \quad R_0$$
$$= n\pi \quad \text{indicated.}$$
Ainsi, les points fixes à la période 2 sont : { $\theta_0 = n\pi,\ R_0 = n\pi$ }.

Considérons maintenant la période 3 points fixes :
$$R_3 = R_2 + \varepsilon \sin\theta_2$$
$$= R_0 + \varepsilon \sin\theta_2 + \varepsilon \sin(R_0 + \theta_0 + \varepsilon \sin\theta_0)$$
$$+ \varepsilon \sin[2R_0 + \theta_0 + \varepsilon \sin(R_0 + \theta_0)]$$
Encore une fois, nous l'avons fait $\theta_0 = n\pi$.
$$\theta_3 = R_2 + \theta_2 + \varepsilon \sin\theta_2$$
$$= 3(R_0 + \varepsilon \sin\theta_0) + 2\varepsilon \sin(R_0 + \theta_0 + \varepsilon \sin\theta_0) + \theta_0$$
$$+ \varepsilon \sin[2(R_0 + \varepsilon \sin\theta_0) + \theta_0 + \varepsilon \sin(R_0 + \theta_0)]$$
$$\theta_3 = \theta_0:$$
$$0 = 3R_0 + 2\varepsilon \sin(R_0 + \theta_0) + \varepsilon \sin[2R_0 + \theta_0 + \varepsilon \sin(R_0 + \theta_0)].$$
Ainsi, les points fixes à la période 3 sont : { $\theta_0 = n\pi,\ R_0 = 2n\pi$ }, et maintenant la tendance est évidente :

Même les périodes ont des points fixes à : { $\theta_0 = n\pi,\ R_0 = n\pi$ }.

Les périodes impaires ont des points fixes à : { $\theta_0 = n\pi,\ R_0 = 2n\pi$ }.

Exercice 7.2. Essayer
$$R \rightarrow R + \varepsilon[x(1-x)]$$
$$x = x + R + \varepsilon[x(1-x)]$$

Chapitre 8. Transformations de coordonnées canoniques

Nous avons montré précédemment qu'un mouvement infinitésimal d'un objet en termes de coordonnées généralisées, allant de (q_0, p_0)à (q_1, p_1)dans l'espace des phases, pouvait être décrit en termes du système hamiltonien. La transformation de coordonnées induite par l'hamiltonien est « canonique » puisque son jacobien est 1 (la propriété de préservation de l'aire des transformations canoniques) :

$$\frac{\partial(q_1, p_1)}{\partial(q_0, p_0)} = 1$$

(8-1)

Considérons maintenant la classe générale de telles transformations de coordonnées canoniques. Soit les coordonnées initiales $\{ q_a, p_a \}$ pour $a = 1,2, \dots, n$. Soit les coordonnées transformées $\{ Q_a, P_a \}$ (où $a = 1,2, \dots, n$), et nous avons les relations de transformation :

$$q_a = q_a(\{Q_a, P_a\}; t) \text{ and } p_a = p_a(\{Q_a, P_a\}; t)$$

(8-2)

Dans quelle mesure pouvons-nous obtenir une expression générale pour les nouvelles coordonnées $\{ Q_a, P_a \}$? Commencer. écrivons le principe de Hamilton d'avant (avec les indices supprimés) :

$$S(q, \dot{q}) = \int_{t_1}^{t_2} L(q, \dot{q}, t)dt \; ; \; \delta S$$

$$= \left[\frac{\partial L}{\partial \dot{q}}\delta q\right]_{t_1}^{t_2} + \int_{t_1}^{t_2} \left[\left(\frac{\partial L}{\partial q}\right) - \frac{d}{dt}\left(\frac{\partial L}{\partial \dot{q}}\right)\right]\delta q dt$$

en termes d'hamiltonien et d'action dans un principe hamiltonien modifié (avec indices exprimés) :

$$S(q_a, p_a) = \int_{t_1}^{t_2} \sum_a p_a \dot{q}_a - H(q_a, p_a, t) dt \; ; \quad \delta S$$

$$= \int_{t_1}^{t_2} \left[\sum_a \delta p_a \dot{q}_a + p_a \delta \dot{q}_a - \delta H(q_a, p_a, t) \right] dt$$

Comme pour le lagrangien, les dérivées du temps total n'apportent aucune contribution en raison des points limites fixes (l'assouplissement de cette condition sera exploré plus tard). Ainsi, la variation de l'action peut être réécrite :

$$\delta S = \int_{t_1}^{t_2} \left[\sum_a \delta p_a [\dot{q}_a - \frac{\partial H}{\partial p_a}] + \delta q_a [-\dot{p}_a - \frac{\partial H}{\partial q_a}] \right] dt$$

(8-3)

ce qui donne lieu aux équations de Hamilton lorsque $\delta S = 0$:

$$\dot{q}_a = \frac{\partial H}{\partial p_a} \quad and \quad \dot{p}_a = -\frac{\partial H}{\partial q_a}.$$

(8-4)

Ainsi, pour conserver les équations du mouvement de Hamilton dans les nouvelles variables, nous devons être capables d'exprimer

$$\sum_a p_a \dot{q}_a - H(q_a, p_a, t)$$

$$= \sum_a P_a \dot{Q}_a - \tilde{H}(Q_a, P_a, t) + \{total\ time\ derivative\}$$

(8-5)

Dans [25] les quatre types de fonctions génératrices de dérivées en temps total des transformations canoniques sont décrits, avec dépendance des anciennes et nouvelles variables canoniques selon { qQ }, { q,P }, { p,Q }. { p,P } (la même fonction génératrice n'a pas besoin d'être utilisée pour toutes les variables, donnant lieu à une analyse mixte tout comme l' analyse routhienne implique que certaines variables soient décrites en termes de lagrangien et d'autres en termes d'hamiltonien). Le récit des différents cas est fait en détail dans [25] et ne sera donc pas fait ici. Pour prendre un cas particulier, considérons la fonction génératrice de transformation de type { qQ } et analysons les transformations canoniques qu'elle peut produire (en suivant les conventions de [29]). Plus précisément, variation sur :

$$\sum_a P_a \dot{Q}_a - \tilde{H}(Q_a, P_a, t) + \frac{d}{dt} F(q_a, Q_a, t),$$

ce qui donne l'équation de Hamilton pour les nouvelles variables comme prévu :

$$\dot{Q}_a = \frac{\partial \tilde{H}}{\partial P_a} \quad and \quad \dot{P}_a = -\frac{\partial \tilde{H}}{\partial Q_a}.$$

(8-7)

Si l'on prend maintenant les différentes dérivées partielles pour réécrire la dérivée temporelle totale, on peut arriver à une cohérence avec les équations hamiltoniennes ci-dessus si :

$$p_a = \frac{\partial}{\partial q_a} F(q_a, Q_a, t),$$

$$P_a = -\frac{\partial}{\partial Q_a} F(q_a, Q_a, t), \quad \tilde{H}(Q_a, P_a, t)$$

$$= H(q_a, p_a, t) + \frac{\partial}{\partial t} F(q_a, Q_a, t)$$

(8-8)

Ainsi, la description de l'action dans un principe hamiltonien modifié offre une flexibilité remarquable dans le choix des représentations équivalentes du mouvement. La chose la plus simple à choisir est une situation où les nouvelles coordonnées sont cycliques ($\dot{Q}_a = 0 \ and \ \dot{P}_a = 0$), et c'est ce qui est fait dans la théorie de Hamilton-Jacobi décrite dans la section suivante.

8.1 L'équation hamiltonienne-Jacobi

En utilisant la dérivation et la notation de [29], il existe désormais un moyen simple d'arriver à ce que l'on appelle la théorie de Hamilton-Jacobi. L'idée est d'avoir une transformation telle que les coordonnées soient cycliques. Mais avant de se lancer dans la transformation canonique, il est utile de passer d'une fonction $F(q_a, Q_a, t)$à une nouvelle fonction, notée $S(q_a, P_a, t)$, par le biais d'une transformation de Legendre. Cette nouvelle fonction pour la condition des coordonnées cycliques sera l'Action comme indiqué Sprécédemment. Considérons donc d'abord la transformation de Legendre (fonctionne ici puisque tous les termes de surface sont nuls en raison de conditions aux limites fixes) :

$$F(q_a, Q_a, t) = -\sum_a P_a Q_a + S(q_a, P_a, t)$$

(8-9)

Premièrement, le différentiel est par définition en termes de variables dépendantes :

$$dF = \sum_a \left(\frac{\partial F}{\partial q_a}dq_a + \frac{\partial F}{\partial Q_a}dQ_a\right) + \frac{\partial F}{\partial t}dt$$

$$= \sum_a (p_a dq_a - P_a dQ_a) + \frac{\partial F}{\partial t}dt$$

mais d'en haut il y a aussi :

$$dF = -\sum_a (P_a dQ_a + dP_a Q_a) + dS$$

(8-10)

Ainsi,

$$dS = \sum_a (p_a dq_a + Q_a dP_a) + \frac{\partial F}{\partial t}dt,$$

(8-11)

où l'on peut voir que la dépendance fonctionnelle est bien $S(q_a, P_a, t)$. Si l'on prend par définition les relations suivantes pour dérivée partielle pour :

$$p_a = \frac{\partial}{\partial q_a}S(q_a, P_a, t),$$

$$Q_a = \frac{\partial}{\partial P_a}S(q_a, P_a, t), \qquad \frac{\partial}{\partial t}S(q_a, P_a, t) = \frac{\partial}{\partial t}F(q_a, Q_a, t)$$

(8-12)

on obtient alors :

$$\tilde{H}(Q_a, P_a, t) = H(q_a, p_a, t) + \frac{\partial}{\partial t}S(q_a, P_a, t)$$

(8-13)

Tous $S(q_a, P_a, t)$ les partiels ci-dessus génèreront une transformation canonique par construction. Choisissons maintenant une transformation canonique avec $S(q_a, P_a, t)$ telle que $\tilde{H}(Q_a, P_a, t) = 0$, puisque $\tilde{H}$ cela n'a aucune dépendance Q_a et P_a que ce sont des coordonnées cycliques. Auquel cas on arrive à :

$$0 = H(q_a, p_a, t) + \frac{\partial}{\partial t}S(q_a, P_a, t) = H\left(q_a, \frac{\partial S}{\partial q_a}, t\right) + \frac{\partial}{\partial t}S(q_a, P_a, t)$$

et puisque Q_a et P_a sont des constantes du mouvement, on obtient alors l'équation de Hamilton-Jacobi :

$$H\left(q_a, \frac{\partial S}{\partial q_a}, t\right) + \frac{\partial}{\partial t}S(q_a, t) = 0$$

160

Il s'agit d'une équation aux dérivées partielles du premier ordre qui peut être résolue en introduisant (n+1) constantes d'intégration ($\{c_a\}$ *and* S_0) :

$$S = S(q_a, c_a, t) + S_0$$

Si nous choisissons les constantes $\{c_a\}$comme constantes, $\{P_a\}$nous revenons à la forme classique de la solution connue sous le nom de fonction principale de Hamilton :

$$S = S(q_a, P_a, t) + S_0$$

(8-15)

où

$$p_a = \frac{\partial}{\partial q_a} S(q_a, P_a, t), \qquad Q_a = \frac{\partial}{\partial P_a} S(q_a, P_a, t).$$

(8-16)

La raison pour laquelle cette forme est significative est due à cette dernière relation étant donné que $\{P_a\}$et $\{Q_a\}$sont des constantes du mouvement, elle est inversible pour donner une description du mouvement qui n'est qu'une fonction du temps :

$$q_a = q_a(\{Q_a\}, \{P_a\}, t)$$

Ainsi, le mouvement est clairement défini comme un chemin (paramétré par t). Considérons la dérivée de Sle long de ce chemin :

$$\frac{dS}{dt} = \sum_a \frac{\partial S}{\partial q_a} \dot{q}_a + \frac{\partial S}{\partial t} = \sum_a p_a \dot{q}_a - H = L(q_a, \dot{q}_a, t)$$

Ainsi,

$$S = \int_{t_0}^{t} L(q_a, \dot{q}_a, \tau) d\tau + S_0(t_0)$$

(8-17)

Ou bien, en changeant légèrement la notation de la variable temporelle, nous arrivons à la forme initialement posée comme la « formulation d'action » de Hamilton mentionnée au début du chapitre 3 :

$$S = \int_{t_1}^{t_2} L(q, \dot{q}, t) dt$$

(8-18)

Exemple 8.1. Commençons par une expression pour l'action :

$$S = (q, q_0, t, t_0) = \frac{m\omega}{2sin\omega t}\{(q^2 + q_0{}^2)cos\omega t - 2qq_0\}; \quad T = t - t_0.$$

Quels résultats système ? Qu'est-ce que l'hamiltonien ? Quelles sont les trajectoires ?

Solution:

$$H = -\frac{\partial S}{\partial t} = \frac{m\omega^2}{(2sin\omega t)^2}\{-4qq_0cos\omega t + 2(q^2 + q_0{}^2)\}.$$

À partir duquel nous pouvons reconstruire

$$p = \frac{\partial S}{\partial q} = \frac{m\omega}{2sin\omega t}\{2qcos\omega t - 2q_0\}$$

$$p^2 = 2m\left[\frac{m\omega^2}{2sin^2\omega t}\right][q^2cos^2\omega t - 2qq_0cos\omega t + q_0{}^2]$$

$$\frac{p^2}{2m} = \frac{m\omega^2}{(2sin\omega t)^2}\{-2q^2sin^2\omega t - 4qq_0cos\omega t + 2(q^2 + q_0{}^2)\}.$$

Ainsi, l'hamiltonien peut s'écrire :

$$H = \frac{p^2}{2m} + \frac{m\omega^2}{(2sin\omega t)^2}\{2q^2sin^2\omega t\} = \frac{p^2}{2m} + \frac{m\omega^2q^2}{2} = \frac{1}{2m}[p^2 + m^2\omega^2q^2].$$

Ainsi la quantité conservée, l'énergie, est :

$$E = \frac{1}{2m}[p^2 + m^2\omega^2q^2].$$

Il s'agit d'un oscillateur harmonique. Voyons maintenant les trajectoires :

$$\dot{q} = \frac{\partial H}{\partial p} = \frac{p}{m} \quad and \quad \dot{p} = -\frac{\partial H}{\partial q} = m\omega^2q.$$

Un ensemble de solutions possibles :

$$q = \sqrt{2E/m\omega^2}cos\omega t \quad and \quad p = \sqrt{2mE}sin\omega t.$$

Exercice 8.1. Trouvez toutes les solutions.

Exemple 8.2. Résolvez l'équation HJ pour le mouvement dans une dimension car une particule est soumise à une force constante dans l'espace et dans le temps.

Solution

L'équation HJ en 1D :

$$H(q,p) + \frac{\partial S}{\partial t} = 0, \quad p = \frac{\partial S}{\partial q}, \quad H\left(q, \frac{\partial S}{\partial q}\right) + \frac{\partial S}{\partial t} = 0.$$

(a) Pour une particule en 1D, non relativiste, de force constante dans l'espace et dans le temps, on a :

$$F = -\frac{\partial V}{\partial q} = \alpha \quad \rightarrow \quad V = -\alpha q,$$

et pour l'énergie cinétique on a l'habituel :

$$T = \frac{1}{2}m\dot{q}^2.$$

Le Lagrangien est donc :

$$L = T - V = \frac{1}{2}m\dot{q}^2 + \alpha q.$$

Maintenant, pour construire l'hamiltonien, d'abord l'impulsion :

$$p = \frac{\partial L}{\partial \dot{q}} = m\dot{q},$$

Ainsi:

$$H(q,p,t) = \dot{q}p - L = \frac{p^2}{m} - \frac{1}{2}m\left(\frac{p}{m}\right)^2 - \alpha q = \frac{p^2}{2m} - \alpha q.$$

En utilisant cela dans l'équation 1D HJ, nous obtenons :

$$\frac{1}{2m}\left(\frac{\partial S}{\partial q}\right)^2 + \alpha q + \frac{\partial S}{\partial t} = 0.$$

Si l'on devine une solution de la forme :

$$S(q,E,t) = w(q,E) - Et \quad \rightarrow \quad \frac{\partial S}{\partial t} + H = 0 \quad \rightarrow \quad H = E.$$

Résolution de la fonction $w(q,E)$:

$$\frac{1}{2m}\left(\frac{\partial w}{\partial q}\right)^2 = E - \alpha q \quad \rightarrow \quad \frac{\partial w}{\partial q} = \sqrt{2m(E - \alpha q)}.$$

Ainsi,

$$S = \sqrt{2mE}\int dq\sqrt{1 - \frac{\alpha q}{E}} - Et \quad \rightarrow \quad S$$

$$= \sqrt{2mE}\cdot\frac{2\sqrt{\left(1 - \frac{\alpha q}{E}\right)^3}}{3\left(-\frac{\alpha}{E}\right)} - Et + f(x_0)$$

Exercice 8.2. Résolvez l'équation HJ pour le mouvement dans une dimension car une particule est soumise à une force constante dans l'espace et augmentant linéairement dans le temps.

8.2 De l'équation de Hamilton-Jacobi à l'équation de Schrödinger

Jusqu'à présent, la mécanique classique a été non relativiste et sans champ, sauf dans un sens idéalisé pour cette dernière. De plus, lorsque la matière s'accumule gravitationnellement, nous comprenons que son effondrement est stoppé à un moment donné par les propriétés de compression du matériau qui elles-mêmes sont dues à des solutions électrodynamiques de non-effondrement. Ainsi, jusqu'à présent, nos objets ont été simplifiés à leur comportement classique non électrodynamique. Une fois que nous essayons de prendre en compte la relativité ou de décrire les champs comme dynamiques à part entière, nous rencontrons de nouvelles complications (telles que l'effondrement radiatif électrodynamique) et une théorie quantique est indiquée. Il existe trois formalismes principaux qui relient la théorie classique à une théorie quantique (Schrödinger, Heisenberg et Feynman-Dirac). Il existe également l'ancienne quantification de Bohr-Sommerfeld dans une tentative antérieure comprenant une solution semi-classique dans la théorie actuelle. La première à être discutée est la forme de quantification par équation d'onde de Schrödinger, qui est directement liée à l'équation de Hamilton-Jacobi avec une substitution appropriée des opérateurs.

L'équation classique de Hamilton-Jacobi a la différentielle $\partial/\partial q_a$:

$$H\left(q_a, \frac{\partial S}{\partial q_a}, t\right) + \frac{\partial}{\partial t} S(q_a, t) = 0$$

(8-19)

Dans la théorie quantique de Schrödinger, nous passons à un formalisme d'opérateur de fonction d'onde, qui commence par une fonction d'onde de la forme :

$$\psi(q_a, t) \propto e^{\frac{i}{\hbar} S(q_a, t)},$$

(8-20)

où nous voyons l'action entrer comme une phase dans la fonction d'onde. Agir sur la fonction d'onde est une expression d'opérateur par laquelle p_a n'est pas substituée par $\frac{\partial S}{\partial q_a}$ (expression classique) mais par $\frac{\partial}{\partial q_a}$ dans le cadre d'une expression d'opérateur :

$$H(q_a, p_a, t) + \frac{\partial}{\partial t} S(q_a, t) = 0 \rightarrow \left\{ H\left(q_a, \frac{\partial}{\partial q_a}, t\right) + \frac{\partial}{\partial t} \right\} \exp \frac{i}{\hbar} S(q_a, t)$$
$$= 0$$

(8-21)

cette dernière étant une forme de l'équation de Schrödinger (plus de détails dans [42]). L'équation quantique du mouvement, au premier ordre en $\frac{S}{\hbar}$, récupère alors la mécanique classique, puisque

$$\left\{ H\left(q_a, \frac{\partial S}{\partial q_a}, t\right) + \frac{\partial S}{\partial t} \right\} \exp \frac{i}{\hbar} S(q_a, t) = 0 \rightarrow H\left(q_a, \frac{\partial S}{\partial q_a}, t\right) + \frac{\partial}{\partial t} S(q_a, t)$$
$$= 0.$$

(8-22)

La physique semi-classique décrit ensuite le mélange initial de termes du second ordre et d'ordre supérieur qui donnent lieu à des effets non classiques.

Pour les configurations limitées, des solutions complètes aux équations de Schrödinger sont possibles, comme pour l'atome critique d'hydrogène. Lorsqu'elle est appliquée à l'atome d'hydrogène, la physique quantique résout une énigme de l'électrostatique classique selon laquelle l'atome d'hydrogène a des états liés stables (et ne s'effondre pas simplement).

Exemple 8.3. Considérons l'équation de Schrödinger dépendant du temps pour une seule particule dans un potentiel $U(r, t)$. Ce problème de mécanique quantique sera étudié de manière approfondie dans [42], mais vu dans un sens général, il est maintenant très instructif quant à la nouvelle « place » qui attend la mécanique classique dans le monde plus vaste de la mécanique quantique). Considérons l'ansatz où la solution de la fonction d'onde peut être écrite :

$$\Psi(r, t) = A(r, t) \exp\left[\frac{i}{\hbar} \theta(r, t)\right],$$

(8-23)

où A et θ sont réels et analytiques dans $\hbar$. (a) Montrer le développement en $\hbar$ conduit, à l'ordre le plus bas, à θ être une solution de l'équation HJ correspondante (c'est l'action classique). (b) Montrer à l'ordre suivant dans $\hbar$ la mesure où cela A^2 satisfait une équation de continuité (cela aidera à motiver l'interprétation de Born dans [42]).

Solution

(a) Nous avons pour l'équation de Schrödinger dépendant du temps :

$$i\hbar \frac{\partial}{\partial t} \Psi(r, t) = \hat{H} \Psi(r, t).$$

Pour une seule particule dans un potentiel on a :

$$\hat{H} = \frac{\hat{p}^2}{2m} + \hat{U}(r, t) = -\frac{\hbar^2}{2m} \nabla^2 + U(r, t),$$

ainsi,

$$i\hbar \frac{\partial}{\partial t} \Psi(r, t) = -\frac{\hbar^2}{2m} \nabla^2 \Psi(r, t) + U(r, t)\Psi(r, t).$$

Essayons maintenant la solution indiquée pour obtenir une équation en termes de $\{A, \theta\}$:

$$i\hbar \frac{\partial A}{\partial t} - A \frac{\partial \theta}{\partial t} = -\frac{\hbar^2}{2m} \nabla^2 A - \frac{i\hbar}{m} \nabla A \nabla \theta + \frac{A}{2m} (\nabla \theta)^2 - \frac{i\hbar}{2m} A \nabla^2 \theta + AU.$$

À l'ordre zéro dans $\hbar$, $\hbar^0$, nous avons les termes :

$$\frac{\partial \theta}{\partial t} = -\left[\frac{(\nabla\theta)^2}{2m} + U\right].$$

L'équation HJ (Hamilton-Jacobi) pour la θ variable est :

$$H(r, \nabla\theta) + \frac{\partial \theta}{\partial t} = 0 \rightarrow \frac{\partial \theta}{\partial t} = -\left[\frac{(\nabla\theta)^2}{2m} + U\right],$$

ce qui est précisément la relation d'ordre zéro.

(b) Au premier ordre dans $\hbar$, $\hbar^1$, on a les termes :

$$i\hbar\frac{\partial A}{\partial t} = -\frac{i\hbar}{m}\nabla A\nabla\theta - \frac{i\hbar}{2m}A\nabla^2\theta,$$

multiplier par A et regrouper :

$$\frac{\partial A^2}{\partial t} = -\frac{1}{m}\nabla(A^2\nabla\theta) \rightarrow \frac{\partial \rho}{\partial t} = -\nabla\left(\rho\frac{\nabla\theta}{m}\right), where\ \rho = A^2,$$

Ainsi, nous obtenons :

$$\frac{\partial \rho}{\partial t} + \nabla \cdot (\rho v) = 0, where\ v = \frac{\nabla\theta}{m},$$

où ρ est comme une densité de fluide et v ressemble à un champ vectoriel de vitesse d'écoulement.

Exercice 8.3. Que révèle-t-on au second ordre dans $\hbar$?

8.3 Variables d'angle d'action et quantification de Bohr/Sommerfeld-Wilson

Pour le cas particulier d'un mouvement conservateur limité qui est séparable et périodique, nous pouvons passer à ce que l'on appelle les variables d'angle d'action. Les « variables d'action » sont définies comme l'intégrale de l'aire dans l'espace des phases sur une période du mouvement pour chaque degré de liberté :

$$J_a = \oint p_a dq_a$$

(8-24)

Les résultats J_a ne dépendent que des constantes du mouvement, notées ici $\{\alpha_a\}$ et suivant la notation de [29] :

$$J_a = J_a(\{\alpha_a\}).$$

(8-25)

Ou, en inversant et en renommant $\alpha_1 = E$:

$$E = H(\{J_a\}).$$

(8-26)

166

De plus amples détails sur la dérivation peuvent être trouvés dans [29]. À partir de là, nous pouvons déterminer les fréquences fondamentales du système en termes de l'hamiltonien ci-dessus exprimé via des variables d'action :

$$\nu_a = \frac{\partial}{\partial J_a} H(\{J_a\}).$$

(8-27)

Dans la quantification Sommerfeld-Wilson, il a été proposé que les variables d'action soient quantifiées avec des quantités entières de constante de Plank :

$$J_a = \oint p_a dq_a = nh$$

(8-28)

8.4 Supports de Poisson

Les parenthèses de Poisson prennent une forme spéciale lorsque l'on travaille en coordonnées canoniques, et elles sont définies en termes d'hamiltonien de toute façon, c'est pourquoi la présentation des parenthèses de Poisson est placée ici pour cette raison. En coordonnées canoniques, considérons deux fonctions $f(q_i, p_i, t)$ et $g(q_i, p_i, t)$, où les coordonnées canoniques (sur un espace de phases) sont données par $\{ p_i, q_i \}$ où $i = 1..N$. La fonction parenthèse de Poisson de ces deux fonctions est notée $\{ f, g \}$ et définie par :

$$\{f, g\} = \sum_{i=1}^{N} \left(\frac{\partial f}{\partial q_i} \frac{\partial g}{\partial p_i} - \frac{\partial f}{\partial p_i} \frac{\partial g}{\partial q_i} \right).$$

(8-29)

Ainsi, par définition nous avons :

$$\{q_i, q_j\} = 0, \quad \{p_i, p_j\} = 0, \qquad and \qquad \{q_i, p_j\} = \delta_{ij},$$

(8-30)

où le delta de Kronecker est utilisé ($\delta_{ij} = 1 \ if \ i = j$ et $\delta_{ij} = 0$ autrement).

Souvent, nous examinons l'évolution temporelle d'une fonction sur la variété symplectique induite par la famille des symplectomorphismes à un paramètre (difféomorphismes canoniques et préservant l'aire) [37], où les parenthèses de Poisson sont préservées.

Nous reverrons les parenthèses de Poisson dans [42] sur la mécanique quantique sous forme de parenthèses de Poisson généralisées, qui lors de la quantification se déforment en parenthèses de Moyal (une généralisation de l'algèbre de Lie, l'algèbre de Poisson, associée aux

167

parenthèses de Poisson). En termes d'espace de Hilbert, nous arrivons à des commutateurs quantiques non nuls.

Chapitre 9. Théorie des perturbations, Analyse dimensionnelle, et phénoménologie

9.1 Théorie des perturbations hamiltoniennes

Dans la théorie des perturbations, nous considérons une solution ou un système connu (généralement une description hamiltonienne avec ses constantes de mouvement clairement définies) et nous considérons une petite « perturbation » de ce système. Nous effectuons ensuite une expansion de perturbation pour notre solution en résolvant séparément à différents ordres des problèmes différentiels plus simples (voir l'annexe A. pour une discussion et des exemples de méthodes de résolution de perturbation d'équation différentielle ordinaire en général).

Exemple 9.1. Théorie des perturbations impliquant un hamiltonien complet.

Considérons maintenant la théorie des perturbations impliquant un hamiltonien complet $H(q, p, t)$, un hamiltonien plus simple avec des solutions connues $H_0(q, p, t)$, et la partie perturbation $\Delta H(q, p, t)$, où$\Delta H \ll H_0$:

$$H(q, p, t) = H_0(q, p, t) + \Delta H(q, p, t).$$

$$(9\text{-}1)$$

Nous développons toutes les variables à différents ordres dans un paramètre de perturbation (apparaissant dans ΔH).

Prenons l'exemple d'un mouvement libre avec une force de rappel du ressort considérée comme une perturbation. Dans ce cas, nous connaissons la solution complète sans aucune théorie de perturbation et pouvons donc voir comment notre résultat fonctionne. Donc, pour H_0nous $H_0 = p^2/2m$et pour la perturbation, utilisons la forme solution du potentiel de ressort en coordonnées canoniques : $\Delta H = (m\omega^2/2)x^2$. On peut alors évaluer les équations de Hamilton pour obtenir le résultat habituel :

$$\dot{x} = \frac{p}{m} \;\; ; \;\; \dot{p} = -m\omega^2 x$$

$$(9\text{-}2)$$

(sans aucune approximation). Traité comme une perturbation, considérons ω^2comme paramètre de perturbation, donc à l'ordre zéro nous avons $\dot{p}_0 = 0$et $\dot{x}_0 = p_0/m$. Ainsi

169

$$p^{(0)} = p_0 = const. \quad ; \quad x^{(0)} = x_0 = \left(\frac{p_0}{m}\right)t,$$

(9-3)

où nous choisissons la condition initiale $x(t = 0) = 0$. Maintenant, au premier ordre, nous obtenons :

$$\dot{p}^{(1)} = -m\omega^2 x^{(0)} = -\omega^2 p_0 t \quad \rightarrow \quad p^{(1)}(t) = p_0 - \frac{1}{2}\omega^2 p_0 t^2$$

(9-4)

et

$$\dot{x}^{(1)} = \frac{p^{(1)}}{m} = \frac{p_0}{m} - \frac{1}{2m}\omega^2 p_0 t^2 \quad \rightarrow \quad x^{(1)}(t) = \frac{p_0}{m}t - \frac{1}{6m}\omega^2 p_0 t^3.$$

(9-5)

Si l'on compare maintenant avec la solution complète connue :

$$p(t) = p_0 \cos\omega t \quad ; \quad x(t) = \frac{p_0}{m\omega}\sin\omega t,$$

(9-6)

dès la première commande, nous pouvons voir un accord exact.

S'il existe une perturbation dépendant du temps, on passe souvent d'une formulation hamiltonienne à la formulation hamiltonienne-Jacobi [37]. Considérez la $H = H_0 + \Delta H$ configuration comme avant, mais nous avons maintenant l'information supplémentaire d'avoir obtenu la fonction principale S qui est la fonction génératrice de la transformation canonique à partir de $\{q, p\} \rightarrow \{\alpha, \beta\}$ telle que :

$$H_0\left(q, \frac{\partial S}{\partial q}, t\right) + \frac{\partial}{\partial t}S(q, \alpha, t) = 0.$$

(9-7)

Par rapport à H_0, les variables $\{\alpha, \beta\}$ sont canoniques et donc constantes. Par rapport à H elles ne seront pas des constantes mais seront quand même choisies comme variables canoniques (let $\{P = \alpha, Q = \beta\}$) :

$$P = \alpha(q, p) \quad ; \quad Q = \beta(q, p).$$

(9-8)

Refonte sous la forme standard HJ pour l'hamiltonien perturbé H avec la perturbation dépendant du temps :

$$H(\alpha, \beta, t) = H_0(\alpha, \beta, t) + \Delta H(\alpha, \beta, t) + \frac{\partial S}{\partial t} = \Delta H(\alpha, \beta, t),$$

(9-9)

et depuis $\dot{Q} = \frac{\partial H}{\partial P}$ et $\dot{P} = -\frac{\partial H}{\partial Q}$ on obtient les relations exactes :

$$\dot{\alpha} = -\frac{\partial \Delta H}{\partial \beta} \quad ; \quad \dot{\beta} = \frac{\partial \Delta H}{\partial \alpha}.$$

(9-10)

Les solutions exactes ne sont souvent pas possibles, nous effectuons donc des développements de perturbations comme auparavant. Ici, quelles que soient les valeurs $\{\alpha, \beta\}$ obtenues à l'ordre zéro, elles sont ensuite utilisées dans le calcul du premier ordre, comme auparavant :

$$\dot{\alpha}^{(1)} = -\frac{\partial \Delta H}{\partial \beta}, \quad \alpha = \alpha^{(0)}, \quad \beta = \beta^{(0)},$$

(9-11)

et de même pour $\dot{\beta}^{(1)}$, puis itéré à un ordre supérieur selon les besoins.

Exercice 9.1. Appliquer l'approche de perturbation HJ au système de ressorts considéré précédemment et réobtenir le résultat dans le formalisme HJ.

9.2 Analyse dimensionnelle

La physique a des quantités dimensionnelles, contrairement aux mathématiques différentielles utilisées jusqu'à présent (même si l'on peut introduire des éléments mathématiques qui peuvent agir comme des quantités dimensionnelles). Les quantités sans dimension peuvent être regroupées en produits sans dimension. Par exemple, la loi de Stefan-Boltzmann (décrite dans [42,45]), donne une relation entre l'énergie radiante E dans une cavité, de volume V, avec des parois à température T :

$$\frac{E}{V} = \frac{8\pi^5}{15} \frac{k_B^4 T^4}{c^3 h^3}.$$

(9-12)

Les formules mathématiques de physique doivent avoir une cohérence sur la dimensionnalité des termes.

Exemple 9.2. Une bille roulant sur une orbite circulaire
Considérons une bille roulant sur une orbite circulaire à l'intérieur d'un cône inversé (voir [62] pour d'autres exemples de ce type), avec un demi-angle (par rapport à la verticale) égal à θ. Les variables du système sont alors la période orbitale τ, la masse m, le rayon de l'orbite R, l'accélération due à la gravité g, etc. θ Faisons un produit sans dimension :

$$\tau^\alpha m^\beta R^\gamma g^\delta = [T]^\alpha [M]^\beta [L]^\gamma [LT^{-2}]^\delta = T^{\alpha-2\delta} M^\beta L^{\gamma+\delta},$$

(9-13)

qui est sans dimension si $\alpha - 2\delta = 0$ et $\beta = 0$ et $\gamma + \delta = 0$, ou en simplifiant on obtient :

$$\beta = 0 \text{ et } \gamma = -\delta = -\alpha/2.$$

On a donc la relation :

$$\tau = \sqrt{\frac{R}{g}} f(\theta).$$

Avec beaucoup plus d'efforts, une analyse détaillée montre que $f(\theta) = 2\pi\sqrt{\tan\theta}$.

Exercice 9.2. Montre CA $f(\theta) = 2\pi\sqrt{\tan\theta}$.

Une formulation plus générale de la solution partielle possible par analyse dimensionnelle est donnée par le Πthéorème de Buckingham [62].

9.2.1 ΠThéorème de Buckingham

1. Si une équation est dimensionnellement homogène, elle peut être réduite à une relation entre un ensemble complet de produits indépendants sans dimension [63]

2. Le nombre de produits sans dimension complets et indépendants N_P est égal au nombre de variables (et constantes) sans dimension N_V moins le nombre de dimensions N_D nécessaires pour exprimer les formules : $N_P = N_V - N_D$.

La clarification des méthodes ci-dessus est mieux illustrée par quelques exemples.

Exemple 9.3. Analyse dimensionnelle du pendule.
Pour un pendule avec période τ, masse m, longueur de bras l, accélération due à la gravité g:
$$\tau^\alpha m^\beta l^\gamma g^\delta = [T]^\alpha [M]^\beta [L]^\gamma [LT^{-2}]^\delta = T^{\alpha-2\delta} M^\beta L^{\gamma+\delta},$$
qui a la même solution que précédemment (mais sans θ), on a donc :
$$\tau = C \sqrt{\frac{l}{g}},$$
où C est une constante.

Exercice 9.3. Refaire pour un mouvement horizontal du ressort sur surface sans frottement, une extrémité attachée, l'autre avec une masse non négligeable.

Exemple 9.4. Analyse de l'explosion nucléaire par GI Taylor [33]
Il s'agit d'un exemple célèbre où le rendement (l'énergie) d'une explosion nucléaire a été déterminé à partir d'une séquence de photographies à

grande vitesse publiées dans un journal (avec les horodatages nécessaires montrant la propagation de l'explosion). Notons R le rayon d'une onde de souffle en expansion, le temps écoulé depuis l'explosion t, l'énergie libérée E et la densité atmosphérique (initiale) ρ.

Exercice 9.4. Montrez cela $E = k\rho R^5 / t^2$ pour une constante (sans dimension) k.

Exemple 9.5. Considérons l'hamiltonien :
$$H = \frac{1}{2}\left(P_x{}^2 + P_y{}^2\right) + 2x^3 + xy^2$$
Pour lequel les équations hamiltoniennes donnent :
$$\dot{x} = P_x; \quad \dot{y} = P_y; \quad \dot{P}_x = -(6x^2 + y^2); \quad \dot{P}_y = -(2xy).$$

Nous avons notre première quantité conservée l'Énergie, $E = H$ et en nous référant à la dimensionnalité de l'Énergie, construisons un tableau de termes :

Terme	Commander en E
x, y	1/3
P_x, P_y	½
$\frac{d}{dt}$	1/6
H	1

Nous voulons une deuxième quantité conservée W telle qu'elle $\dot{W}$ puisse être construite à partir de ($x, y, P_x, P_y, \dot{x}, \dot{y}, \dot{P}_x, \dot{P}_y$) de manière à donner zéro cohérent avec la forme des « éléments de base » ci-dessus. Puisque les termes $\dot{P}_x, \dot{P}_y$ sont le seul endroit où les termes sont couplés, ils doivent être dans W. Puisque les $\dot{P}_x, \dot{P}_y$ sont d'ordre 2/3, il faut avoir $\dot{W}$ d'ordre $\geq 2/3$. En outre, W il doit s'agir d'une différentielle exacte (comme avec H).

Cas 1 : considéré $\dot{W}$ comme d'ordre 2/3, cela signifie que :
$$\dot{W} = \alpha \dot{P}_x + \beta \dot{P}_y + ax^2 + bxy + cy^2,$$
où les coefficients sont tous des constantes que nous pouvons choisir. Cependant, cette expression n'est pas une différentielle exacte pour un choix de constantes, donc ce cas ne fonctionne pas.

Cas 2 : considéré $\dot{W}$ comme d'ordre 5/6, cela signifie que :

$$\dot{W} = \alpha x P_x + \beta y P_x + \gamma y P_y + \delta x P_y + a x \dot{x} + b x \dot{y} + c y \dot{x} + d y \dot{y}.$$

Cette expression n'est pas non plus une différentielle exacte, donc ce cas ne fonctionne pas.

Cas 3 : considérer $\dot{W}$ comme étant l'ordre 6/6, ... avoir des termes comme $x\dot{P}_x$, et encore une fois, pas de solution.

Cas 4 : considéré $\dot{W}$ comme d'ordre 7/6, cela fonctionne, mais cela récupère la première quantité conservée, l'hamiltonien lui-même.

Cas 5 : considérer $\dot{W}$ comme étant l'ordre 8/6,... avoir des termes comme $x^2\dot{P}_x$, et encore une fois, pas de solution.

Cas 6 : considérer $\dot{W}$ comme une commande 9/6, ... cela fonctionne. La forme générale est désormais :
$$\dot{W} \propto E^{3/2} \quad \rightarrow \quad W \propto E^{4/3}$$
L'expression générale de W est maintenant :
$$W = a_1 x^4 + a_2 x^3 y + a_3 x^2 y^2 + a_4 x y^3 + a_5 y^4$$
$$+ b_1 x P_x^2 + b_2 x P_x P_y + b_3 x P_y^2 + b_4 y P_x^2 + b_5 y P_x P_y + b_6 y P_y^2$$

L'expression générale de $\dot{W}$ est donc :
$$\dot{W} = x^3 P_x (4a_1 - 12b_1) + \cdots,$$
où les coefficients constants pour chaque terme sont chacun séparément égaux à zéro. Il y a donc 12 équations pour les 11 inconnues indiquées. En résolvant, on trouve que :
$$W = x^2 y^2 + \frac{1}{4} y^4 - x P_y^2 + y P_x P_y.$$

9.2.2 L'analyse dimensionnelle montre 22 quantités dimensionnelles uniques [62]

Si nous commençons par l'ensemble des 6 constantes dimensionnelles fondamentales, $\{G, \varepsilon_0, c, e, m_e, h\}$ nous constatons qu'il existe 22 groupements dimensionnels uniques [62] et 2 groupements sans dimension (le nombre d'Eddington-Dirac et la constante de structure fine). Dans [45] nous retrouverons 22 paramètres fondamentaux, dimensionnels , indiqués.

Exercice 9.5. Identifiez les 22 groupements dimensionnels .

9.3 Phénoménologie

Lorsque vous n'avez pas de théorie fondamentale mais que vous souhaitez quand même établir un modèle scientifique basé sur des données empiriques d'un phénomène, alors ce que vous établissez est un modèle phénoménologique. Un modèle phénoménologique ne repose sur aucun principe premier. Les théories fondamentales commencent souvent comme des modèles phénoménologiques jusqu'à ce qu'elles soient mieux comprises. Feynman, dans ses descriptions du droit physique [64], par exemple, décrit le processus de découverte du droit physique comme une conjecture éclairée. La thermodynamique est souvent considérée comme une théorie phénoménologique qui a emprunté des lois physiques ailleurs (comme la conservation de l'énergie). En partie pour cette raison, et en attendant d'autres développements de la théorie, la discussion de la phénoménologie dans les contextes de la thermodynamique et de la mécanique statistique n'est pas terminée avant [44].

Certains des problèmes les plus difficiles de la physique théorique moderne ont été abordés sous la forme de modèles phénoménologiques (physique des particules, physique de la matière condensée, physique des plasmas). Si tout le reste échoue, essayez la phénoménologie. Un exemple célèbre de ceci, tiré du film « Dark Star », concerne la désactivation d'une bombe « thermostellaire » qui s'est activée accidentellement (il s'agit de l'objet en forme de semi-remorque illustré sur la figure 8.1). La bombe est contrôlée par une IA et l'équipage a estimé que sa meilleure chance de la désactiver était de lui « apprendre la phénoménologie », afin qu'elle puisse avoir une vue d'ensemble et se rendre compte qu'elle n'a pas besoin d'exploser s'elle ne le souhaite pas. à..... Malheureusement, après avoir réévalué avec une plus grande perspective, l'IA décide que c'est Dieu, dit « Que la lumière soit » et explose. C'est généralement ainsi que les choses se passent en physique également, mais cela devra attendre un autre jour et un autre livre (voir le prochain [40] pour une description de l'électromagnétisme).

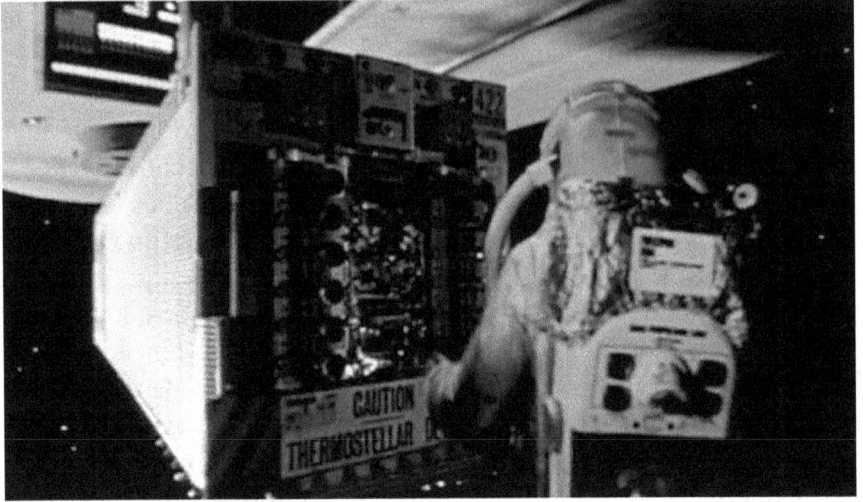

Figure 9.1 Un membre d'équipage montré en train d'enseigner la phénoménologie de l'IA de la bombe, tiré du film « Dark Star ».

Chapitre 10. Exercices supplémentaires

Exercice 10.1.

Considérons une collision de deux systèmes identiques, chacun constitué de deux masses ponctuelles m reliées par un ressort de constante k. Avant la collision, chaque ressort est « détendu », c'est-à-dire non comprimé. Avant la collision, un système se déplace à grande vitesse v vers l'autre, le long de la ligne des ressorts et le deuxième système est au repos. Les particules qui entrent en collision se collent pour former un système de 3 particules, comme le montre l'image « d'après ». Si le temps de collision est court par rapport à $\sqrt{\frac{m}{k}}$, $find$

- (a) La vitesse de chacune des trois particules finales immédiatement après la collision.
- (b) La position de la particule à l'extrême droite en fonction du temps t après la collision

Exercice 10.2.

Deux particules de masses m_1 et m_2 de positions $\vec{r}_1$, $\vec{r}_2$ respectivement, interagissent avec l'énergie potentielle $U(r)$, où $r = \left| \vec{r}_1 - \vec{r}_2 \right|$.

- (a) Écrivez le lagrangien L de ce système.
- (b) Définir la coordonnée relative $\vec{r} = \vec{r}_1 - \vec{r}_2$ et la coordonnée du centre de masse $\vec{R} = \frac{\left(m_1 \vec{r}_1 + m_2 \vec{r}_2 \right)}{(m_1 + m_2)}$. Exprimez le lagrangien L en fonction de ces coordonnées généralisées. Montrer que $L = L_R + L_r$, où L_R est la partie du Lagrangien contenant la coordonnée $\vec{R}$ et L_r est la partie contenant la coordonnée $\vec{r}$. Écrire L_r sous la forme du Lagrangien d'une particule unique ayant des coordonnées $\vec{r}$ et une masse m. Donnez l'expression de cette « masse réduite m en termes de m_1 et m_2.
- (c) Dans la suite du problème, considérons le mouvement de la particule décrit par le lagrangien L_r
  (*the subscript r on L will be dropped for brevity*). Choisisse z des coordonnées cylindriques avec l'axe z pointant dans la

direction du moment cinétique $\vec{l} = \vec{r} \times \vec{p}$ où $P_i = \partial L/\partial \dot{r}_i$. Écrivez le lagrangien en coordonnées cylindriques (r, ϕ, z).

(d) Montrez maintenant que le moment cinétique est conservé. Puisque $\vec{l}$ est conservé, la particule peut être supposée se déplacer dans le plan. $z = 0$. Cela simplifie le lagrangien.

(e) Montrer qu'à la suite des équations de Lagrange, il existe une énergie conservée E et la donner explicitement en termes de r, ϕ et de leurs dérivées temporelles. Écrivez l'expression de l'angle conservé

(f) De l'expression pour E exprimer t comme fonction intégrale de r et les constantes du mouvement E et l.

(g) De même, exprimer ϕ comme une fonction intégrale de r, E, et l.

Exercice 10.3.

Une particule si la masse m se déplace dans un champ de force de la forme

$$\vec{F} = -\left(-\frac{a}{r^2} + \frac{b}{r^{\frac{3}{2}}} \right) \hat{r}$$

Où a et b sont des constantes positives.

(a) Pour quelle plage de radils les orbites circulaires sont-elles possibles ?

(b) Pour quelle plage de radils les orbites circulaires sont-elles stables ?

(c) Trouver la fréquence des petites oscillations autour d'une orbite circulaire de rayon $r = \frac{a^2}{4b^2}$

Exercice 10.4.

(a) Montrer qu'une particule isolée de masse au repos finie m ne peut pas se désintégrer en une seule particule de masse au repos nulle.

(b) Une seule particule avec une masse au repos nulle peut-elle se désintégrer en n particules, toutes ayant une masse au repos nulle et une énergie positive ? Si c'est le cas, donnez un exemple. Sinon, prouver que c'est impossible pour tout $n > 1$

Exercice 10.5.

Une tige de longueur a et de masse m est suspendue à une corde sans masse de longueur a/3. Obtenez les fréquences de mode normal (fréquences propres) pour de petits déplacements par rapport à la position d'équilibre stable de ce système.

Exercice 10.6.

Considérons le mouvement transversal (c'est-à-dire le mouvement perpendiculaire à la corde) des deux masses, M et m, fixées sur un fil sans masse de longueur 4a. l'ensemble du système repose sur une table sans friction.

Exercice 10.7.

Un cylindre (de masse M_1. Rayon R et hauteur h) repose sur un disque sans masse et tourne autour d'un axe fixe au centre du disque (rayon du disque -D). au bord du disque est fixée une masse ponctuelle M_2. Il y a une friction entre le cylindre et le disque. Lat D – 2R et M_1-2 M_2. Le coefficient de frottement cinétique sans dimension est c, et l'accélération de la gravité est g. la vitesse angulaire initiale du cylindre (ω_1^0)est quatre fois celle du disque (ω_2^0), soit ω_1^0-4 ω_2^0. En termes de R, M_1et σg uniquement, trouvez

(A) Le temps t nécessaire au système pour atteindre un état stable.
(B) La vitesse angulaire finale du disque et du cylindre.

Exercice 10.8.

Une corde de longueur L est fixée aux deux extrémités, a une masse totale M et est tendue sous tension T. Au temps t = 0, la corde est frappée par un marteau de largeur d à la position x = a (voir schéma) dans un tel un moyen de faire vibrer la corde avec les conditions initiales.

$y(x, t = 0) = 0$tout x
$\dot{y}(x, 0) = 0 \qquad 0 \leq x \leq a - \frac{d}{2}$
$\dot{y}(x, 0) = v_0$un $-\frac{d}{2} \leq x \leq a + \frac{d}{2}$
$\dot{y}(x, 0) = 0$un $+\frac{d}{2} \leq x \leq L$

179

(a) Trouvez une expression pour l'énergie cinétique (dépendant du temps) du n^{th} mode normal de vibration de la corde dans la $\hat{y}$ direction. (Il n'y a pas de vibration longitudinale). Exprimez la vitesse et la fréquence de l'onde en termes de constantes données dans le problème.

(b) Trouvez une position x = a et une largeur d du marteau qui maximiseront l'énergie dans le mode de vibration n = 3.

Exercice 10.9.

Une particule est contrainte de se déplacer sur la cycloïde :
$$x = a\cos^{-1}\left(\frac{a-y}{a}\right) + \sqrt{2ay - y^2} \quad (0 \le y \le 2a)$$
Sous l'influence de la gravité (l'axe y pointe vers le haut).

(i) Écrivez le lagrangien pour ce système.

(ii) Obtenez la ou les équations d'Euler.

(iii) Supposons que la particule part d'un point $y = y_0$ de vitesse initiale nulle : montrez que le temps qu'il faut pour atteindre le bas de la courbe (y = 0) est indépendant de y_0.

$$\left[You\ may\ need\ the\ integral\ \int \frac{du}{\sqrt{u - u^2}} = sin^{-1}(2u - 1)u\right.$$
$$\left. < 1\right]$$

Exercice 10.10.

(a) Dans la décadence
$$A + p + \pi^-$$
Quelle est l'énergie du pion, mesurée dans le référentiel de repos du A ?
(Find E_π in terms of the rest masses m_Δ, m_p, m_π).

(b) Un neutron d'une énergie de 939 x 10^{10} MeV traverse une galaxie dont le diamètre est 10^5 de plusieurs années-lumière. Si la demi-vie d'un neutron est de 640 s... faut-il parier que le neutron se désintégrera avant de traverser la galaxie ? (Justifiez votre réponse.)
$$m_n = 939\ MeV \quad 1\ year = \pi\ x\ 10^7\ 5.$$

Exercice 10.11.

La métrique décrivant une coque sphérique de matière de rayon R peut s'écrire

$$ds^2 = -\left(1 - \frac{2M}{r}\right)dt^2 + \left(1 - \frac{2M}{r}\right)^{-1}dr^2$$
$$+r^2(d\theta^2 + \sin^2\theta d\phi^2).\ outside$$
$$ds^2 = -dt^{-2} + dr^{-2} + r^{-2}(d\theta^2 + \sin^2\theta d\phi^2).\ inside.$$

a) Trouver des fonctions $\bar{t}(r,t), \bar{r}(r,t)$ proches r de = R, pour lesquelles la métrique est continue à r =R.

b) Un neutrino, émis par un neutron en décomposition au centre de la coquille ($\bar{r} = 0$). L'énergie E est-elle mesurée par un observateur au repos à $\bar{r} = 0$. Quelle est son énergie lorsqu'il atteint l'infini (r >> R), mesurée par un observateur à l'infini ? (Il traverse la coque sans interaction.)

Exercice 10.12.

Une particule de masse m et de charge e se déplace dans un champ magnétique $\underset{B}{\rightarrow} = b(x^2 + y^2)\hat{k}$, où b est une constante.

(a) Trouver un vecteur potentiel pour $\underset{B}{\rightarrow}$ de la forme

$$\underset{A}{\rightarrow} = f(x^2 + y^2) \underset{\phi}{\rightarrow},\ \text{où} \underset{\phi}{\rightarrow} = x\hat{j} - y\hat{i}.$$

(b) Trouvez l'hamiltonien de la particule, en utilisant ceci $\underset{A}{\rightarrow}$.

(c) Montrez qu'il $\underset{p}{\rightarrow} * \underset{\phi}{\rightarrow}$ s'agit d'une constante du mouvement en

vérifiant que la parenthèse de Poisson $\left[\underset{p}{\rightarrow} * \underset{\phi}{\rightarrow}, H\right]_{PB}$ disparaît.

(d) Trouver une quantité conservée autre que H et $\underset{p}{\rightarrow} * \underset{\phi}{\rightarrow}$.

Exercice 10.13.

Considérez les trois façons suivantes dont vous pourriez commencer avec un photon à rayons Y d'énergie de 3 Mev et finir avec un électron en mouvement. Calculez la valeur numérique de l'énergie cinétique maximale qu'un électron pourrait avoir dans chaque cas.

(a) Effet photoélectrique

(b) Production de paires d'électrons

(c) Diffusion Compton (Dérivez toute expression que vous utilisez pour la diffusion Compton.)

H =6.63 × $10^{-34}J$ × s

= 4.136 × 10^{-15} eV × s

Si vous avez besoin de plus de données que vous ne connaissez pas, faites une estimation (d'une ampleur raisonnable, si possible) et utilisez cette valeur pour votre calcul. Soyez explicite sur l'estimation que vous utilisez.

Exercice 10.14.

Une collision relativiste a lieu le long d'une ligne droite entre une particule de masse au repos m_0 et une autre de masse au repos nm_0. Ils se collent ensemble après la collision et ont une masse au repos combinée de M_0, qui part à la vitesse v. avant la collision, m_0 est au repos et l'autre particule s'approche à la vitesse u. si nous appelons

$$Y = \frac{1}{\sqrt{1 - \frac{u^2}{c^2}}}$$

Puis trouvez
A) V en fonction de u et y. Et
B) $\frac{M_0}{m_0}$ en fonction de u et y.

Exercice 10.15.

Dans les coordonnées d'Eddington-Finkelstein, la métrique d'un trou noir de Schwarzschild est

$$ds^2 = -\left(1 - \frac{2M}{r}\right) dv^2 + 2 \, dvdr + r^2\{d\theta^2 + sin^2\theta d\phi^2).$$

(a) montrer que le cas M=0 est un espace plat en trouvant une carte (système de coordonnées)
$\underset{t,}{\rightarrow} \underset{r,}{\rightarrow} \theta, \phi$ pour lequel la métrique (1) a la forme
$$ds^2 = -dt^{-2} + dr^{-2} + r^{-2}(d\theta^2 + sin^2\theta d\phi^2) \ (M = 0).$$
(b) Soit r(v) une courbe radiale de type temps dont le point initial se situe dans l'horizon r(0) < 2M. montrer que r(v) < r(0) lorsque v > 0 (c'est-à-dire que la courbe ne peut pas émerger de l'horizon).
(c) Une lampe de poche et un observateur, tous deux sur l' $\theta = \phi = 0$ axe, se trouvent à des rayons fixes $r = r_f$ et $r = r_o$. La lampe de poche émet une lumière d'une longueur d'onde λ (mesurée dans son cadre). Quelle longueur d'onde l'observateur mesure-t-il ?
(d) Montrer que les surfaces v = constantes sont nulles, $g^{ab\nabla} a^{\nu\nabla} b^\nu = 0$

Exercice 10.16.

Une particule de charge 2 q se déplace dans le champ électromagnétique d'une particule fixe qui porte à la fois une charge électrique Q et une charge magnétique b : le champ magnétique de la particule fixe est

$$B = \frac{b}{r^3}\vec{r}$$

Montrer que le vecteur

$$\vec{L} - \frac{qb}{c}\frac{\vec{r}}{r}$$

Est une constante de mouvement pour la particule q, où $\vec{L}$ est le moment cinétique orbital.

Exercice 10.17.

Dans le double pendule illustré, les masses ponctuelles 3m et m sont reliées par des tiges de longueur en apesanteur l entre elles et à un point d'appui. Les masses sont libres de se balancer dans un plan vertical. Au moment $t = d, \theta = 0, \frac{d\theta}{dt} = 0, \phi = \phi_0 \ll$ 1 and $\frac{d\phi}{dt} = 0$.
Trouver $\theta(t)$ and $\phi(t)$.

Chapitre 11. Perspectives de la série

Les formulations classiques du mouvement des particules ponctuelles ont été décrites : en utilisant des équations différentielles (1ère et 2ème lois de Newton[)] ; utiliser une formulation de fonction variationnelle pour sélectionner l'équation différentielle (variation lagrangienne) ; utiliser une formulation fonctionnelle variationnelle (formulation d'action) pour sélectionner la formulation de fonction variationnelle. Les deux domaines de mouvement dans de nombreux systèmes ont également été décrits : non chaotique ; et chaotique.

À partir de la formulation variationnelle lagrangienne de « l'action » pour le mouvement des particules, nous définirons éventuellement la formulation variationnelle fonctionnelle intégrale de chemin impliquant ce même lagrangien pour arriver à une description quantique du mouvement quantique non relativiste des particules (décrit en détail dans le Livre 4 [42] , et relativiste dans le livre 5 [43]). De la description quantique, nous arrivons au formalisme du propagateur pour décrire la dynamique (cela existe également dans la formulation classique, mais n'est généralement pas beaucoup utilisé dans ce contexte). On découvrira alors que les propagateurs complexes ont des liens avec les propriétés de la mécanique statistique et de la thermodynamique (Livre 6 [44]). Les liens avec la mécanique statistique sont encore plus accentués lorsque l'on se trouve au « bord du chaos », mais que le mouvement de l'orbite est encore confiné. Ceci peut être associé à un régime d'équilibre et de martingale dont l'existence peut alors être utilisée au début du Livre 6 [44] pour des dérivations de mécanique statistique et de thermodynamique avec l'existence d'équilibres établis au départ. L'existence des mesures d'entropie familières est déjà indiquée dans la description des neurovariétés (Livre 3 [41]), ainsi, avec les équilibres, la description de la thermodynamique du Livre 6 peut commencer avec une fondation bien établie qui n'est pas revendiquée par décret, plutôt revendiqué comme le résultat direct de ce qui a déjà été déterminé dans la théorie/expérience décrite dans les livres précédents de la série.

Lorsque l'on passe d'une théorie des particules ponctuelles à une théorie des champs, il n'y a pas beaucoup de discussion dans les livres de physique de base sur les champs au sens général, cela passe généralement directement au domaine principal de pertinence, l'électromagnétisme

(EM). S'il est avancé, il peut également couvrir la Relativité Générale (GR), comme dans [92]. Dans les deux prochains livres de la série, nous aborderons ces sujets, mais nous aborderons également les domaines de base en 1, 2 et 3D (y compris la dynamique des fluides), ainsi que les formulations de champs lorentziens 4D (pour la relativité restreinte), le champ de jauge. formulation (donc Yang Mills couvert dans un contexte classique), et les formulations géométriques et de jauge GR. Cela établit les bases des forces standard et, lors de la quantification (livres 4 et 5 de la série), jette les bases des forces renormalisables standard (toutes sauf la gravitation).

Dans le livre 2, l'accent est mis sur la théorie classique des champs dans une géométrie fixe, le principal exemple physique étant l'EM. Dans ce contexte, alpha apparaît, par exemple, dans la description d'une paire électron-positon : $F = e^2/(4\pi\varepsilon a^2)$ pour la distance électron-positon « a », où alpha apparaît comme constante de couplage. Plus tard, en mécanique quantique, à la fois moderne et dans le premier modèle de Bohr, nous avons cet alpha $= [e^2/(4\pi\varepsilon)]/(c\hbar)$. L'apparition de l'alpha dans les situations se produit dans des systèmes liés. En revanche, si nous examinons les interactions EM non liées, comme avec la force de Lorentz $F = q(E \times v)$, aucun paramètre alpha n'apparaît ici, ni avec les premières analyses de mécanique quantique de tels systèmes, comme avec la diffusion Compton. Ainsi, nous voyons un rôle précoce pour alpha, mais uniquement dans les systèmes liés, donc uniquement dans les systèmes avec des expansions perturbatives (convergentes) dans les variables système.

Dans le livre 3, théorie classique des champs à géométrie *dynamique* , c'est-à-dire GR, nous ne voyons pas du tout d'alpha. Au lieu de cela, nous voyons des constructions multiples et les mathématiques de la géométrie différentielle (et dans une certaine mesure la topologie différentielle et la topologie algébrique). Les constructions multiples sont décrites dans le contexte mathématique donné dans le livre 3 et l'annexe. Une application dans le domaine des neurovariétés (voir [24]), montre que l'équivalent d'un chemin géodésique dans ce contexte est une évolution impliquant des étapes d'entropie relative minimales. Semblable à la description d'un espace-temps localement plat, nous trouverons une description de « l'entropie » augmentant/évoluant en fonction de l'entropie relative minimale.

Annexe

A. Un résumé des équations différentielles ordinaires

Ce résumé se situe au niveau du cours d'études supérieures en mathématiques appliquées AMa101 ca de Caltech. 1985, où le texte principal utilisé était celui de Bender & Orszag [39]. De nombreux problèmes ont été assignés et des solutions complètes sont proposées pour bon nombre de ces problèmes. Ainsi, indirectement, les solutions à plusieurs problèmes présentés dans [39] sont également incluses dans ce qui suit. Le matériel de base sur les équations différentielles et les exemples pratiques est sélectionné pour sensibiliser rapidement à l'étonnante complexité possible et clarifier les méthodes de résolution standard.

Ce synopsis comprend une introduction aux équations différentielles ordinaires ; analyse locale de l'équation différentielle ordinaire (une étude des points singuliers); équations différentielles ordinaires non linéaires ; Méthodes de perturbation (y compris la théorie WKB) ; et la théorie de Sturm-Liouville. Les deux derniers sujets sont les plus pertinents pour les problèmes de mécanique quantique et sont donc placés en annexe du livre 4 sur la mécanique quantique.

A.1 Introduction aux équations différentielles ordinaires

Définissez une équation différentielle ordinaire d'ordre n ^{comme} étant :

$$\frac{d^n y}{dx^n} = F\left(x, y, \frac{dy}{dx}, ..., \frac{d^{n-1}y}{dx^{n-1}}\right) \rightarrow y^{(n)} = F\left(x, y, y^{(1)}, ..., y^{(n-1)}\right),$$

$$(A\text{-}1)$$

et il y a la notation alternative $y' = y^{(1)}; y'' = y^{(2)}$; etc., également. Si F est linéaire en $y, y^{(1)}, ..., y^{(n-1)}$, alors l'équation différentielle ordinaire est une équation différentielle ordinaire linéaire [39]. La solution d'une équation différentielle ordinaire linéaire ^{d'ordre n} est fonction de n constantes d'intégration. Si F est non linéaire, il existe toujours n constantes d'intégration mais il peut y avoir des solutions supplémentaires qui ne peuvent pas être construites en choisissant les constantes. Les équations différentielles ordinaires linéaires sont souvent écrites en « notation opérateur » :

$$\mathcal{L} y(x) = f(x),$$

$$(A\text{-}2)$$

où $\mathcal{L}$ est l'opérateur différentiel :

$$\mathcal{L} = p_o(x) + p_1(x)\frac{d}{dx} + \cdots + p_{n-1}(x)\frac{d^{n-1}}{dx^{n-1}} + \frac{d^n}{dx^n}.$$

(A-3)

Si $f(x) = 0$, alors il est homogène, sinon il est non homogène (ayant des solutions homogènes plus des solutions particulières). Nous avons un problème de valeur initiale (IVP) si nous connaissons $y, y^{(1)}, \ldots, y^{(n-1)}$ à une certaine valeur (initiale) $x = x_0$: $y(x_0) = a_0$, $y'(x_0) = a_1$, ..., $y^{(n-1)}(x_0) = a_{n-1}$, pour lequel il existe une solution générale $y(x) = \sum_{j=1}^{n} c_j y_j(x)$, où les c_j sont des constantes d'intégration arbitraires et les $\{ y_j \}$ sont un ensemble de solutions linéairement indépendantes. Pour déterminer si notre ensemble de solutions est vraiment indépendant, nous devons évaluer leur Wronskian [39]. Le Wronskian apparaît également naturellement lorsqu'on s'adresse au VPI, c'est pourquoi nous l'examinerons ensuite. Notez que, contrairement aux IVP, pour un problème de valeurs limites (BVP), nous posons des valeurs (et/ou des dérivées) en plus d'un point. Il s'agit nécessairement d'un contexte de solution global, et non local, donc plus compliqué.

Pour montrer l'existence et le caractère unique des IVP, $y^{(n)} = F(x, y, y^{(1)}, \ldots, y^{(n-1)})$ nous pouvons toujours convertir l'équation du n ème ordre en un système de n équations du premier ordre :

$$\frac{dy_i}{dx} = f_i(y_1, y_2, \ldots, y_n, x), \quad i = 1..n, \quad where \ y_i = \frac{d^{i-1}}{dx^{i-1}}y(x).$$

(A-4)

Ceci est souvent écrit en notation vectorielle :

$$\vec{Y} = \begin{pmatrix} y_1(x) \\ \cdots \\ y_n(x) \end{pmatrix}, \qquad \vec{F} = \vec{F}(\vec{Y}, x) = \begin{pmatrix} f_1(x) \\ \cdots \\ f_n(x) \end{pmatrix}, \qquad \frac{d\vec{Y}}{dx}$$

$$= \vec{F}(\vec{Y}, x), \quad with \ IVP: \ \vec{Y}(x = x_0) = \vec{Y_0}$$

(A-5)

Pour résoudre cela nous utilisons une approximation récursive (itération Picard) commençant par la forme intégrale :

$$\vec{Y}(x) = \vec{Y_0} + \int_0^x F(Y, t)dt.$$

(A-6)

En supposant $x_0 = 0$ sans perte de généralité (wlog .), on écrit :

$$\vec{Y_0}(x) = \vec{Y_0}; \quad \vec{Y_1}(x) = \vec{Y_0} = + \int_0^x \vec{F}(\vec{Y}, t)dt; \quad \ldots\ldots; \quad \vec{Y}_{n+1}(x)$$

$$= \vec{Y} + \int_0^x \vec{F}(\vec{Y_n}, t)dt.$$

(A-7)

La convergence de la séquence dépend de $\vec{F}$. Montrons que l'itération converge dans un certain voisinage de $x = 0$. D'abord. Montrons que $\vec{F}$ satisfait une condition de Lipschitz :

$$\left\|\vec{F}(\vec{Y_1}, x) - \vec{F}(\vec{Y_2}, x)\right\| \leq K \left\|\vec{Y_1} - \vec{Y_2}\right\|,$$

(A-8)

pour tous $||\vec{Y} - \vec{Y_0}|| \leq a$ et pour tous $X: \|x\| \leq b$. Si vous travaillez avec des nombres purs (ou à 1 dimension), ayez $\|x\| = |x|$, et, $|x - y| \geq 0$ avec égalité uniquement lorsque x=y. Il y a également $|x - y| = |y - x|$ (symétrie) et $|x - z| \leq |x - y| + |y - z|$ (inégalité triangulaire). Pour les vecteurs : $\|\vec{x} - \vec{y}\| = |\sqrt{(\vec{x} - \vec{y}) \cdot (\vec{x} - \vec{y})}|$, et nous avons toujours la symétrie et l'inégalité triangulaire. Nous exigeons également que $\vec{F}$ soit borné :

$$\vec{F}(\vec{Y}, x) \leq M.$$

Si ces conditions sont satisfaites alors l'itération Picard converge. Pour le démontrer, considérez :

$$\vec{Y_n}(x) = \vec{Y_0} + \int_0^x \vec{F}(\vec{Y}_{n-1}, t)dt \quad and \quad \vec{Y}_{n+1}(x) = \vec{Y_0} + \int_0^x \vec{F}(\vec{Y_n}, t)dt.$$

Nous avons alors :

$$\vec{Y}_{n+1} - \vec{Y_n} = \int_0^x [\vec{F}(\vec{Y_n}, t) - \vec{F}(\vec{Y}_{n-1}, t)]dt$$

$$\left\|\vec{Y}_{n+1} - \vec{Y_n}\right\| \leq \int_0^x \left\|\vec{F}(\vec{Y_n}, t) - \vec{F}(\vec{Y}_{n-1}, t)\right\|dt \leq K \int_0^x \left\|\vec{Y_n} - \vec{Y}_{n-1}\right\|dt.$$

Pour évaluer le RHS, considérez :

$$\left\|\vec{Y_2} - \vec{Y_1}\right\| \le K \int_0^x \|Y_1 - Y_0\| dt \le K \int_0^x dt \int_0^t du \|F(Y_0, u)\|$$

$$\le KM \int_0^x dt \int_0^t du.$$

Par induction, on peut montrer que :

$$\left\|\vec{Y}_{n+1} - \vec{Y}_n\right\| \le \frac{MK^n x^{n+1}}{(n+1)!}.$$

Si on écrit alors :

$$\vec{Y}_n(x) = \vec{Y_0} + \left(\vec{Y_1} - \vec{Y_2}\right) + \left(\vec{Y_2} - \vec{Y_3}\right)\cdots,$$

alors, si la série de normes converge, alors $\vec{Y_n}$ convergera (elle a probablement des facteurs négatifs) :

$$\left\|\vec{Y_n}\right\| \le \left\|\vec{Y_0}\right\| + \sum_{m=0}^{\infty} \frac{MK^m x^{m+1}}{(m+1)!} = \left\|\vec{Y_0}\right\| + \frac{M}{K}(e^{kx} - 1).$$

(A-9)

Nous avons donc une condition sur la solution qui est suffisante mais pas nécessaire. Nous devons montrer l'unicité pour compléter la solution générale. Nous montrons l'unicité par contre-exemple, en commençant par :

$$\vec{X} = \vec{X_0} + \int_0^x F(x,t)dt \quad and \quad \vec{Y} = \vec{Y_0} + \int_0^x F(y,t)dt,$$

(A-10)

alors

$$\left\|\vec{X} - \vec{Y}\right\| \le \int_0^x \left\|F(\vec{X},t) - F(\vec{Y},t)\right\| dt \le K \int_0^x \left\|\vec{X} - \vec{Y}\right\| dt$$

$$\le K^2 \int_0^x dt \int_0^1 du \left\|\vec{X} - \vec{Y}\right\|,$$

ainsi

$$\left\|\vec{X} - \vec{Y}\right\| \le \frac{K^{n+1}}{(n+1)!} \int_0^x (x-t)^n \left\|\vec{X} - \vec{Y}\right\| dt.$$

(A-11)

Lorsque n tend vers l'infini, le RHS tend vers zéro, et nous le voyons $\|\vec{X} - \vec{Y}\| = 0$, et par la condition de Lipschitz nous avons alors $\vec{X} = \vec{Y}$, par exemple, l'unicité. Ainsi, nous voyons qu'une solution (unique) est généralement possible. Concrètement, quelle est cette solution générale ?

Solution homogène générale (suivant la notation de [39])
Considérer:
$$\mathcal{L}\, y(x) = 0$$

(A-12)

Comme d'habitude avec les équations différentielles ordinaires, considérons une solution impliquant un terme exponentiel : e^{rx}. en substituant cela comme fonction d'essai dans l'équation de l'opérateur, nous obtenons :
$$\mathcal{L}\, e^{rx} = e^{rx}\, P(r),$$

(A-13)

où $P(r)$ est un polynôme d'ordre n :
$$P(r) = r^n + \sum_{j=0}^{n-1} p_j r^j \,.$$

(A-14)

Les solutions correspondent aux zéros de $P(r)$, $r_1, r_2, ...$, soit :
$$y = e^{r_1 x}, e^{r_2 x}, ...$$

(A-15)

La seule complication survient s'il y a des zéros répétés. Supposons que la première racine soit m-fold, alors nous avons une solution de la forme :
$$\mathcal{L}\, e^{rx} = e^{rx}(r - r_1)^m\, Q(r),$$

(A-16)

où Q est un polynôme de degré $n - m$. Une combinaison linéaire de toutes les solutions constitue alors une solution générale.

Solution inhomogène générale
Considérons l'équation inhomogène,
$$\mathcal{L}\, y(x) = f(x).$$

(A-17)

Une technique pour trouver une solution spécifique est connue sous le nom de variation des paramètres, qui fonctionne mieux si vous avez une solution indépendante (Wronskian non nul) (voir [39]). Quelques exemples impliquant cette technique seront explorés. Dans ce bref résumé, nous passons à l'examen des méthodes fonctionnelles de Green pour résoudre l'équation inhomogène. Pour cela, nous utilisons des fonctions delta. Pour ce qui suit, nous définirons la fonction delta comme :

$$\delta(x - a) = \begin{cases} 0 & x \neq a \\ \infty & x = a \end{cases},$$

(A-18)

tel que:

$$\int_{-\infty}^{\infty} \delta(x - a)dx = 1 \quad and \quad \int_{-\infty}^{\infty} \delta(x - a)f(a)dx = f(x).$$

(A-19)

Si nous intégrons à mi-chemin, nous obtenons la fonction classique Heaviside Step (avec pas en x=a) :

$$\int_{-\infty}^{\infty} \delta(x - a)dx = h(x - a).$$

(A-20)

La méthode de la fonction de Green consiste alors à obtenir la solution particulière à

$$\mathcal{L}\, G(x, a) = \delta(x - a),$$

(A-21)

où la solution de l'équation générale inhomogène découle alors trivialement de :

$$y_p(x) = \int_{-\infty}^{\infty} da\, f(a)G(x, a).$$

(A-22)

Dans ce qui suit, spécialisons-nous sur une équation différentielle du second ordre (Wronskian 2x2 triviale). Auquel cas on arrive à la forme :

$$\frac{d^2}{dx^2} G(x, a) + p(x)\frac{d}{dx} G(x, a) + p_0(x)G = \delta(x - a).$$

(A-23)

Désormais, le L:HS doit correspondre à la singularité de la fonction delta sur le RHS. Ainsi, on prétend que $d^2G/dx^2 \sim \delta(x - a)$ (donc G doit être moins singulier que $\delta(x - a)$. De même, nous ne devons dG/dx pas avoir plus de singulier qu'une fonction échelon, par exemple, $dG/dx \sim h(x - a)$. Ce qui est cohérent avec cela, c'est que G ne doit pas être plus une variante qu'une fonction de rampe (zéro jusqu'à ce que la rampe commence à x=a), qui sera noté 'r' : $G \sim r(x - a)$. C'est tout ce que nous avons besoin de savoir pour parvenir à une formulation générale de la solution. l'astuce consiste maintenant à analyser l'équation différentielle ordinaire en intégrant de $a - \varepsilon$ à $a + \varepsilon$ et soit $\varepsilon \to 0$:

192

$$\int\limits_{a-\varepsilon}^{a+\varepsilon} \frac{d^2G}{dx^2} dx + \int\limits_{a-\varepsilon}^{a+\varepsilon} p\frac{dG}{dx} dx + \int\limits_{a-\varepsilon}^{a+\varepsilon} Gp_0 dx = \int\limits_{a-\varepsilon}^{a+\varepsilon} \delta(x-a) = 1.$$

Ainsi,

$$\left.\frac{dG}{dx}\right|_{a+\varepsilon} - \left.\frac{dG}{dx}\right|_{a-\varepsilon} = 1.$$

(A-24)

En travaillant avec deux solutions homogènes (indépendantes), $y_1(x)$ et $y_2(x)$, nous savons que nous pouvons exprimer la solution inhomogène de chaque côté de la singularité sous la forme « homogène » pour ce côté. Écrivons la fonction de Green de cette manière :

$$G(x,a) = \begin{cases} A_1y_1(x) + A_2y_2(x) & x < a \\ B_1y_1(x) + B_2y_2(x) & x \geq a \end{cases}$$

(A-25)

Puisque G est continu en x=a on a alors :

$$A_1y_1(a) + A_2y_2(a) = B_1y_1(a) + B_2y_2(a)$$
$$B_1y_1'(a) + B_2y_2'(a) - A_1y_1'(a) - A_2y_2'(a) = 1$$

En notation matricielle :

$$\begin{bmatrix} y_1(a) & y_2(a) \\ y_1'(a) & y_2'(a) \end{bmatrix} \begin{bmatrix} B_1 - A_1 \\ B_2 - A_2 \end{bmatrix} = \begin{bmatrix} 0 \\ 1 \end{bmatrix},$$

qui peut être résolu par

$$B_1 - A_1 = \frac{-y_2(a)}{W(y_1(a), y_2(a))}$$

$$B_2 - A_2 = \frac{y_1(a)}{W(y_1(a), y_2(a))}$$

où W est le Wronskian, qui est

$$W = det\begin{bmatrix} y_1(a) & y_2(a) \\ y_1'(a) & y_2'(a) \end{bmatrix}.$$

En utilisant ceci,

$$y(x) = \int\limits_{-\infty}^{\infty} G(x,a)f(a)da$$

est la solution entière si $y(x)$ elle satisfait $\mathcal{L}y(x) = f(x)$ et $y(x)$ satisfait aux BC ou aux valeurs initiales spécifiées. Prenons un exemple simple :

$$y'' = f(x) \quad with \quad \begin{matrix} y(0) = 0 \\ y'(1) = 0 \end{matrix}$$

Nous obtenons $W = \begin{bmatrix} 1 & x \\ 0 & 1 \end{bmatrix} = 1$, et

$$B_1 - A_1 = -a$$
$$B_1 - A_1 = 1$$

Ainsi,

$$G(x,a) = \begin{cases} A_1 y_1(x) + A_2 y_2(x) & x < a \\ B_1 y_1(x) + B_2 y_2(x) & x \geq a \end{cases} = \begin{cases} A_1 + A_2 x & x < a \\ B_1 + B_2 x & x \geq a \end{cases},$$

(A-26)

à partir duquel on détermine :

$$A_1 = 0 \quad B_1 = -a$$
$$B_2 = 0 \quad A_2 = -1$$

Ainsi,

$$G = \begin{cases} -x & x < a \\ -a & x \geq a \end{cases}.$$

Résoudre pour $y(x)$:

$$y(x) = \int_0^1 da\, G(x,a) f(a) = \int_0^a da\, (-x) f(a) + \int_a^1 da\, (-a) f(a)$$

(A-27)

Équations différentielles ordinaires non linéaires (voir [65] pour de nombreux exemples)

Pour notre première équation différentielle ordinaire non linéaire, considérons l'équation de Bernoulli :

$$y'(x) = a(x)y + b(x)y^p.$$

(A-28)

Essayons de résoudre en remplaçant $u(x) = y(x)^{1-p}$, où :

$$\frac{du}{dx} = (1-p)y^{-p}\frac{dy}{dx}.$$

(A-29)

On obtient ainsi :

$$\frac{du}{dx} = [a(x)y^{-p} + b(x)](1-p),$$

(A-30)

qui est une équation différentielle ordinaire du premier ordre et donc directement résoluble.

Si nous travaillons avec la même forme du premier ordre, sauf maintenant avec quadratique en y, nous obtenons l'équation de Riccati. Une transformation simple montre que l'équation générale de Riccati se rapporte à l'équation différentielle générale (linéaire) du second ordre. Ainsi, nous avons déjà rencontré une limite dans l'obtention de solutions générales, même pour l'équation de Riccati apparemment « simple ». En effet, il n'existe pas de solution générale à l'équation différentielle linéaire du second ordre (donc une solution générale à l'équation de Riccati n'existe pas). Cela dit, essayons de résoudre l'équation de Riccati suivante :

$$y' = y^2 + \frac{y}{x} + x^2.$$

(A-31)

On trouve une solution avec $y = x$, considérons donc une solution générale de la forme : $y = x + $ u(x) :

$$u' = (2x + 1/x)u + u^2$$

(A-32)

qui est une équation du premier ordre, et donc résoluble.

Quelques autres techniques méritent d'être mentionnées, à commencer par la « factorisation » des opérateurs. Considérer

$$\frac{d^2y}{dx^2} + p(x)\frac{dy}{dx} + q(x)y = f(x).$$

(A-33)

Nous pouvons considérer cela comme

$$\left(\frac{d}{dx} + a(x)\right)\left(\frac{dy}{dx} + b(x)\right)y = f(x).$$

(A-34)

Les deux formes sont en accord si $(b + a) = p$ et $b' + ab = q$.

Considérons ensuite la possibilité d'une équation « exacte », par exemple, où nous avons la forme

$$M(x,y) + N(x,y)\frac{dy}{dx} = 0,$$

(A-35)

tel que

$$M(x,y)dx + N(x,y)dy = dF(x,y) = \left[\frac{\partial F}{\partial x}\right]dx + \left[\frac{\partial F}{\partial y}\right]dy = 0.$$

Ainsi, le test pour avoir une forme exacte est que

$$\frac{\partial M}{\partial y} = \frac{\partial N}{\partial x}.$$

(A-36)

Considérons ensuite la notion de « facteur d'intégration ». Cette situation se produit si

$$M(x,y)dx + N(x,y)dy \neq dF(x,y),$$

mais en multipliant par un facteur (intégrateur) on trouve que :

$$\mu(x, y)M(x, y)dx + \mu(x, y)N(x, y)dy = dF(x, y).$$

Cette dernière expression est alors une forme exacte si

$$\frac{\partial(M\mu)}{\partial y} = \frac{\partial(N\mu)}{\partial x}.$$

(A-37)

Pour les équations différentielles ordinaires non linéaires d'ordre supérieur, une simplification importante est possible si des formes spécifiques existent, considérons quelques-unes d'entre elles :

(i) Autonome – une équation différentielle ordinaire est autonome si elle n'a pas de dépendance explicite à l'égard de la variable dépendante.

(ii) Équidimensionnel – une équation différentielle ordinaire est équidimensionnelle si la substitution $x \to ax$ laisse l'équation invariante. Une telle équation peut être trivialement déplacée vers une forme autonome avec la substitution $x = e^t$.

(iii) Invariant d'échelle – une équation différentielle ordinaire est invariante d'échelle si les substitutions $x \to ax$ et $y \to a^p y$ quittent l'équation. Une telle équation peut être trivialement déplacée vers une forme équidimensionnelle (et de là vers une forme autonome) avec la substitution $y = x^p u$. Passons maintenant à la question des points singuliers dans la résolution d'équations différentielles ordinaires.

Les méthodes de résolution ci-dessus pour les équations différentielles ordinaires sont si robustes que même lorsque des solutions exactes ne peuvent pas être obtenues, des solutions approximatives peuvent généralement être obtenues localement à proximité d'un point d'intérêt. De toute façon, c'est souvent tout ce qui est nécessaire. Ainsi, la seule chose qui peut mal tourner, c'est si le point de référence qui nous intéresse n'est pas « ordinaire », c'est-à-dire s'il est « singulier ». Explorons maintenant cette possibilité.

Points singuliers d'équations linéaires homogènes

Rappelons la notation introduite pour l'équation différentielle linéaire homogène :

$$\mathcal{L} y(x) = f(x),$$

où

$$\mathcal{L} = p_o(x) + p_1(x)\frac{d}{dx} + \cdots + p_{n-1}(x)\frac{d^{n-1}}{dx^{n-1}} + \frac{d^n}{dx^n}.$$

(A-38)

La théorie générale pour l'analyse des points singuliers commence par la forme ci-dessus lorsqu'on considère des arguments complexes, et pas seulement réels [39,65, 66]. Les résultats théoriques obtenus [67]

196

catégorisent ensuite les points singuliers en fonction de l'analyticité (propriétés complexes) des fonctions de coefficients :

Point ordinaire

Un point $x_0$est ordinaire si toutes les fonctions de coefficients sont analytiques au voisinage de x_0. Fuchs a montré en 1866 que toutes les n solutions linéairement indépendantes pour une équation différentielle ordinaire linéaire d'ordre 1 (obtenue à partir de méthodes d'analyse précédentes) seront analytiques au voisinage d'un point ordinaire.

Point singulier régulier

Un point $x_0$est un point singulier régulier si toutes les fonctions de coefficients ne sont pas analytiques mais si tous les termes de $\mathcal{L}\, y(x)$sont localement analytiques (autour du point de référence x_0), c'est à dire lorsque les fonctions suivantes sont analytiques : $(x - x_0)^n p_o(x)$, $(x - x_0)^{n-1} p_1(x), \dots, (x - x_0) p_{n-1}(x)$. Notez qu'une solution peut être analytique $x_0$même si $x_0$elle est un point singulier régulier. Si elle n'est pas analytique en un point singulier régulier, une solution doit impliquer soit un pôle, soit un point de branchement algébrique ou logarithmique. En conséquence, Fuchs a montré qu'il existe toujours une solution de la forme (suivant la notation de [39] :

$$y = (x - x_0)^{\alpha} A(x), \tag{A-39}$$

où αest connu sous le nom d'exposant indiciel et $A(x)$est une fonction analytique au point singulier régulier x_0. Si l'ordre est deuxième ou supérieur, alors une deuxième solution existe sous l'une des deux formes possibles :

$$y = (x - x_0)^{\beta} B(x), \tag{A-40}$$

ou

$$y = (x - x_0)^{\beta} B(x) + (x - x_0)^{\alpha} A(x) \ln(x - x_0). \tag{A-41}$$

En allant au-dessus du second ordre, les solutions supplémentaires ont un comportement singulier, au pire, de la forme :

$$y = (x - x_0)^{\delta} \sum_{i=0}^{n-1} [\ln(x - x_0)]^i A_i(x), \tag{A-42}$$

où toutes les fonctions $A_i$sont analytiques. Ainsi, les points singuliers réguliers peuvent être traités dans une théorie globale tout comme les points ordinaires.

Point singulier irrégulier

Un point x_0 est un point singulier irrégulier s'il n'est pas régulier ou ordinaire. Il n'existe pas de théorie globale à utiliser pour résoudre un point singulier irrégulier. De Fuchs nous savons que si un ensemble complet de solutions avaient toutes les formes indiquées dans la section précédente, alors le point doit être régulier. à l'inverse, si l'on a un point singulier irrégulier, alors au moins une des solutions n'aura pas les formes indiquées ci-dessus. Typiquement, en effet, les solutions présentent toutes des singularités essentielles (non analytiques) au point de référence x_0 où existe le point singulier irrégulier (ISP).

Exemple A.1.

$$x^2 y'' - x(x+1)y' + y = 0$$

on voit que $x_0 = 0$ c'est irrégulier, essaye :

$$y(x) = \sum_{n=0}^{\infty} \frac{a_n}{x^{n+\alpha}}.$$

Ayez ensuite :

$$y'(x) = -\sum_{n=0}^{\infty} (n+\alpha) \frac{a_n}{x^{n+\alpha+1}} \quad and \quad y''(x)$$

$$= \sum_{n=0}^{\infty} (n+\alpha)(n+\alpha+1) \frac{a_n}{x^{n+\alpha+2}}.$$

Ainsi

$$a_{n+1} = -(n+1)a_n \quad \rightarrow \quad y(x) = a_0 \sum_{n=0}^{\infty} \frac{(-1)^n n!}{x^n}.$$

Jusqu'à présent, notre solution n'est même pas bonne (elle diverge), ce qui indique certains des problèmes qui peuvent survenir avec des points singuliers irréguliers (FAI). La solution laisse toutefois entrevoir une réponse. Considérer

$$y(x) = x \int_0^{\infty} \frac{e^{-t}}{x+t} dt.$$

Ensuite nous avons:

$$x^2 y'' - x(x+1)y' + y$$
$$= \int_0^\infty e^{-t}\left[\frac{-2x^2}{(x+t)^2} + \frac{2x^2}{(x+1)^3} - \frac{x^2+x}{x+t} + \frac{x^3+x^2}{(x+t)^2}\right.$$
$$\left. + \frac{x}{x+t}\right] dt = 0,$$

qui fonctionne. En travaillant avec la solution indiquée, développons pour $x \to \infty$:

$$y(x) = \int_0^\infty \frac{e^{-t}}{1+t/x} dt$$

on $t = xS$ obtient :

$$y(x) = \int_0^\infty \frac{e^{-xs}}{1+S} ds \approx \sum_{n=0}^\infty \frac{(-1)^n n!}{x^n}.$$

Considérons maintenant le comportement exponentiel à proximité du FAI pour les éléments suivants :

$$y'' - (x^2+1)y = 0$$

où en est le FAI $x_0 = \infty$. Nous avons des solutions

$$y_1(x) = e^{x^2/2} \quad and \quad y_2(x) = e^{x^2/2} erfc(x) \approx \frac{1}{\sqrt{\pi}}\frac{1}{x}e^{\frac{x^2}{2}} \text{ as } x \to \infty.$$

Si $x_0 \neq \infty$ c'est le cas, le comportement typique pourrait être $\exp\left(-\frac{1}{(x-x_0)^2}\right)$. Pour déterminer un comportement dominant, écrivez :

$$y(x) = e^{S(x)}, \quad y' = S'e^{S(x)}, \quad and \quad y'' = [(S')^2 + S'']e^S.$$

Ainsi

$$S'' + (S') - (x^2+1) = 0 \quad as \quad x \to \infty.$$

En utilisant la méthode de ***Dominant Balance*** :

Notez que x^2 devient grand, qu'est-ce qui l'équilibre ?
   (i) S'' grossit plus vite que $(S')^2$, et $S'' \gg (S')^2$ $as\ x \to \infty$.
   (ii) $S'' \ll (S')^2$ $as\ x \to \infty$ (toujours vrai chez le FAI).
   (iii)   Les trois termes sont dans le même ordre (mauvais, impossible d'utiliser la méthode).

Considérons le cas (i) : $S'' \approx x^2$ $as\ x \to \infty$, qui donne $S' \approx x^3/3$, mais cela est incompatible avec $S'' \gg (S')^2$ comme $x \to \infty$.

Considérons le cas (ii) : $(S')^2 \approx x^2$ $as\ x \to \infty$, qui donne $S' \approx \pm x$, donc $S'' \approx \pm 1$. Depuis $S'' \ll (S')^2$ que $x \to \infty$ c'est cohérent. On voit que ça $S \approx \pm x^2/2$ marche. En fait, $+ x^2/2$ est une solution exacte. Pour l'autre solution, essayons : $S(x) = -x^2/2 + C(x)$. Cela engendre une analyse distincte de l'équilibre dominant, et nous constatons que le seul choix valable est $C(x) \sim -\ln(x)$, et

$$S \sim -x^2/2 - \ln(x) + \cdots$$

Ainsi,

$$y(x) \sim e^{-\frac{1}{2}x^2} \sum_{n=1}^{\infty} a_n x^{-n} = e^{-\frac{1}{2}x^2} F(x)$$

et nous pouvons procéder avec la méthode classique de Frobenius à partir d'ici [65] :

$$y'' - (x^2 + 1)y = e^{-\frac{1}{2}x^2}[F'' - 2xF' - 2F] = 0$$

Utilisez l'extension de la série standard pour F :

$$0 \cdot a_1 + 2 \cdot a_2 + \sum_{n=3}^{\infty} [(n-2)(n-1)a_{n-2} + 2(n-1)a_n]x^{-n} = 0$$

Ainsi, nous avons cela : a_1 est arbitraire, $a_2 = 0$, et $a_{n+2} = -\frac{n}{2}a_n$. Ainsi,

$$a_{2n+1} = \frac{(-1)^n(2n-1)!!}{2^n} a_1$$

$$y(x) \sim e^{-\frac{1}{2}x^2} \sum_{n=0}^{\infty} \frac{(-1)^n(2n-1)!!}{2^n x^{2n+1}} a_1.$$

Considérons le développement systématique moyen d'un point singulier régulier, spécialisé au second ordre :

$$\mathcal{L}y = y'' + \frac{p(x)}{x}y' + \frac{q(x)}{x^2}y = 0$$

Supposons un point singulier régulier à x=0 et que p(x), q(x) sont analytiques autour de x=0. Remplaçant

$$y = \sum_{n=0}^{\infty} a_n x^{n+\alpha}.$$

Exemple A.2.
Résoudre:

$$y'' + \frac{1}{xy'} - \left(1 + \frac{v^2}{x^2}\right)y = 0.$$

Nous avons : $p(x) = 1, \quad p_0 = 1, \quad q(x) = -x^2 - v^2, \quad q_0 = -v^2$. Ainsi,

À la commande $x^{\alpha-2}$; $(\alpha(\alpha-1) + \alpha - v^2)a_0 = 0 \to \alpha^2 - v^2 = 0 \to \alpha = \pm v$. Si v est un nombre fractionnaire ($v \neq 0$ and $2v \neq n$) nous obtenons deux solutions, c'est fait, et avons :

A la commande $x^{\alpha-1}$: $x^{\alpha-1}[(\alpha+1)^2 - v^2]a_1 = 0 \to a_1 = 0$

À la commande $x^{\alpha+n-2}$: $x^{\alpha+n-2}[(\alpha+n)^2 - v^2]a_n = a_{n-2} \to 0 = a_1 = a_3 = a_5 \ldots$

La solution est donc :

$$y(x) = a_0 \Gamma(v+1) x^v \sum_{n=0}^{\infty} \frac{(x/2)^{2n}}{n!\,\Gamma(n+v+1)}.$$

Remarquerez que $a_n = (a_n - 2)/[(-v+n)^2 - v^2]$. Donc, car $\alpha = -v$ le dénominateur disparaît quand $n = 2v$. Si v est à moitié entier, c'est-à-dire $1/2, 3/2, \ldots$, alors $2v$ est un entier impair. Après $2v$ les étapes nous avons une nouvelle constante arbitraire a_{2v} (cela arrive pour les fonctions de Bessel par exemple) et la relation de récursion génère alors deux solutions linéairement indépendantes.

Cas à double racine : $\alpha_1 = \alpha_2$

Considérons la forme de Frobenius pour la première solution : $x^{\alpha} \sum_{n=0}^{\infty} a_n(\alpha) x^n = y(x, \alpha)$. Lorsqu'il existe une racine double, on peut montrer qu'une deuxième solution découle de la relation (dérivée dans [39]) :

$$\mathcal{L}\left[\frac{\partial}{\partial \alpha} y(x, \alpha)\bigg|_{\alpha=\alpha_1}\right] = 0.$$

Exemple A.3. La fonction de Bessel modifiée pour $v = 0$:

$$y'' + \frac{1}{x}y' - y = 0,$$

où il y a une racine double lors $\alpha = 0$ de la substitution avec la forme Frobenius ci-dessus. Évaluation à diverses commandes :

Nous commençons par a_0 être une constante arbitraire.

Chez $\mathcal{O}(x^{\alpha-1})$ nous, nous avons $[(\alpha+1)^2 a_1] = 0 \to a_1 = 0$.

À $\mathcal{O}(x^{\alpha+n-2})$ nous avons $[(\alpha+n)^2 a_n - a_{n-2}] = 0$ donc, car $n \geq 2$ nous avons

$a_2 = \dfrac{a_0}{(\alpha+2)^2}$

$a_4 = \dfrac{a_0}{(\alpha+4)^2(\alpha+2)^2}$

$a_4 = \dfrac{a_0}{(\alpha+6)^2(\alpha+4)^2(\alpha+2)^2}$

Ainsi, nous avons pour une solution (pour $\alpha = 0$) :

$$I_0(x) = a_0 \left[1 + \frac{\left(x/2\right)^2}{(1!)^2} + \frac{\left(x/2\right)^4}{(2!)^2} \cdots \right] = a_0 \sum_{n=0}^{\infty} \frac{(x/2)^{2n}}{(n!)^2} \, .$$

L'autre solution est $\frac{\partial}{\partial \alpha} x^{\alpha} \sum_{n=0}^{\infty} a_n(\alpha) x^n \Big|_{\alpha=0}$. L'autre solution est alors :

$$y(x) = \ln x \, I_0(x) + \sum_{n=0}^{\infty} \frac{\partial}{\partial \alpha} a_n(\alpha) \Big|_{\alpha=0} x^n = \ln x \, I_0(x) + \sum_{n=0}^{\infty} b_n x^n$$

$$= K_0(x) \, .$$

En général, on voit que les impairs b_n disparaissent (comme avec a_n), et pour n pair :

$$b_{2n} = \frac{-a_0}{2^{2n} n!} \left[1 + \frac{1}{2} + \frac{1}{3} + \frac{1}{4} + \cdots \frac{1}{n} \right].$$

Pour une discussion plus approfondie des solutions de Bessel modifiées, par v = entier, voir [39] et les exemples concrets qui suivent.

Utiliser Dominant Balance pour résoudre des équations inhomogènes
Exemple A.4.

$$y' + xy = 1/x^4$$

Considérons le comportement asymptotique comme x $\rightarrow$ 0 :

(1) Équilibre $y' +$
$xy \sim 0$ *asymptotic to zero(authors don'tlike)*
Cela est y asymptotique à zéro, ce qui est incompatible avec
$y \sim A \exp(-x^2/2) \rightarrow 0$.

(2) $xy \sim 1/x^4 \rightarrow y \sim 1/x^5$ (ce qui est incohérent).

(3) $y' \sim \frac{1}{x^4} \rightarrow y = -\frac{1}{3} x^{-3}$, ce qui est cohérent avec $xy \sim x^{-2}$.

Alors, essayez : $y = -\frac{1}{3} x^{-3} + C(x)$, qui est équilibré $C = -\frac{1}{3} x^{-1}$ pour la solution.

Exemple A.5. (Équation aérienne inhomogène)

$$y'' = xy - 1$$

où nous considérons les asymptotiques pour $y(x \rightarrow +\infty) \rightarrow 0$. Ceci peut être résolu par la variation des paramètres. Depuis le deuxième ordre, avons deux types de solutions indépendantes pour l'équation d'Airy homogène, notons-les par :

$$y_1 = Ai(x), \qquad y_2 = Bi(x).$$

La solution générale par variation de paramètres est donc

$$y(x) = \pi \left[Ai(x) \int_0^x Bi(t) dt + Bi(x) \int_x^{\infty} Ai(t) dt \right] + C Ai(x)$$

Le comportement asymptotique de Ai, Bi est :

$$Ai(x) \sim \frac{1}{2\sqrt{\pi}} x^{-1/4} \exp\left(-\tfrac{2}{3}x^{\frac{3}{2}}\right)$$

$$Bi(x) \sim \frac{1}{\sqrt{\pi}} x^{-1/4} \exp\left(-\tfrac{2}{3}x^{\frac{3}{2}}\right)$$

Ainsi,

$$\int_0^x Bi(t)\,dt \sim \int_0^x \frac{1}{\sqrt{\pi}} t^{-1/4} \exp\left(\frac{2}{3}t^{3/2}\right) dt$$

$$= \int_0^x \frac{1}{\sqrt{\pi}} t^{-\frac{1}{4}} t^{-\frac{1}{2}} \frac{d}{dt} \exp\left(\frac{2}{3}t^{3/2}\right) dt$$

$$\int_0^x Bi(t)\,dt \sim \frac{1}{\sqrt{\pi}} x^{-3/4} \exp\left(\frac{2}{3} x^{3/2}\right) + \cdots$$

$$\int_x^\infty Ai(t)\,dt \sim \int_x^\infty \frac{1}{2\sqrt{\pi}} t^{-1/4} \exp\left(-\frac{2}{3}t^{3/2}\right) dt$$

$$= \frac{1}{2\sqrt{\pi}} x^{-3/4} \exp\left(-\frac{2}{3} x^{3/2}\right) + \cdots$$

Ainsi,

$$y(x) = \pi \frac{1}{2\sqrt{\pi}} x^{-1/4} \exp\left(-\frac{2}{3}x^{3/2}\right) \frac{1}{\sqrt{\pi}} x^{-3/4} \exp\left(\frac{2}{3}x^{3/2}\right) +$$
$$\pi \frac{1}{\sqrt{\pi}} x^{-1/4} \exp\left(\frac{2}{3}x^{3/2}\right) \frac{1}{2\sqrt{\pi}} x^{-3/4} \exp\left(-\frac{2}{3}x^{3/2}\right)$$
$$+ C\, Ai(x)$$

ce qui se simplifie pour être simplement :

$$y(x) \sim \frac{1}{x}.$$

Répétons l'analyse en utilisant la méthode de la balance dominante :
Considérez $y'' \sim -1 \rightarrow y \sim -x^2/2$, ce qui est incohérent.
Considérez $-xy \sim -1 \rightarrow y \sim \frac{1}{x}$, ce qui est cohérent et fait.

Jusqu'à présent nous avons obtenu le comportement du premier ordre, considérons maintenant le terme de correction :

$y = {}^1/_x + C(x) \rightarrow y = -{}^1/_{x^2} + C' \rightarrow y'' = {}^2/_{x^3} + C''$, donc lors de la substitution nous avons :

$$\frac{2}{x^3} + C'' - 1 - xC(x) = -1 \rightarrow C'' - xC \sim -\frac{2}{x^3}$$

Un équilibre dominant distinct sur la dernière expression révèle une cohérence avec $C(x) \sim \frac{2}{x^4}$. On a donc les deux premiers ordres, écrivons la solution générale sous la forme :

$$y(x) \sim \frac{1}{x} \sum_{n=0}^{\infty} a_n x^{-3n} \qquad as\ x \rightarrow \infty$$

Supposer

$$y(x) = \frac{1}{x} \sum_{n=0}^{\infty} a_n x^{-3n}$$

alors

$y'(x) = -\frac{1}{x^2} \sum a_n x^{-3n} + \frac{1}{x} \sum (-3n) a_n x^{-3n-1}$

$y''(x) = \frac{2}{x^3} \sum a_n x^{-3n} - \frac{2}{x^2} \sum_{n=0}^{\infty} a_n(-3n)x^{-3n-1} + \frac{1}{x} \sum (-3n) a_n x^{-3n-2}$

Ainsi, de $y'' - xy = -1$ nous avons :

$$\sum_{n=0}^{\infty} (2 + 6n + (3n)(3n + 1)) a_n x^{-3n-3} - \sum_{n=0}^{\infty} a_n x^{-3n} = -1$$

Les relations de coefficients sont alors :

$$a_0 = 1$$

et

$$a_{n+1} = (3n + 1)(3n + 2)a_n$$

Ainsi,

$$y(x) = \frac{1}{x} \sum_{n=0}^{\infty} \frac{(3n)!}{3^n (n!)} \frac{1}{x^{3n}}$$

Exemple A.6.

Considérons maintenant un exemple où l'équilibrage de seulement 2 termes échoue :

$$y' - \frac{y}{x} = \frac{\cos x}{x^2} \qquad want\ behaviour\ as\ x \rightarrow 0^+$$

Essayez d'équilibrer avec $y' - y/x \sim 0 \rightarrow y' \sim cx$ (*inconsistent*).

Essayez d'équilibrer avec $-\frac{y}{x} \sim \frac{\cos x}{x^2} \rightarrow y \sim \frac{-\cos x}{x}$ (*inconsistent*).

Essayez d'équilibrer avec $y' \sim \frac{\cos x}{x^2} \rightarrow y \sim -$

$\frac{1}{x}$ (*also inconsistent, but close*)

On passe donc à un équilibre dominant à trois termes avec $\cos x \to 1$:

$$y' - \frac{y}{x} \sim \frac{1}{x^2} \to y \sim \frac{C}{x} \to y \sim -\frac{C}{x^2}$$

ce qui est cohérent pour $C = -1/2$.

Les équations différentielles non linéaires ont des positions polaires qui dépendent des conditions initiales (ne peuvent pas être trouvées par inspection). De manière générale, même si l'équation est à la fois régulière et que le théorème de Picard garantit une solution localement, il reste difficile de savoir où se trouve la singularité la plus proche. Par exemple, considérez :

$$y^1 = \frac{y^2}{1 - xy} \qquad y(0) = 1$$

Remplacez par $y = \sum_{n=0}^{\infty} a_n x^n \to a_n = \frac{(n+1)^{n-1}}{n!}$. ON peut maintenant évaluer le rayon de convergence R :

$$R = \lim_{n\to\infty} \left| \frac{a_n}{a_{n+1}} \right| = \lim_{n\to\infty} \left| \frac{n+1}{n+2} \frac{(n+1)^{n-2}}{(n+2)^{n-1}} \right| = \lim_{n\to\infty} \left| \left(1 - \frac{1}{n+2}\right)^n \right| = \frac{1}{e}.$$

Considérons maintenant une équation différentielle du second ordre de forme 'Sturm-Liouville' (SL) :

$$\frac{d}{dz} p \frac{d\Psi}{dz} + (q + \lambda R)\Psi = 0 \quad with \quad BC's \quad \Psi(a) = \Psi(b)$$
$$= 0 \qquad a < z < b.$$

$$(A\text{-}43)$$

Propriétés de l'équation SL :

- Aucune solution en général sauf si $\lambda = \lambda_m$, $\Psi = \Psi_m$
- Ils λ_m sont arrondis par le bas et il est toujours possible d'ajuster les choses pour que $\lambda_0 = 0$
- Le $\lambda_m's \to +\infty$ as $n \to \infty$
- $\int_a^b R(z)\,\Psi_n(z)\,\Psi_m(z)dz = E_n^2 \delta_{nm}$
- Allégation : nous pouvons utiliser les fonctions propres pour ajuster une fonction arbitraire au sens des moindres carrés :

$$f(z) = \sum_{n=0}^{\infty} A_n\,\Psi_n(z),$$

$$(A\text{-}44)$$

où

$$\int_a^b R(z)f(z)\,\Psi_m(z)dz = \sum_{n=0}^{\infty} A_n \int_a^b dz\, R\,\Psi_n\,\Psi_m = A_n E_n^2.$$

(A-45)

Ainsi,

$$A_n = \frac{\int_a^b R(z)f(z)\,\Psi_m(z)dz}{E_n^2}.$$

(A-46)

Ainsi, nous affirmons que $\sum_{n=0}^{N} A_n\,\Psi_n(z)$ c'est une solution au problème de trouver un carré de plomb adapté à $f(z)$. Pour le prouver nous aimerions minimiser $I = \int_a^b R(z)dz[f(z) - \sum_{n=0}^{N} A_n\,\Psi_n(z)]^2$:

$$\frac{\partial I}{\partial A_m} = 0 = \int_a^b R(z)dz\left[f(z) - \sum_{n=0}^{N} A_n\,\Psi_n(z)\right]\left[-\sum_{n=0}^{N} \delta_{nm}\,\Psi_n(z)\right].$$

Nous voulons montrer cela lorsque $N \to \infty$ l'erreur, au sens des moindres carrés, tend vers zéro. On peut montrer que résoudre un Sturm-Liouville équivaut à minimiser :

$$\Omega = \int_a^b \left[p(z)\left(\frac{d\Psi}{dz}\right)^2 - q(z)\,\Psi^2\right]dz$$

(A-47)

Sujet à $\int_a^b \Psi^2 R(z)dz = constant$. Supposons que nous choisissions une fonction d'essai $\Psi(z)$ qui satisfait les BC à $z = a, b$ et normalisée de sorte que

$$\int_a^b R(z)dz\,\Psi^2(z) = 1$$

Calculer:

$$\Omega(\Psi_0) = \int_a^b \left[p\left(\frac{d\Psi_0}{dz}\right)^2 - q\,\Psi_0^2\right]dz$$

$$= \left[p\,\Psi_0\frac{d\Psi_0}{dz}\right]_a^b - \int_a^b \Psi_0\left[\frac{d}{dz}\left(p\frac{d\Psi_0}{dz} + q\,\Psi_0^2\right)\right]$$

Ainsi

$$\Omega(\Psi_0) = \int_a^b \Psi_0 R \lambda_0 \Psi_0 \, dz = \lambda_0$$

(où λ_0 est généralement la valeur propre la plus basse). De même, avec $\Psi = \sum_{n=0}^{N} A_n \Psi_n(z)$ on obtient :

$$\Omega(\Psi) = \int_a^b R \, dz \sum_{n=0}^{N} A_n \Psi_n \sum_{m=0}^{M} \lambda_m A_m \Psi_m = \sum_{n=0}^{N} A_n^2 \lambda_m E_N^2 \, .$$

(A-48)

Pour compléter la preuve en utilisant ce qui précède, nous devons montrer que l'erreur des moindres carrés diminue avec N, mais cela est laissé aux références [65].

appropriations asymptomatiques pour les fonctions propres et les valeurs propres du SL

Rappelez-vous l'équation SL :

$$\frac{d}{dz} p \frac{d\Psi}{dz} + (q + \lambda R) \Psi = 0$$

(A-49)

Réalisons une « transformation inspirée » :

$$y = (pR)^{1/4} \Psi$$

(A-50)

et définir de nouvelles valeurs :

$$\varepsilon = \frac{1}{J} \int_a^z \sqrt{\frac{R}{P}} \, dz \quad and \quad J = \frac{1}{\pi} \int_a^b \sqrt{\frac{R}{P}} \, dz \, .$$

(A-51)

L'équation SL devient alors résoluble en termes de l'équation Volterra Integral :

$$\frac{d^2 y}{d\varepsilon^2} + \left(k^2 + \omega(\varepsilon)\right) y(\varepsilon) = 0,$$

(A-52)

où

$$k^2 = J^2 \lambda \quad and \quad \omega = \left[\frac{1}{(pR)^{1/4}} \frac{d^2}{d\varepsilon^2} (pR)^{1/4} - J^2 \frac{q}{R} \right],$$

(A-53)

et nous avons $a < z < b$ (comme avant) et $0 < \varepsilon < \pi$. Les solutions peuvent s'écrire :

$$y(\varepsilon) = A\sin(k\varepsilon) + B\cos(k\varepsilon) + \frac{1}{k} \int_{\varepsilon_0}^{\varepsilon} \sin(k(\varepsilon - t))\, w(t) y(t) dt.$$

Supposons $\Psi(a) = \Psi(b) = 0$, alors $k = n\pi t$ et

$$\Psi_n \sim \frac{1}{(Rp)^{1/4}} \sin(n\varepsilon) \quad and \quad \lambda_n = \left(\frac{n}{J}\right)^2$$

Supposons que nous ayons des BC généraux $\alpha\Psi + \beta\frac{d\Psi}{dz} = 0$ at $z = a, b$, alors nous avons

$$k_n \sim \frac{J}{\pi n} \left[\frac{\alpha}{\beta} \sqrt{\frac{P}{R}} \right]_a^b$$

$$\text{(A-54)}$$

Exemple : le Singulier SL avec $p(a) = 0$ or $p(b) = 0$ or $both$tel que se produit avec l'équation de Bessel :

$$\frac{d}{dz}\left(z\frac{d\Psi}{dz}\right) + \left(\lambda z - \frac{m^2}{z}\right)\Psi = 0,$$

(par exemple, l'équation SL avec $p = z$; $R = z$; et $q = -m^2/z$). Ici, le point singulier est $z = 0$ et nous avons :

$$\Psi = \frac{1}{\sqrt{z}} y, \quad J = \frac{1}{\pi}\int_0^b dz = \frac{b}{\pi}, \quad \varepsilon = \frac{\pi z}{b}, \quad k^2 = \frac{b^2\lambda}{\pi^2}$$

donner:

$$\frac{d^2y}{d\varepsilon^2} + \left[k^2 - \frac{(m^2 - 1/4)}{\varepsilon^2} \right] y = 0$$

avec des solutions :

$$y(\varepsilon) = \cos(k\varepsilon + \theta) - \frac{1}{k}\int_{\varepsilon}^{\infty} \sin(k(\varepsilon - t) y(t) \left(\frac{m^2 - 1/4}{t^2}\right) dt$$

Les fonctions de Bessel ont un comportement local de la forme $z^{\pm m}[Taylor\ series\ in\ z]$ and $J_n \sim z^n [\sum A_n z^{2n}]$.

A.2 Équations différentielles ordinaires de forme Sturm-Liouville – approximations asymptotiques

(Une partie de ce matériel a été couverte dans Ama101b au printemps 1986.)

Exemple A.7. Vérifiez la formule d'Abel pour le Wronskian. Autrement dit, montrez que si

$$\frac{d^n y}{dx^n} + p_{n-1}(x)\frac{d^{(n-1)}y}{dx^{(n-1)}} + \cdots p_0(x)y(x) = 0$$

alors le Wronskian $W(x)$ satisfait

$$\frac{dW}{dx} = -p_{n-1}(x)W(x).$$

Solution

Lorsque nous prenons la dérivée du Wronskian, nous distribuons pour obtenir les dérivées à l'intérieur du déterminant ligne par ligne. Cela rend deux lignes identiques sur tout sauf le déterminant avec sa dérivée dans la dernière ligne. Si l'on considère ensuite, $\frac{dW}{dx} + p_{n-1}(x)W(x)$ nous voyons les deux termes contribuer à des expressions polynomiales impliquant y_n^n et $p_{n-1}y_n^{n-1}$, telles que le regroupement dans un nouveau déterminant est possible avec ces termes regroupés dans la nouvelle dernière ligne, comme $y_n^n + p_{n-1}y_n^{n-1}$ le dernier élément de la dernière ligne, par exemple. Puisque $(y_n^n + p_{n-1}y_n^{n-1}) + \cdots + p_0 y_0 = 0$, il existe une dépendance claire à l'égard du regroupement en termes d'éléments d'ordre inférieur (obtenables à partir du regroupement d'autres lignes), donc ce déterminant sera nul, et nous avons :

$$\frac{dW}{dx} + p_{n-1}(x)W(x) = 0$$

comme voulu.

Exemple A.8. Trouvez la formule de la fonction de Green du troisième ordre dans une équation linéaire homogène. Généralisez cette formule au nième ordre.

Solution

Il y a trois conditions :
(i) G est continu en $x = a$.
(ii) dG est continue à $x = a$.
(iii) $d^2 G|_{a^+} - d^2 G|_{a^-} = 1$
Ainsi,

$$\begin{bmatrix} y_1(a) & y_2(a) & y_3(a) \\ y_1'(a) & y_2'(a) & y_3'(a) \\ y_1''(a) & y_2''(a) & y_3''(a) \end{bmatrix} \begin{bmatrix} B_1 - A_1 \\ B_2 - A_2 \\ B_3 - A_3 \end{bmatrix} = \begin{bmatrix} 0 \\ 0 \\ 1 \end{bmatrix}$$

de Cramers :

$$B_1 - A_1 = \frac{y_2(a)y_3{}'(a) - y_3(a)y_2{}'(a)}{\det W[y_1(a), y_2(a), y_3(a)]}, \quad etc.$$

Trois conditions supplémentaires peuvent être choisies pour spécifier les conditions aux limites. Pour n^{th}l'ordre, $W_j$soit W avec la j^{th}colonne remplacée par un vecteur colonne avec tous des zéros sauf pour la dernière ligne :

$$B_j - A_j = \frac{W_j}{\det W}$$

Exemple A.9. Trouvez une solution sous forme fermée de l' équation de Riccati suivante :

$$xy' - 2y + ay^2 = bx^4.$$

Solution

Devinez $y = \sqrt{b/a}x^2$(indiqué par l'équilibre dominant sur les derniers termes), puis testez que cela fonctionne, ce qui est le cas. On a donc une équation de Bernoulli en faisant la substitution

$$y(x) = \sqrt{\frac{b}{a}}x^2 + u(x).$$

En résolvant l'équation standard de Bernoulli, on obtient alors la solution générale :

$$y(x) = x^2 \left(\sqrt{\frac{b}{a}} + \frac{2}{Ce^{\sqrt{ab}\,x^2} - \sqrt{\frac{a}{b}}} \right).$$

Exemple A.10. Les polynômes de Legendre $P_n(z)$satisfont l'équation de différence

$$(n + 1)P_{n+1}(z) - (2n + 1)z\,P_n(z) + n\,P_{n-1}(z) = 0$$

Avec$P_0(z) = 1, \quad P_1(z) = z.$

a) Définir la fonction génératrice $f(x, y)$par

$$f(x, z) = \sum_{n=0}^{\infty} P_n(z)\, x^n$$

Montre CA $f(x, z) = (1 - 2xz + x^2)^{-1/2}$.

b) Si $g(x,z) = \sum_{n=0}^{\infty} \frac{P_n(z)x^n}{n!}$ montrer que $g(x,z) =$

$e^{xz} J_0\left(x\sqrt{1-z^2}\right)$ où J_0 est une fonction de Bessel qui satisfait
: $ty'' + y' + ty = 0$ with $y(0) = 1$ and $y'(0) = 0$.

Solution

(a) $f(x,z) = \sum_{n=0}^{\infty} P_n(z)\,x^n = \sum_{n=0}^{\infty} P_{n+1}(z)\,x^{n+1} + P_0(z)$ (où $P_0(z) =$
1), tandis que
$f'(x,z) = \sum_{n=0}^{\infty}(n+1)P_{n+1}(z)\,x^n$ et $f''(x,z) = \sum_{n=0}^{\infty}(n+1)(n+2)P_{n+2}(z)\,x^n$. Ainsi, si nous décalons l'indexation de l'équation de différence ($n \to n+1$), et multiplions l'équation de récursion ci-dessus par $(n+1)x^n$ avec une sommation n=0 à∞ :

$$\sum_{n=0}^{\infty}[(n+1)(n+2)P_{n+2}(z)x^n - z(n+1)(2n+3)P_{n+1}(z)x^n$$
$$+ (n+1)^2 P_n(z)x^n] = 0$$

devient:

$$f''(x,z) + \sum_{n=0}^{\infty}[-z[3(n+1) + 2n(n+1)]P_{n+1}(z)x^n + [n(n-1) + 3n$$
$$+ 1]P_n(z)x^n] = 0$$

ce qui devient :
$$f''(x,z) - z[3f'(x,z) + 2xf''(x,z)]$$
$$+ [x^2 f''(x,z) + 3xf'(x,z) + f(x,z)] = 0.$$

Ainsi,
$$(1 - 2xz + x^2)f'' + (3x - 3z)f' + f = 0.$$

La substitution directe de $f(x,z) = (1 - 2xz + x^2)^{-1/2}$ montre qu'elle satisfait à l'équation.

(b) Multipliez l'équation décalée d'indice (comme avant) par $x^{n+1}/(n+1)!$ avec sommation n=0 à ∞:

$$\sum_{n=0}^{\infty} \frac{(n+2)P_{n+2}(z)x^{n+1}}{(n+1)!} - \sum_{n+0}^{\infty} \frac{(2n+3)P_{n+1}(z)x^{n+1}}{(n+1)!}$$
$$+ \sum_{n=0}^{\infty} \frac{(n+1)P_n(z)x^{n+1}}{(n+1)!} = 0$$

Tirer un 'd/dx' devant, puis une seconde fois pour le polynôme indexé (n+2), puis multiplier par 'x' et utiliser la $g(x,z) = \sum_{n=0}^{\infty} \frac{P_n(z)x^n}{n!}$ substitution :

211

$$xg'' + (1 - 2zx)g' + (x - z)g = 0.$$

Si nous substituons maintenant la solution possible $g(x, z) =$ $e^{xz} J_0\left(x\sqrt{1-z^2}\right)$, où J_0est juste une fonction à ce stade (nous verrons bientôt qu'il s'agit de la zéroième fonction de Bessel) et nous obtenons la relation :

$$x\sqrt{1-z^2}J_0''\left(x\sqrt{1-z^2}\right) + J_0'\left(x\sqrt{1-z^2}\right) + x\sqrt{1-z^2}J_0^{\square}\left(x\sqrt{1-z^2}\right).$$

Si on remplace $t = x\sqrt{1-z^2}$, alors on a :

$$ty'' + y' + ty = 0,$$

où il s'agit de l'équation de Bessel d'ordre zéro avec une solution y généralement désignée J_0comme déjà choisie.

Exemple A.11 .

(a) Les fonctions de Bessel $J_n(z)$satisfont l'équation de différence

$$J_{n+1}(z) - \frac{2n}{z}J_n(z) + J_{n-1}(z) = 0 \qquad (-\infty < n < \infty)$$

avec et$J_0(0) = 1$ $J_n(0) = 0$. Définir la fonction génératrice $f(x, z)$ par

$$f(x, z) = \sum_{n=-\infty}^{\infty} x^n J_n(z).$$

Montre CA$f(x, z) = exp\left(\frac{z}{2}(x - 1/x)\right)$.

(b)Montre CA$J_{-n}(z) = J_n(-z) = (-1)^n J_n(z)$.

(c) Montre CA $1 = J_0(z) + 2\sum_{n=1}^{\infty} J_{2n}(z)$.

Solution

(a) $J_{n+1}(z) - \frac{2n}{z}J_n(z) + J_{n-1}(z) = 0$est regroupé en utilisant $f(x, z) = \sum_{n=-\infty}^{\infty} x^n J_n(z)$comme suit :

$$\left(\frac{1}{x} + x\right)f = \frac{2x}{z}f' \rightarrow f(x, z) = exp\left(\frac{z}{2}\left(x - \frac{1}{x}\right)\right)$$

(b) Nous utiliserons $ex\, p\left(\frac{z}{2}\left(x - \frac{1}{x}\right)\right) = \sum_{n=-\infty}^{\infty} x^n J_n(z)$:

$$\sum_{n=-\infty}^{\infty} x^n J_{-n}(z) = \sum_{n=-\infty}^{\infty} x^{-n} J_n(z) = \sum_{n=-\infty}^{\infty} x^n (-1)^n J_n(z)$$

$$\rightarrow \quad J_{-n}(z) = (-1)^n J_n(z)$$

De la même manière,

$$\sum_{n=-\infty}^{\infty} x^n J_{-n}(z) = \sum_{n=-\infty}^{\infty} y^n J_n(z) = \exp\left(\frac{z}{2}\left(y - \frac{1}{y}\right)\right)$$

$$= \exp\left(\frac{z}{2}\left(\frac{1}{x} - x\right)\right) = \sum_{n=-\infty}^{\infty} x^n J_n(-z),$$

ainsi $J_{-n}(z) = J_n(-z)$.

(c)

$$J_0(z) + 2\sum_{n=1}^{\infty} J_{2n}(z) = \sum_{n=-\infty}^{\infty} J_{2n}(z) = \sum_{n=-\infty}^{\infty} x^m J_m(z) \text{ (with } m$$
$$= 2n \text{ and } x = 1).$$

Ainsi,

$$J_0(z) + 2\sum_{n=1}^{\infty} J_{2n}(z) = \exp\left(\frac{z}{2}\left(\frac{1}{1} - 1\right)\right) = 1,$$

ainsi le résultat est affiché.

Exemple A.12 . Classez tous les points singuliers des équations suivantes (Examinez également la singularité à l'infini.) :
(a) $x(1 - x)y'' + [c - (a + b + 1)x]y' - aby = 0$(l'équation hypergéométrique).
(b) $y'' + (h - 2\theta \cos 2x)y = 0$(l'équation de Mathieu).

Solution
(un)

$$y'' + \left[\frac{c}{x(1 - x)} - \frac{(a + b + 1)}{1 - x}\right] y' - \frac{ab}{x(1 - x)} y = 0.$$

Au voisinage de l'origine on voit que x=1 est un point singulier régulier et x= 0 est un point singulier irrégulier. Pour examiner le comportement à l'infini soit$x = 1/t$:

$$y'' + \left(\frac{(2 - c)t + (a + b - 1)}{t(t - 1)}\right) y' - \frac{ab}{(t^2(t - 1))} y = 0.$$

Au voisinage de l'origine t on voit que t=1 est un point singulier régulier (donc x=1 est un point singulier régulier) et t= 0 est un point singulier irrégulier (donc x= ∞est un point singulier irrégulier).

213

(b) $y'' + (h - 2\theta \cos 2x)y = 0$ n'a pas de singularités au voisinage de l'origine. Si on remplace $x = 1/t$, alors on obtient :

$$y'' + \frac{2}{t}y' + \frac{(h - 2\theta \cos 2/t)}{t^4}y = 0$$

Pour cette équation, nous voyons que t = 0 est un point singulier irrégulier (oscille en explosant), donc $x = \infty$ un point singulier irrégulier.

Exemple A.13 . À l'aide de la méthode Frobenius, déterminez le développement en série pour les deux solutions de l'équation de Bessel modifiée :

$$y'' + \frac{1}{x}y' - \left(a + \frac{v^2}{x^2}\right)y = 0, \qquad with \ \ v = 1.$$

Solution : laissée en exercice.

Exemple A.14 . Trouvez les principaux comportements asymptotiques à $x \rightarrow +\infty$ partir de l'équation suivante

$$\text{a)} \ \ y'' = \sqrt{x}\,y$$
$$\text{b)} \ \ y'' = \cosh xy'$$

Solution
(a) Commençons par la substitution : $y = e^s \ \rightarrow \ y' = s'e^s \ \rightarrow \ y'' = s''e^s + (s')^2e^s$. Ainsi,

$$s'' + (s')^2 = \sqrt{x}$$

Premier cas : $s'' \ll (s')^2 \rightarrow \ s' = \pm x^{1/4}$. Puisque $s'' = \pm(1/4)x^{-3/4}$ nous voyons que cela est cohérent avec $s'' \ll (s')^2$ as $x \rightarrow +\infty$.

Deuxième cas : $s'' \gg (s')^2 \ \rightarrow \ s'' = \sqrt{x} \ \rightarrow \ s' = (\frac{2}{3})x^{3/2}$, qui n'est PAS cohérent avec $s'' \gg (s')^2$ as $x \rightarrow +\infty$.

Le comportement asymptotique principal est donc $s' = \pm x^{1/4} \ \rightarrow$ $s(x) = \pm\frac{4}{5}x^{5/4} + c(x)$. Une solution complète peut être obtenue en résolvant c(x) :

$$\pm\frac{1}{4}x^{-3/4} + c'' + c'\left(2x^{1/4} + c'\right) = 0.$$

214

En utilisant à nouveau la méthode de l'équilibre dominant, essayons $c'' \ll c' \rightarrow c = -(1/8) \ln x$, ce qui est cohérent. Si on essaie, $c' \ll c''$ce n'est pas cohérent. Notre solution est donc :

$$y(x) = cx^{-1/8} \exp\left(\pm\frac{4}{5}x^{5/4}\right).$$

(b) Utilisez la substitution : $y = e^s \rightarrow y' = s'e^s \rightarrow y'' = s''e^s + (s')^2 e^s$ comme précédemment. Ainsi,

$$s'' + (s')^2 = \cosh x \, s'.$$

Supposons $(s')^2 \gg s''$donc $s = \sinh x + c$, et comme $x \rightarrow \infty$nous l'avons fait $(\cosh x)^2 \gg \sinh x$, si cohérent. Si nous essayons, $(s')^2 \ll s''$le résultat est incohérent. Alors essayons

$$s = \sinh x + c(x)$$

ce qui donne par substitution :

$$\sinh x + c'' + (\cosh x + 1)c' = 0.$$

En essayant à nouveau l'équilibre dominant, nous obtenons $c(x) \sim -\ln(\cosh x)$, donc $s = \sinh x - \ln(\cosh x)$, et :

$$y(x) \sim c\frac{e^{\sinh x}}{\cosh x}.$$

Exemple A.15 . (Problème de Bender et Orszag 3.45). Une façon de vérifier le comportement asymptotique de certaines intégrales consiste à trouver les équations différentielles qu'elles satisfont, puis à effectuer une analyse locale de l'équation différentielle. Utilisez cette technique pour étudier le comportement des intégrales suivantes

a) $y(x) = \int_0^x \exp(l^2) \, dt \;\; as \; x \rightarrow +1$

b) $y(x) = \int_0^\infty \exp(-xt - 1/t) \, dt \;\; as \; x \rightarrow 0^+ \; and \; as \; x \rightarrow +\infty$

Solution
Laissé au lecteur.

Exemple A.16 . Trouver les trois premiers termes du comportement local d' $x \rightarrow \infty$une solution particulière à

$$x^3 y'' + y = x^{-4}$$

Solution
Essayez $y \gg x^3 y''$donc $y \sim x^{-4}$ce qui est cohérent. Alors remplacez $y(x) = x^{-4} + c(x)$pour obtenir :

$$c''x^3 + c = -20x^{-3}.$$

Essayez $c \gg c''x^3$ donc $c = -20x^{-3}$ ce qui est cohérent. Alors remplacez $y(x) = x^{-4} - 20x^{-3} + d(x)$:

$$x^3 d'' + d = 240x^{-2}.$$

Essayez $d \gg x^3 d''$ donc $d = 240x^{-2}$ ce qui est cohérent. Alors ayez

$$y(x) = x^{-4} - 20x^{-3} + 240x^{-2} + e(x).$$

Exemple A.17. (Bender et Orszag 3.55). Trouvez l'emplacement de la ligne de Stokes possible comme $z \to \infty$ pour l'équation différentielle suivante

$$y'' = z^{1/3}y$$

Solution:

Comportement local :

$$y(z) \sim cz^{-1/12} \exp\left(\pm(6/7)\, z^{7/6}\right).$$

Comportement leader :

$$e^{\left(\frac{6}{7}\right)z^{7/6}} \quad and \quad e^{-\left(\frac{6}{7}\right)z^{7/6}}.$$

Les droites de Stokes sont les asymptotes $z \to \infty$ des courbes

$$Re\left\{e^{\left(\frac{6}{7}\right)z^{\frac{7}{6}}} - \left(-e^{-\left(\frac{6}{7}\right)z^{\frac{7}{6}}}\right)\right\} = 0 \to \frac{12}{7}Re\left\{z^{\frac{7}{6}}\right\} = 0 \to e^{i\frac{7}{6}\theta} = 0.$$

Ainsi, les lignes de Stokes apparaissent pour $z = re^{i\theta}$ quand $\theta = \pm\frac{3}{7}(2n+1)\pi$.

Exemple A.18. Considérons le problème de la valeur initiale

$$y' = \frac{y^2}{1-xy} \quad with \quad y(0) = 1.$$

(a) Montrer qu'il $x = 0$ existe une solution en série de Taylor de la forme :

$$y = \sum_{n=0}^{\infty} A_n x^n$$

où $A_n = \frac{(n+1)^{n-1}}{n!}$.

(b) Montrer que la solution satisfait

$$y(x) = \exp(xy)$$

et que cette équation peut être résolue de manière itérative pour y comme limite d'exponentielles imbriquées

$$y(x) = \lim_{n \to \infty} y_n(x)$$

où $y_{n+1}(x) = \exp(xy_n(x))$. Choisissez donc $y_0 = 1$, $y_1 = \exp(x)$, $y_2 = \exp(x \exp(x))$, ... Montrer que la limite existe quand $-e \leq x \leq 1/e$.

Solution
(a) laissé comme exercice.
(b) laissé comme exercice.

Exemple A.19 . L'opérateur différentiel $y' = \cos(\pi xy)$ est trop difficile à résoudre analytiquement. Si les solutions sont tracées pour différentes valeurs de y(0), elles se regroupent à mesure que x augmente. Cela pourrait-il être prédit en utilisant des asymptotiques ? Trouvez les principaux comportements possibles des solutions comme $x \to \infty$. Quelles sont les corrections à apporter à ces comportements dominants ?

Solution (partielle):
$y' = \cos(\pi xy)$
Laisse $y(x) = \dfrac{1}{\pi x} u(x)$ alors $u' = \dfrac{u}{x} + \pi x \cos u$. Maintenant, comme $x \to \infty$ nous avons $u/x \ll \pi x \cos u$. Ainsi:

$$u' \sim \pi x \cos u \quad or \quad \frac{du}{\cos u} \sim \pi x dx$$

Depuis que $\ln(\sec u + \tan u) \sim \dfrac{\pi x^2}{2} + c$ nous avons

$$\left|1 + \frac{\sin u}{\cos u}\right| \sim e^{\frac{\pi x^2}{2} + c}.$$

Après quelques regroupements on voit :

$$u \sim \sin^{-1}\left\{\frac{-1 \pm \exp(\pi x^2 + 2c)}{1 + \exp(\pi x^2 + 2c)}\right\}$$

Ainsi:

$$u \sim \left\{\begin{matrix} \sin^{-1}(-1) \\ \sin^{-1}(1) \end{matrix}\right\} \to \quad u \sim \left\{\begin{matrix} \dfrac{-\pi}{2} + 2k\pi \\ \dfrac{\pi}{2} + 2k\pi \end{matrix}\right\} \quad for \quad k = 0,1,2 \ldots$$

Le reste est laissé en exercice.

Exemple A.20 . Pour l'équation, $y'' = y^2 + e^x$ effectuez les substitutions $y = e^{x/2} u(x)$ et $s = e^{x/4}$ obtenez une équation dont les solutions pour x asymptotiquement grand se comportent comme des fonctions elliptiques de s. En déduire que les singularités de y(x) sont séparées par une distance proportionnelle $e^{-x/4}$ à $x \to \infty$.

Solution

Nous avons: $y'' = y^2 + e^x$; $y = e^{x/2}u(x)$; $s = e^{x/4}$. D'où on obtient

$$y' = e^{x/2}u'(x) + u(x) + \frac{1}{2}e^{x/2}$$

et

$$y'' = e^{x/2}u''(x) + e^{x/2}u'(x) + \frac{1}{4}e^{x/2}u(x)$$

En remplaçant, nous obtenons :

$$\frac{d^2u}{ds^2} + \frac{5}{s}\frac{du}{ds} + \frac{4}{s^2}u = 16(u^2 + 1)$$

Pour $x \to \infty$, $s \to \infty$ et nous avons approximativement :

$$\frac{d^2u}{ds^2} = (u^2 + 1)16.$$

Cette dernière est une équation autonome que l'on résout par la formule suivante :

$$\left(\frac{d^2u}{ds^2}\right)\frac{du}{ds} = 16[1 + u^2]\frac{du}{ds}$$

et

$$\frac{1}{2}\left[\frac{du}{ds}\right]^2 = 16[u + u^3/3 + c].$$

Cela devient : $\pm 4s = \int \frac{du}{\sqrt{2u^3/3 + 2u + 2c}}$, qui est une fonction elliptique de s.

Les pôles pour cela sont séparés par la période T : $s(x + \Delta) - s(x) \approx T$ $\to e^{(x+\Delta)/4} - e^{x/4} \approx T \to e^{\Delta/4} \sim Te^{-x/4}$. Ainsi, les singularités sont séparées par une distance proportionnelle à $e^{-x/4}$ as $x \to \infty$.

Exemple A.21 . Montrer que le comportement principal d'une singularité explosive de l'équation de Thomas-Fermi $y'' = y^{3/2}x^{-1/2}$ est donné par :

$$y(x) \sim \frac{400a}{(x - a)^4} \quad as\ x \to a.$$

Solution

En travaillant avec $y'' = y^{3/2}x^{-1/2}$ essayons $y = A(x - a)^b$, auquel cas nous avons $y' = Ab(x - a)^{b-1}$ et $y'' = Ab(b - 1)(x - a)^{b-2}$. En les remplaçant, nous obtenons :

$$b(b - 1)(x - a)^{-\frac{1}{2}b-2} = A^{\frac{1}{2}}x^{-\frac{1}{2}}.$$

Pour que cette équation s'équilibre asymptotiquement, $(x - a)^{-\frac{1}{2}b - 2}$ il faut que ce soit une constante, donc

$$-\frac{1}{2}b - 2 = 0 \quad \rightarrow \quad b = -4.$$

En équilibrant les constantes on a alors A=400a, on a donc pour solution à l'ordre dominant :

$$y(x) \sim \frac{400a}{(x - a)^4} \quad as \ x \rightarrow a.$$

B. Le personnel du LIGO vers 1988 (quand j'étais dans le personnel en tant que Grad. Stud.) ne comptait qu'environ 30 personnes.

LIGO STAFF, CALTECH
Bridge Lab

	Room	Phone		Room	Phone
Alex Abramovici	358W	4895 446-4169	Pat Lyon	130A	4597
Cynthia Akutagawa	357W	4098 714/594-6948	Boude Moore	31A	4438 792-6406
Bill Althouse	30A	4481 449-6716	Fred Raab	354W	4053 249-6242
Midge Althouse	36A	2975 449-6716	Martin Regehr	360W	2190 568-1910
Fred Asiri	32A	2971 957-5058	Bob Spero	361W	4437 796-0682
Betty Behnke	102E	2129 446-4828	Kip Thorne	128A	4598
Andrej Čadež	359W	4219 446-2668	Bert Tinker	365W	4610 805/492-5917
Ron Drever	355W	4291 796-0403	Massimo Tinto	358W	4018 449-2007
Ernie Fransgrote	102E	2131 449-5228	Steve Vass	365W	4610 355-9780
Yekta Gürsel	358W	2136 449-9238	Robbie Vogt	101E	3800 794-7823
Jeff Harman	365W	2160 805/495-2354	Steve Winters	354W	- 584-1931
Greg Hiscott	35A	2974 362-7306	Mike Zucker	356W	4017 789-4345
Larry Jones	32A	2970 805/265-9602			

MISC. PHONE NUMBERS

Bridge Lab	365W	4610	Tony Riewe, JPL 144-201	41864
Roof Machine Shop		4894	Rai Weiss, MIT	617/253-3527
Citgrav Computer		449-6081	Susan Merullo, MIT	617/253-4894
CES Lab Control Room		3980	MIT Lab	617/253-4824
CES Lab Computer		3977		
CES Lab, Louie (North End)		3978		
CES Lab, Huey (East End)		3978		
CES Lab, Dewey (South End)		3979	FAX—MIT LIGO Project	617/258-7839
Conference Room	28A	2965	FAX—Caltech LIGO Project	818/304-9834

10/20/88

C. Introduction à l'analyse des données
C.1 Erreurs ajoutées en Quadrature

Il existe la vieille maxime expérimentale/statistique selon laquelle « *Les erreurs s'ajoutent à la quadrature* », qui est maintenant considérée comme vraie (dans la plupart des cas) et est due à la propagation d'incertitudes. Cette description nous donnera également une voie alternative pour dériver le sigma du résultat moyen ci-dessus. Considérons donc la situation où nous mesurons indirectement la quantité d'intérêt, c'est-à-dire que nous voulons mesurer « z » mais nous avons x, y ,... où z = f (x, y ,...). On a donc la relation générale :

$$\Delta z = \frac{\partial f}{\partial x}\Delta x + \frac{\partial f}{\partial y}\Delta y + \cdots,$$

(C-1)

à partir duquel nous pouvons établir un carré et faire la moyenne pour obtenir :

$$\overline{(\Delta z)^2} = \left(\frac{\partial f}{\partial x}\right)^2 \overline{(\Delta x)^2} + \left(\frac{\partial f}{\partial y}\right)^2 \overline{(\Delta y)^2} + 2\left(\frac{\partial f}{\partial x}\right)\left(\frac{\partial f}{\partial y}\right)\overline{(\Delta x \Delta y)} + \cdots,$$

(C-2)

Lors de la moyenne, les termes croisés étant linéaires auront une annulation de signe. Ainsi, la réécriture de la moyenne des termes au carré sous la forme de leur notation de variance (ou écart standard au carré) clarifie alors :

$$\sigma_z^{\,2} = \left(\frac{\partial f}{\partial x}\right)^2 \sigma_x^{\,2} + \left(\frac{\partial f}{\partial y}\right)^2 \sigma_y^{\,2} + \cdots.$$

(C-3)

Revenir au cas de mesure répétée sur iid rv , nous avons $f = \bar{x}_N$ et c'est simplement :

$$\sigma_z^{\,2} = (\sigma_x^{\,2} + \sigma_y^{\,2} + \cdots)/N^2.$$

(C-4)

et l'ajout des termes d'erreur se fait en quadrature. Si nous utilisons les erreurs ajoutées en relation en quadrature, nous pouvons évaluer directement le sigma de la moyenne comme :

$$\sigma_z = \frac{\sigma}{\sqrt{N}}.$$

(C-5)

C.2 Répartitions

Passons maintenant en revue certaines des distributions clés qui peuvent en résulter. Toutes les distributions majeures intéressantes peuvent être obtenues à partir d'une évaluation d'entropie maximale [24]. Cela amène l'unification de la mécanique statistique basée sur la distribution proposée par Maxwell à un nouveau niveau (Jaynes [68]) et offre une meilleure compréhension des fondements distributionnels des systèmes physiques. Les familles de distributions sont considérées comme définissant une variété (neurovariété) et ceci est discuté dans [41] et [44]. Certaines distributions sont spéciales à d'autres égards, comme le révèle leur omniprésence. La distribution gaussienne, en particulier, se démarquera à cet égard. La propriété antérieure que les erreurs ajoutent en quadrature en est l'explication car cette propriété sous-tend la façon dont l'ajout de sources de bruit gaussien (ou de mesures répétées) entraînera un nouveau gaussien total (avec bruit gaussien). Ceci, à son tour, se généralise là où se situe la mesure répétée, avec n'importe quelle distribution de fond, même si elle change, donnera lieu à une mesure totale qui tend vers une gaussienne.

La distribution géométrique (émergente via maxent)

Ici, nous parlons de la probabilité de voir quelque chose après k essais lorsque la probabilité de voir cet événement à chaque essai est « p ». Supposons que nous voyons un événement pour la première fois après k essais, cela signifie que les (k-1) premiers essais étaient des non-événements (avec une probabilité (1-p) pour chaque essai), et l'observation finale se produit alors avec une probabilité p, donnant lieu à la formule classique de la distribution géométrique :

$$P(X=k) = (1-p)^{(k-1)} p$$

$$(C-6)$$

En ce qui concerne la normalisation, c'est-à-dire si tous les résultats totalisent un, nous avons :

$$\text{Probabilité totale} = \Sigma_{k=1} (1-p)^{(k-1)} p = p[1+(1-p)+(1-p)^2+(1-p)^3+\ldots] = p[1/(1-(1-p))]=1.$$

La probabilité totale est donc déjà égale à un sans aucune normalisation supplémentaire. La figure C.1 montre une distribution géométrique pour le cas où p=0,8 :

224

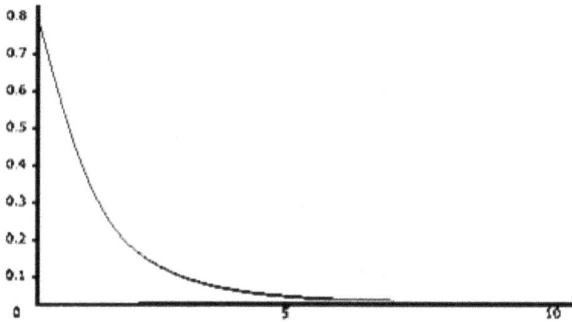

Figure C.1 La distribution géométrique , $P(X=k) = (1-p)^{(k-1)} p$, avec p=0.8 .

La distribution gaussienne (alias normale) (émergeant via la relation LLN et maxent)

$$N_x (\mu, \sigma^2) = exp(-(x-\mu)^2 /(2 \sigma^2))/ (2 \pi\sigma^2)^{(1/2)}$$

Pour la distribution Normale, la normalisation est la plus simple à obtenir via une intégration complexe (nous allons donc l'ignorer). Avec une moyenne nulle et une variance égale à un (Figure C.2), nous obtenons :

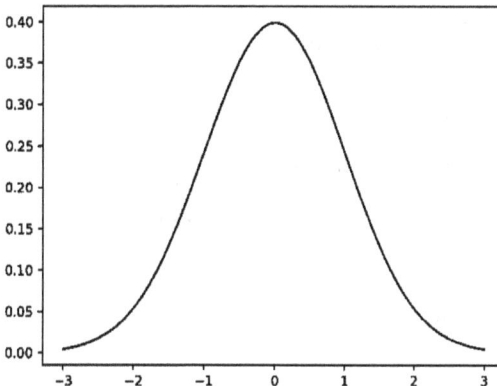

Figure C.2 La distribution gaussienne , alias Normale, représentée avec une moyenne nulle et une variance égale à un : $N_x (\mu, \sigma^2) = N_x (0,1)$.

C.3. Martingales

Cette section fournit une définition des processus Martingale et montre combien de processus familiers sont des Martingales. Quand on parle d'équilibre ou d'ergodicité ou de stationnarité on a généralement affaire à des objets mathématiques que sont les martingales. Les propriétés d'équilibre, une convergence opportune d'un ensemble de valeurs à l'état

225

stable, par exemple une convergence, est une propriété fondamentale des martingales, d'où leur apparition fréquente dans la représentation des processus qui arrivent à l'équilibre. Les processus convergents sont fondamentaux pour les descriptions en mécanique statistique ([44]) ainsi que pour les situations (avec des mathématiques similaires) dans les domaines de l'apprentissage statistique et de l'IA [24].

Définition de la martingale[69]

Un processus stochastique $\{X_n ; n=0,1, \ldots\}$ est une martingale si, pour $n=0,1, \ldots,$

1. $E[|X_n|] < \infty$
2. $E[X_{n+1}|X_0, \ldots, X_n] = X_n$

Déf. : Soit $\{X_n ; n=0,1, \ldots\}$ et $\{Y_n ; n=0,1, \ldots\}$ être des processus stochastiques. On dit que $\{X_n\}$ est une martingale par rapport à (par rapport à) $\{Y_n\}$ si, pour $n=0,1, \ldots$:

1. $E[|X_n|] < \infty$
2. $E[X_{n+1}|Y_0, \ldots, Y_n] = X_n$

Exemples de Martingales :

(a) Sommes de variables aléatoires indépendantes : $X_n = Y_1 + \ldots + Y_n$.

(b) Variance d'une somme $X_n = (\sum_{k=1}^{n} Y_k)^2 - n \sigma^2$

(c) J'ai induit des Martingales avec des chaînes de Markov ! ….

(d) Pour l'apprentissage HMM, les séquences de rapports de vraisemblance sont des martingales….

Le théorème d'équipartition asymptotique (AEP) et les inégalités de Hoeffding (critiques dans l'apprentissage statistique [24]) ont tous deux été généralisés aux martingales.

Martingales induites avec chaînes de Markov[69]

Soit $\{Y_n ; n=0,1, \ldots\}$ soit un processus de chaîne de Markov (MC) avec une matrice de probabilité de transition $P=\|P_{ij}\|$. Soit f une séquence régulière limitée à droite pour P :

$f(i)$ est non négatif et $f(i) = \sum_{k=1}^{n} P_{ij}f(j)$. Soit $X_n = f(\text{Oui}_n) \rightarrow E[|X_n|] < \infty$ (puisque f est borné). Ayez maintenant :

226

$$E[X_{n+1} | Y_0, ..., Y_n]$$
$$= E[f(\text{Oui}_{n+1}) | \text{Oui}_0, ..., \text{Oui}_n]$$
$$= E[f(Y_{n+1}) | Y_n] \text{ (dû à MC)}$$
$$= \sum_{k=1}^{n} P_{Y_n, j} f(j) \text{ (déf. de } P_{ij} \text{ et } f)$$
$$= f(\text{Oui}_n)$$
$$= Xn$$

Dans l'apprentissage HMM, il existe des séquences de rapports de vraisemblance, qui sont une martingale, preuve :

Soit Y_0, Y_1, ... soit iid rv.s et soit f_0 et f_1 des fonctions de densité de probabilité. Un processus stochastique d'une importance fondamentale dans la théorie du test des hypothèses statistiques est la séquence des rapports de vraisemblance :

$$X_n = \frac{f_1(Y_0)f_1(Y_1)...f_1(Yn)}{f_0(Y_0)f_0(Y_1)...f_0(Yn)}, n = 0,1, ...$$

Supposons $f_0(y) > 0$ pour tout y :

$$E[Xn_{+1} | \text{Oui}_0, ..., \text{Oui}_n] = E[X_n \left(\frac{f_1(Y_{n+1})}{f_0(Y_{n+1})}\right)| \text{Oui}_0, ..., \text{Oui}_n] = X_n E[\frac{f_1(Y_{n+1})}{f_0(Y_{n+1})}]$$

Lorsque la distribution commune des Y_k (utilisée dans la fonction 'E') a f_0 comme densité de probabilité, avoir :

$$E[\frac{f_1(Y_{n+1})}{f_0(Y_{n+1})}] = 1$$

Donc $E[X_{n+1} | \text{Oui}_0, ..., \text{Oui}_n] = X_n$

Les rapports de vraisemblance sont donc une martingale lorsque la distribution commune est f_0.

La marche aléatoire est une martingale [69, p. 238]

Avoir une preuve de marche aléatoire par composant pour T_Em , à la fois théorique et informatique pour une variété d'émanateurs dans l'analyse de passage par zéro sur la composante réelle dans [70]. Puisque la marche aléatoire est une martingale (convergence vers moyenne = sqrt (N)), ce processus d'émanation est un processus de martingale. Dans [45] nous verrons qu'il peut y avoir une théorie unifiée des propagateurs dérivée du choix de la théorie des émanateurs, où toutes ces théories sont des martingales. Ainsi, un argument est fourni pour expliquer pourquoi la projection QFT du processus d'émanation devrait avoir des processus qui sont également des martingales. Les martingales quantiques seraient alors liées aux martingales classiques plus familières, y compris leur rôle dans la mécanique statistique classique ([44]).

Supermartingales et sous-martingales [69]

Soit $\{X_n ; n=0,1, \ldots\}$ et $\{Y_n ; n=0,1, \ldots\}$ être des processus stochastiques. Alors $\{X_n\}$ est appelé une **supermartingale** par rapport à $\{Y_n\}$ si, pour tout n :

(i) $E[X_n^-] > -\infty$, où $x^- = \min\{x,0\}$

(ii) $E[X_{n+1}|Y_0, \ldots, Y_n] \leq X_n$

(iii) X_n est une fonction de $(Y_0, \ldots, Y_n)$ (explicite en raison de l'inégalité dans (ii))

Le processus stochastique $\{X_n ; n=0,1, \ldots\}$ est appelé une **sous-martingale** par rapport à $\{Y_n\}$ si, pour tout n :

(i) $E[X_n^+] > -\infty$, où $x^+ = \max\{x,0\}$

(ii) $E[X_{n+1}|Y_0, \ldots, Y_n] \geq X_n$

(iii) X_n est fonction de $(Y_0, \ldots, Y_n)$

Avec l'inégalité de Jensen pour la fonction convexe φ et les attentes conditionnelles ont :

$$E[\varphi(X)|Y_0, \ldots, Y_n] \geq \varphi(E[X|Y_0, \ldots, Y_n])$$

Donc, ayez les moyens de construire des sous-martingales à partir de martingales (avec des supermartingales identiques en dehors d'un retournement de signe).

Théorèmes de convergence des martingales[69]

Dans des conditions très générales, une martingale X_n convergera vers une variable aléatoire limite X à mesure que n augmente.

Théorème

(a) Soit $\{X_n\}$ une sous-martingale satisfaisant

$$\sup_{n \geq 0} E[|X_n|] < \infty$$

Alors il existe une va X_∞ vers laquelle $\{X_n\}$ converge avec une probabilité un :

$$Prob\left(\lim_{n \to \infty} X_n = X_\infty\right) = 1$$

(b) Si $\{X_n\}$ est une martingale et est uniformément intégrable, alors, en plus de ce qui précède, $\{X_n\}$, converge dans la moyenne :

$$\lim_{n \to \infty} E[|X_n - X_\infty|] = 0$$

Et $E[X_\infty] = E[X_n]$, pour tout n.

Une suite est uniformément intégrable si :

$$\lim_{c \to \infty} \sup_{n \geq 0} E[|X_n| I\{|X_n| > c\}] = 0$$

Où I est la fonction indicatrice : 1 si $|X_n| > c$, et 0 sinon.

Inégalités « maximales » pour les martingales[69]

L'inégalité de Chebyshev appliquée à une séquence peut être « resserrée » en une inégalité plus fine connue sous le nom d'inégalité de Kolmogorov en termes de maximum de la séquence. Cela se répercute sur les Martingales :

Soit $\{X_n ; n=0,1, \dots\}$ soit iid RV avec $E[X_i]=0 \forall$ je et $E[(X_{je})^2]= \sigma^2 <$ ∞. Définissez $S_0 = 0$, $S_n = X_1 + \dots + X_n$, pour n ≥ 1. D'après l'inégalité de Chebyshev :

$$\varepsilon^2 Prob(|S_n| > \varepsilon) \leq n\sigma^2, \ \varepsilon > 0$$

Une inégalité plus fine est possible :

$$\varepsilon^2 Prob\left(\max_{0 \leq k \leq n} |S_n| > \varepsilon\right) \leq n\sigma^2, \ \varepsilon > 0$$

Connue sous le nom d'inégalité de Kolmogorov, elle peut être généralisée pour fournir une inégalité maximale sur les sous-martingales :

Lemme 1 : Soit $\{X_n\}$ une sous-martingale pour laquelle $X_n \geq 0$ pour tout n. Alors pour tout positif λ :

$$\lambda \, Prob\left(\max_{0 \leq k \leq n} |X_k| > l\right) \leq E[X_n]$$

Lemme 2 : Soit $\{X_{n}\}$ une supermartingale non négative alors pour tout positif λ :

$$\lambda \, Prob\left(\max_{0 \leq k \leq n} |X_k| > l\right) \leq E[X_0]$$

Théorème de convergence quadratique moyenne pour les martingales[69]

Soit $\{X_n\}$ une sous-martingale par rapport à $\{Y_n\}$ satisfaisant, pour une constante k, $E[(X_n)^2] \leq k < \infty$, pour tout n. Alors $\{X_n\}$ converge comme

$n \to \infty$ vers une limite rv X_∞ à la fois avec une probabilité un et en carré moyen :

$$Prob \left(\lim_{n \to \infty} X_n = X_\infty \right) = 1, \text{ et } \lim_{n \to \infty} E[|Xn - X_\infty|^2] = 0,$$

Où $E[X_\infty] = E[X_n] = E[X_0]$, pour tout n.

Martingales par rapport σ au formalisme des champs

L'examen de la théorie des probabilités axiomatiques comporte trois éléments de base :

(1) L'espace échantillon, un ensemble Ω dont les éléments ω correspondent aux résultats possibles d'une expérience ;

(2) La famille d'éléments, une collection *F* de sous-ensembles *A* de Ω (les champs sigma). On dit que l'événement A se produit si le résultat ω de l'expérience est un élément de A ;

(3) La mesure de probabilité, une fonction P définie sur *F* et satisfaisant :

(je) $0 = P[\varnothing] \leq P[A] \leq P[\Omega] = 1$ pour $A \in F$

(ii) $P[A_1 \cup A_2] = P[A_1] + P[A_2] - P[A_1 \cap A_2]$ pour $A_i \in$

F

(iii) $P[\bigcup_{n=1}^{\infty} A_n] = \sum_{n=1}^{\infty} P[An]$ si $A_i \in F$ sont

mutuellement disjoints.

Alors, le triplet (Ω, *F,* P) est appelé un espace de probabilité.

Définition de la martingale arrière (par rapport aux sous-champs sigma)

Soit $\{Z_n\}$ des vas sur un espace de probabilité (Ω, *F,* P) et soit $\{G_n$; n=0,1, ...$\}$ être une séquence décroissante de champs sous-sigma de *F*, à savoir,

$$F \supset F_n \supset F_{n+1}, \text{ pour tout n.}$$

Alors $\{Z_n\}$ est appelé une martingale arrière par rapport à $\{G_n\}$ si pour n=0,1, ... :

(i) Z_n est G_n-mesurable

(ii) $E[|Z_n|] < \infty$, et

(iii) $E[Z_n | G_{n+1}] < Z_{n+1}$

$\{Z_n\}$ est une martingale inverse, ssi $X_n = Z_{-n}$, n=0,-1,-2,... forme une martingale par rapport à $F_n = G_{-n}$, n=0,-1,-2,...

Théorème de convergence de la martingale arrière

Soit $\{Z_n\}$ une martingale inverse par rapport à une séquence décroissante de sous-champs sigma $\{G_n\}$. Alors:

$$Prob\left(\lim_{n\to\infty} Z_n = Z\right) = 1, \text{ et } \lim_{n\to\infty} E[|Z - Z_n|] = 0,$$

et $E[Z_n] = E[Z]$, pour tout n.

Preuve de la loi forte des grands nombres

Soit $\{X_n; n=1,2, \ldots\}$ soit iid rvs avec $E[|X_1|] < \infty$. Soit $\mu = E[X_1]$, $S_0 = 0$, et $S_n = X_1 + \ldots + X_n$, pour $n \geq 1$. Soit G_n le champ sigma généré par $\{S_n, S_{n+1}, \ldots\}$. Nous pouvons déduire la loi forte des grands nombres de l'observation que $Z_n = S_n/n$ ($Z_0 = \mu$), forme une martingale arrière par rapport à G_n. Avoir $E[|Z_n|] < \infty$ et Z_n est G_n-mesurable par construction, donc juste besoin de la relation (iii) :

$S_n \equiv E[S_n|S_n] = E[S_n|S_n, S_{n+1}, \ldots] = E[S_n|G_n] = \sum_{k=1}^{n} E[X_k|G_n] = n\, E[X_k|G_n]$,

avec la dernière égalité pour $1 \leq k \leq n$, donc :

$$Z_n = S_n/n = E[X_k|G_n]$$

Donc, $E[Z_{n-1}|G_n] = (n-1)^{-1} E[S_{n-1}|G_n] = (n-1)^{-1} \sum_{k=1}^{n-1} E[X_k|G_n] = Z_n$!!!

Utilisez maintenant le théorème de convergence de la martingale arrière pour montrer la loi forte :

$$Prob\left(\lim_{n\to\infty} \frac{S_n}{n} = \mu\right) = 1$$

C.4. Processus stationnaires

Un processus *stationnaire* est un processus stochastique $\{X(t), t \in T\}$ avec la propriété que pour tout entier positif 'k' et tout point $t_1, \ldots, t_k$, et h dans T, la distribution conjointe de $\{X(t_1), \ldots X(t_k)\}$ est la même que la distribution conjointe de $\{X(t_1+h), \ldots X(t_k+h)\}$.

Un théorème ergodique donne les conditions dans lesquelles une moyenne dans le temps

$$\overline{x_n} = \frac{1}{n}(x_1 + \cdots + xn)$$

d'un processus stochastique convergera à mesure que le nombre n de périodes observées deviendra grand. La loi forte des grands nombres est l'un de ces théorèmes ergodiques.

Les processus stationnaires fournissent un cadre naturel pour la généralisation de la loi des grands nombres puisque pour de tels processus, la valeur moyenne est une constante m=E[X_n], indépendante du temps. Tout comme il existe des lois fortes et faibles des grands nombres, il existe une variété de théorèmes ergodiques…..

Théorème ergodique fort [69]

Soit {X_n; n=0,1, …} soit un processus strictement stationnaire de moyenne finie m=E[X_n]. Laisser

$$\overline{X_n} = \frac{1}{n}(X_0 + \cdots + X_{n-1})$$

être la moyenne du temps d'échantillonnage. Alors, avec une probabilité un, la séquence { $\overline{X_n}$} converge vers une limite rv notée $\bar{X}$:

$$Prob\left(\lim_{n\to\infty} \overline{X_n} = \bar{X}\right) = 1, \text{ et } \lim_{n\to\infty} E[|\bar{X} - \overline{X_n}|] = 0,$$

et E[$\overline{X_n}$] = E[$\bar{X}$] = m.

Propriété d'équipartition asymptotique (AEP)

$$\lim_{n\to\infty}\left[-\frac{1}{n}\log p(X_0, \dots, X_{n-1})\right] = H(\{X_n\})$$

Avec probabilité un, à condition que {X_n} soit ergodique.

Preuve : Pour {X_n}, une chaîne de Markov finie ergodique stationnaire utilise la relation qui :

$H(\{X_n\})= \lim_{k\to\infty} H(Xk|X_1, \dots, X_{k-1})$ Ou $H(\{X_n\})=\lim_{l\to\infty}\frac{1}{l}H(X_1, \dots, X_l)$

$H(X_n|X_0, \dots, X_{n-1})= -\sum_{i,j}\pi(i)P_{ij} \log P_{ij}$, où $\pi(i)$est le prior sur X_i et P_{ij}est la probabilité de transition pour passer de X_i à X_j. Ainsi

$H(\{X_n\})= -\sum_{i,j}\pi(i)P_{ij} \log P_{ij}$, tandis que,

$-\frac{1}{n}\log p(X_0, \dots, X_{n-1}) = \frac{1}{n}\sum_{i=0}^{n-2} W_i - \frac{1}{n}\log \pi(X_0)$, où$W_i = -\log P_{i,i+1}$

Le théorème ergodique s'applique :

$$\lim_{n\to\infty}\left[-\frac{1}{n}\log p(X_0, \ldots, X_{n-1})\right] = E[W_0] = -\sum_{i,j}\pi(i)P_{ij}\ \log P_{ij}$$

$$= H(\{X_n\})$$

La preuve générale AEP utilise le théorème de convergence de la martingale arrière au lieu du théorème ergodique.

C.5. Sommes de variables aléatoires
L'inégalité de Hoeffding
de Hoeffding fournit une limite supérieure à la probabilité que la somme des variables aléatoires s'écarte de sa valeur attendue (Wassily Hoeffding , 1963 [71]). Elle est généralisée aux différences martingales par Azuma [72] et aux fonctions de variables aléatoires $\{X_n\}$ à différences bornées (où la fonction est la moyenne empirique de la séquence de variables : $\bar{X} = \frac{1}{n}(X_1 + \ldots + X_n)$) récupère le cas particulier de Hoeffding).

Rappel:
Soit $X_1, \ldots, X_n$ des variables aléatoires indépendantes. Supposons que les X_i soient presque sûrement bornés : $P(X_i \in [a_i, b_i]) = 1$. Définissez la moyenne empirique de la séquence de variables comme :

$$\bar{X} = \frac{1}{n}(X_1 + \ldots + X_n)$$

Hoeffding (1963) prouve ce qui suit :

$$P(\bar{X} - E[\bar{X}] \geq k) \leq \exp\left(-\frac{2n^2 k^2}{\sum_{i=1}^{n}(b_i - a_i)^2}\right)$$

$$P(|\bar{X} - E[\bar{X}]| \geq k) \leq 2\exp\left(-\frac{2n^2 k^2}{\sum_{i=1}^{n}(b_i - a_i)^2}\right)$$

Pour chaque X délimité, il y a presque sûrement une autre relation si $E(X) = 0$ connue sous le nom de lemme de Hoeffding :

$$E[e^{\lambda X}] \leq \exp\left(\frac{\lambda^2(b-a)^2}{8}\right)$$

La preuve commence par montrer le lemme comme la partie la plus difficile…….

Preuve du lemme de Hoeffding
Puisque $e^{\lambda X}$ est une fonction convexe, on a

$$e^{\lambda X} \leq \frac{b-X}{b-a} e^{\lambda a} + \frac{X-a}{b-a} e^{\lambda b}, \forall \text{une} \leq x \leq b$$

Donc,

$E[e^{\lambda X}] \leq E\left[\frac{b-X}{b-a} e^{\lambda a} + \frac{X-a}{b-a} e^{\lambda b}\right] = \frac{b}{b-a} e^{\lambda a} + \frac{-a}{b-a} e^{\lambda b}$ (le dernier étant puisque $E[X] = 0$)

233

La méthode de convexité implique une interpolation de ligne, passons aux paramètres avec

$p = -a/(ba)$, et introduisez $hp = -a\lambda$ (donc $h = \lambda(ba)$) :

$$\frac{b}{b-a}\, e^{\lambda a} + \frac{-a}{b-a}\, e^{\lambda b} = e^{\lambda a}[1-p + p\, e^{\lambda(b-a)}] = e^{-hp}[1-p + p\, e^{h}]$$

$E[\,e^{\lambda X}] \le e^{L(h)}$, où $L(h) = -hp + \ln(1-p+p\, e^{h}) \to L(0) = 0$.

$L\,'(h) = -p + p\, e^{h}/(1-p+p\, e^{h}) \to L\,'(0) = 0$.

$L\,''(h) = p(1-p)e^{h} \to L\,''(0) = p(1-p)$.

$L^{(n)}(h) = p(1-p)\, e^{h} > 0$

Utilisation de la série de Taylor pour $L(h)$:

$L(h) = L(0) + hL\,'(0) + \frac{1}{2}h^{2}\, L\,''(0) +$ (termes plus positifs d'ordre supérieur en h)

$L(h) \le \frac{1}{2}h^{2p}(1-p)$

Puisque nous avons $E[X]=0$, $p=-a/(ba)$ est $\in [0,1]$, donc fonction logistique classique, où la valeur maximale de $p(1-p)$ sur la plage $[0,1]$ est ¼ (quand $p=1/2$), donc :

$L(h) \le \frac{1}{8}h^{2}$ et $E[\,e^{\lambda X}] \le e^{\frac{1}{8}\lambda^{2}(b-a)^{2}}$

Preuve d'inégalité de Hoeffding (pour plus de détails, voir [71])

Considérez Sum sur iid X_i, où $S_m = m\,\bar{X}$ où $\bar{X}$ a m termes dans sa moyenne empirique :

$P(\,S_m - E[\,S_m] \ge k) \le e^{-tk}E[\,e^{t(S_m - E[S_m])}]$ (Technique de délimitation de Chernoff)

$= \prod_{i=1}^{m} e^{-tk}\, E[e^{t(X_i - E[X_i])}]$ ({X_n} sont iid)

$\le \prod_{i=1}^{m} e^{-tk}e^{\frac{1}{8}t^{2}(b_i-a_i)^{2}}$ (Lemme de Hoeffding)

$= e^{-tk}e^{\frac{1}{8}t^{2}\sum_{i=1}^{m}(b_i-a_i)^{2}}$

Avoir $f(t) = -tk + \frac{1}{8}t^{2}\sum_{i=1}^{m}(b_i - a_i)^{2}$; Choisissez $t=4k/\sum_{i=1}^{m}(b_i - a_i)^{2}$ pour minimiser la limite supérieure et obtenir :

$$P(\,S_m - E[\,S_m] \ge k) \le e^{-2k^{2}/\sum_{i=1}^{m}(b_i-a_i)^{2}}$$
$$P(\,\bar{X} - E[\,\bar{X}] \ge k) \le e^{-2m^{2}k^{2}/\sum_{i=1}^{m}(b_i-a_i)^{2}}$$

(C-8)

Technique de délimitation de Chernoff :

$P[X \ge k] = P[e^{tX} \ge e^{tk}] \le e^{-tk}E[\,e^{tX}]$ (Chernoff utilise l'inégalité de Markov en dernier).

(C-9)

Les références

[1] Newton, Isaac. " Philosophiæ Naturalis Principia Mathematica. 5 juillet 1687 (trois volumes en latin). Version anglaise : « Les principes mathématiques de la philosophie naturelle », Encyclopædia Britannica, Londres. (1687).

[2] Leibniz, Gottfried Wilhelm Freiherr von ; Gerhardt, Carl Immanuel (traduction) (1920). Les premiers manuscrits mathématiques de Leibniz. Publication de la Cour ouverte. p. 93. Récupéré le 10 novembre 2013.

[3] Dirk Jan Struik , Un livre source en mathématiques (1969) pp.

[4] Leibniz, Gottfried Wilhelm. Supplément géométries dimensions , seu généralissime omnium tetragonismorum effectio per motum : construction multiplex similaire lignes ex tangente de données conditione , Acta Euriditorum (septembre 1693) pp.

[5] Euler, Léonhard. Mécanique sive motus scientia analytique exposé ; 1736.

[6] Laplace, PS (1774), « Mémoires de Mathématique et de Physique, Tome Sixième » [Mémoire sur la probabilité des causes des événements.], Statistical Science, 1 (3) : 366-367.

[7] D'Alembert, Jean Le Rond (1743). Traité de dynamique .

[8] Lagrange, JL , Mécanique analytique , Vol. 1 (1788), vol. 2 (1789). Vol. réédité élargi. 1 1811 et Vol. 2 1815.

[9] Lagrange, JL (1997). Mécanique analytique. Vol. 1 (2e éd.). Traduction anglaise de l'édition de 1811.

[10] William R. Hamilton. Sur une méthode générale en dynamique ; par lequel l'étude des mouvements de tous les systèmes libres de points attractifs ou répulsifs est réduite à la recherche et à la différenciation d'une relation centrale ou d'une fonction caractéristique. Transactions philosophiques de la Royal Society (partie II pour 1834, pp. 247-308).

[11] William R. Hamilton. Deuxième essai sur une méthode générale en dynamique. Ceci a été publié dans les Philosophical Transactions of the Royal Society (partie I de 1835, pp. 95-144).

[12] Hamilton, W. (1833). "Sur une méthode générale d'expression des chemins de la lumière et des planètes, par les coefficients d'une fonction caractéristique" (PDF). Revue de l'Université de Dublin : 795-826.

[13] Hamilton, W. (1834). "Sur l'application à la dynamique d'une méthode mathématique générale précédemment appliquée à l'optique" (PDF). Rapport de l'Association britannique : 513-518.

[14] WR Hamilton(1844 à 1850) Sur les quaternions ou un nouveau système d'imaginaires en algèbre, Philosophical Magazine,

[15] Simon L. Altmann (1989). "Hamilton, Rodrigues et le scandale du quaternion". Revue de mathématiques. Vol. 62, non. 5. pages 291 à 308.

[16] Werner Heisenberg (1925). " Sur théorie quanten Umdeutung cinématique et mécanique Beziehungen ". Zeitschrift für Physik (en allemand). 33 (1): 879–893. ("Réinterprétation théorique quantique des relations cinématiques et mécaniques")

[17] Schrödinger, E. (1926). "Une théorie ondulatoire de la mécanique des atomes et des molécules" (PDF). Examen physique. 28 (6) : 1049-1070.

[18] Dirac, Paul Adrien Maurice (1930). Les principes de la mécanique quantique. Oxford : Presse Clarendon.

[19] Feigenbaum, MJ (1976). "L'universalité dans les dynamiques discrètes complexes" (PDF). Rapport annuel de la Division théorique de Los Alamos 1975-1976.

[20] Morse, Marston (1934). Le calcul des variations dans le grand. Publication du colloque de l'American Mathematical Society. Vol. 18. New York.

[21] Milnor, John (1963). Théorie Morse. Presse de l'Université de Princeton. ISBN0-691-08008-9.

[22] Fizeau, H. (1851). "Sur les hypothèses relatives à l'éther lumineux ". Comptes Rendus. 33 : 349-355.

[23] Shankland, RS (1963). "Conversations avec Albert Einstein". Journal américain de physique. 31 (1) : 47-57.

[24] Winters-Hilt, S. Informatique et apprentissage automatique : des martingales aux métaheuristiques. (2021) Wiley.

[25] Goldstein, Herbert (1980). Mécanique classique (2e éd.). Addison-Wesley.

[26] Neother , E. (1918). « Invariante Problème de variations ». Nachrichten von der Gesellschaft der Wissenschaften zu Göttingen.Mathematisch-Physikalische Klasse.1918 : 235-257.

[27] Landau, Lev D. ; Lifshitz, Evgeny M. (1969). Mécanique. Vol. 1 (2e éd.). Presse Pergame.

[28] Percival, IC et D. Richards. Introduction à la dynamique. (1983) La Presse de l'Universite de Cambridge.

[29] Fetter, AL et JD Walecka, Mécanique théorique des particules et continua, Dover (2003).

[30] Kapitza , PL « Stabilité dynamique du pendule avec point de suspension vibrant », Sov. Phys. JETP 21 (5), 588-597 (1951) (en russe).

[31] Lyapunov, AM Le problème général de la stabilité du mouvement. 1892. Société mathématique de Kharkiv, Kharkiv, 251p. (en russe).

[32] Arnold, VI Équations différentielles ordinaires. Presse du MIT. (1978).

[33] Longair , MS Concepts théoriques en physique : une vision alternative du raisonnement théorique en physique. La presse de l'Universite de Cambridge. 2ème édition : 2003.

[34] Baker, GL et J. Gollub. Dynamique chaorique : une introduction. La presse de l'Universite de Cambridge. 1990.

[35] Mandelbrot, Benoît (1982). La géométrie fractale de la nature. WH Freeman & Co.

[36] PJ Myrberg . Itération du Rellen Polynome deux notes. III, Annales Acad. Sci Fenn A, U 336 (1963) n.3, 1-18, MR 27.

[37] Arnold, Vladimir I. (1989). Méthodes mathématiques de mécanique classique (2e éd.). New York : Springer.

[38] Woodhouse, NMJ Introduction à la dynamique analytique. Springer, 2e [édition] . 2009.

[39] Bender, CM et SA Orszag. Méthodes mathématiques avancées pour les scientifiques et les ingénieurs : méthodes asymptotiques et théorie des perturbations. Springer. 1999.

[40] Winters-Hilt, S. La dynamique des champs, des fluides et des jauges. (Série Physique : « La physique à partir de l'émanation maximale de l'information » Livre 2.)

[41] Winters-Hilt, S. La dynamique des variétés. (Série Physique : « La physique à partir de l'émanation maximale de l'information » Livre 3.)

[42] Winters-Hilt, S. Mécanique quantique, intégrales de chemin et réalité algébrique. (Série Physique : « La physique à partir de l'émanation maximale de l'information » Livre 4.)

[43] Winters-Hilt, S. Théorie quantique des champs et modèle standard. (Série Physique : « La physique à partir de l'émanation maximale de l'information » Livre 5.)

[44] Winters-Hilt, S. Mécanique thermique et statistique et thermodynamique des trous noirs. (Série Physique : « La physique à partir de l'émanation maximale de l'information » Livre 6.)

[45] Winters-Hilt, S. Émanation, émergence et Eucatastrophe. (Série Physique : « La physique à partir de l'émanation maximale de l'information » Livre 7.)

[46] Winters-Hilt, S. Mécanique classique et chaos. (Série Physique : « La physique à partir de l'émanation maximale de l'information » Livre 1.)

[47] Winters-Hilt, S. Analyse de données, bioinformatique et apprentissage automatique. 2019.

[48] Feynman, RP et AR Hibbs. Mécanique quantique et intégrales de chemin. Collège McGraw-Hill. 1965.

[49] Landau, LD; Lifshitz, EM (1935). "Théorie de la dispersion de la perméabilité magnétique dans les corps ferromagnétiques". Phys. Z. Union Sowjet . 8, 153.

[50] Landau, Lev D. ; Lifshitz, Evgeny M. (1980). Physique statistique. Vol. 5 (3e éd.). Butterworth-Heinemann.

[51] Braginskii , VB Mesure des forces faibles dans les expériences de physique. (1977). Presses de l'Université de Chicago.

[52] Drever, RWP; Hall, JL ; Kowalski, FV ; Hough, J. ; Ford, directeur général ; Munley, AJ; Ward, H. (juin 1983). "Stabilisation de phase et de fréquence laser à l'aide d'un résonateur optique" (PDF). Physique appliquée B. 31 (2) : 97-105.

[53] Bunimovich , VI Processus fluctuants dans les récepteurs radio . Gostekhizdat , URSS. 1950.

[54] Stratonovich , RL Problèmes sélectionnés dans la théorie des fluctuations en radiotechnologie. Radio soviétique, URSS.

[55] Papoulis, Athanasios ; Pillai, S.Unnikrishna (2002). Probabilité, variables aléatoires et processus stochastiques (4e éd.). Boston : McGraw Hill.

[56] Reed, M et Simon, B. Méthodes de physique mathématique moderne. III. Théorie de la diffusion. Elsevier, 1979.

[57] Rutherford, E. (1911). "LXXIX. La diffusion des particules α et β par la matière et la structure de l'atome". Le magazine philosophique et le Journal of Science de Londres, Édimbourg et Dublin. 21 (125) : 669-688.

[58] Sommerfeld, Arnold (1916). "Zur Quantentheorie der Spektrallinien ". Annalen der Physik . 4 (51) : 51-52.

[59] Hibbeler, R. Mécanique d'ingénierie : dynamique. 14e édition. 2015.

[60] Hibbeler, R. Mécanique d'ingénierie : statique et dynamique. 14e édition. 2015.

[61] Layek , GC Une introduction aux systèmes dynamiques et au chaos 1ère éd. 2015. Springer.

[62] Lemons, DS Guide de l'étudiant sur l'analyse dimensionnelle. La presse de l'Universite de Cambridge. 1ère édition : 2017.

[63] Langhaar , HL Analyse dimensionnelle et théorie des modèles, Wiley 1951.

[64] Feynman, RP (1948). Le caractère de la loi physique. Presse MIT (1967).

[65] Ince, EL Équations différentielles ordinaires. Douvres 1956.

[66] Abromowitz , M. et IA Stegun . Manuel de fonctions mathématiques. Douvres 1965.

[67] Fuchs, LI Sur la théorie des équations différentielles linéaires à coefficients variables. 1866.

[68] Jaynes, ET Théorie des probabilités : la logique de la science . La Presse de l'Universite de Cambridge, (2003).

[69] Karlin, S. et HM Taylor. Un premier cours sur les processus stochastiques 2 ^{e} éd. Presse académique. 1975.

[70] Winters-Hilt, S. Théorie des propagateurs unifiés et dérivation non expérimentale de la constante de structure fine. Études avancées en physique théorique, Vol. 12, 2018, non. 5, 243-255.

[71] Wassily Hoeffding (1963) Inégalités de probabilité pour les sommes de variables aléatoires bornées, *Journal of the American Statistical Association* , 58 (301), 13-30.

[72] Azuma, K. (1967). "Sommes pondérées de certaines variables aléatoires dépendantes" (PDF). *Journal mathématique Tôhoku* . **19** (3) : 357-367.

[73] Compton, Arthur H. (mai 1923). "Une théorie quantique de la diffusion des rayons X par les éléments lumineux". Examen physique . 21 (5) : 483-502.

[74] Mason et Woodhouse. "Relativité et électromagnétisme" (PDF). Récupéré le 20 février 2021.

[75] Merzbach, Uta C. ; Boyer, Carl B. (2011), *A History of Mathematics* (3e éd.), John Wiley & Sons.

[76] Robinson, Abraham (1963), Introduction à la théorie des modèles et aux métamathématiques de l'algèbre, Amsterdam : Hollande du Nord, ISBN 978-0-7204-2222-1, MR 0153570

[77] Robinson, Abraham (1966), Analyse non standard, Princeton Landmarks in Mathematics (2e éd.), Princeton University Press, ISBN 978-0-691-04490-3, MR 0205854

[78] RD Richtmyer (1978), *Principes de physique mathématique avancée* Vol. 1 et 2, Springer-Verlag, New York.

[79] Tufillaro , N., T. Abbott et D. Griffiths. Balancer la machine d'Atwood. Journal américain de physique, 52, 895-903, 1984.

[80] https://en.wikipedia.org/wiki/Logistic_map

[81] Winters-Hilt S. Sujets sur la gravité quantique et la théorie quantique des champs dans l'espace-temps courbe. Thèse de doctorat UWM, 1997.

[82] Winters-Hilt S, IH Redmount et L. Parker, « Distinction physique parmi les états de vide alternatifs dans les géométries spatio-temporelles plates », Phys. Rév.D 60, 124017 (1999).

[83] Friedman JL, J. Louko et S. Winters-Hilt, "Formalisme d'espace de phase réduit pour une géométrie à symétrie sphérique avec une coque de poussière massive", Phys. Rév. D 56, 7674-7691 (1997).

[84] Louko J et S. Winters-Hilt, « Thermodynamique hamiltonienne du trou noir Reissner-Nordstrom-anti de Sitter », Phys. Rév.D 54, 2647-2663 (1996).

[85] Louko J, JZ Simon et S. Winters-Hilt, « Thermodynamique hamiltonienne d'un trou noir de Lovelock », Phys. Rév.D 55, 3525-3535 (1997).

[86] Amari, S. et H. Nagaoka. Méthodes de géométrie de l'information. Presse de l'Université d'Oxford. 2000.

[87] Winters-Hilt, S. Feynman-Cayley Path Integrals sélectionne les bi-sédénions chiraux avec une propagation espace-temps à 10 dimensions. Études avancées en physique théorique, Vol. 9, 2015, non. 14, 667-683.

[88] Winters-Hilt, S. Les 22 lettres de la réalité : propriétés du bisédénion chiral pour une propagation maximale de l'information. Études avancées en physique théorique, Vol. 12, 2018, non. 7, 301-318.

[89] Winters-Hilt, S. Fiat Numero : Théorie de l'émanation du trigintaduonion et sa relation avec la constante de structure fine α, la constante de Feigenbaum C_∞ et π. Études avancées en physique théorique, Vol. 15, 2021, non. 2, 71-98.

[90] Winters-Hilt, S. L'émanation chirale du trigintaduonion mène au modèle standard de la physique des particules et à la matière quantique. Études avancées en physique théorique, Vol. 16, 2022, non. 3, 83-113.

[91] Robert L. Devaney. Une introduction aux systèmes dynamiques chaotiques. Addison-Wesley.

[92] Landau, Lev D. ; Lifshitz, Evgeny M. (1971). *La théorie classique des champs* . Vol. 2 (3e éd.). Presse Pergame .

[93] Penrose, Roger (1965), « Effondrement gravitationnel et singularités spatio-temporelles », Phys. Rév. Lett., 14 (3) : 57.

[94] Hawking, Stephen et Ellis, GFR (1973). La structure à grande échelle de l'espace-temps. Cambridge : La Presse de l'Universite de Cambridge.

[95] Peebles, PJE (1980). Structure à grande échelle de l'univers. Presse de l'Université de Princeton.

[96] B. Abi et coll. Mesure du moment magnétique anormal du muon positif à 0,46 ppm
Phys. Le révérend Lett. 126, 141801 (2021).

[97] Einstein, A. « Sur un point de vue heuristique concernant la production et la transformation de la lumière » (Ann. Phys., Lpz 17 132-148)

[98] Balmer, JJ (1885). " Notice über die Spectrallinien des Wasserstoffs " [Note sur les raies spectrales de l'hydrogène]. Annalen der Physik und Chemie . 3e série (en allemand). 25 : 80–87.

[99] Bohr, N. (juillet 1913). "I. Sur la constitution des atomes et des molécules". Le magazine philosophique et le Journal of Science de Londres, Édimbourg et Dublin . 26 (151) : 1-25. est ce que je:10.1080/14786441308634955.

[100] Bohr, N. (septembre 1913). "XXXVII. Sur la constitution des atomes et des molécules". Le magazine philosophique et le Journal of Science de Londres, Édimbourg et Dublin. 26 (153) : 476-502. Code bibliographique :1913PMag...26..476B. est ce que je:10.1080/14786441308634993.

[101] Bohr, N. (1er novembre 1913). "LXXIII. Sur la constitution des atomes et des molécules". Le magazine philosophique et le Journal of Science de Londres, Édimbourg et Dublin. 26 (155) : 857-875. est ce que je:10.1080/14786441308635031.

[102] Bohr, N. (octobre 1913). "Les spectres de l'hélium et de l'hydrogène". Nature. 92 (2295) : 231-232.

[103] Max Planck. Sur la loi de distribution de l'énergie dans le spectre normal. Annalen der Physik vol. 4, p. 553 ff (1901)

[104] Arthur H. Compton. Rayonnements secondaires produits par les rayons X. Bulletin du Conseil national de recherches., no. 20 (v. 4, partie 2) octobre 1922.

[105] Davisson, juge en chef; Germer, LH (1928). "Réflexion des électrons par un cristal de nickel". Actes de l'Académie nationale des sciences des États-Unis d'Amérique. 14 (4) : 317-322.

[106] Michael Eckert. Comment Sommerfeld a étendu le modèle atomique de Bohr (1913-1916). Le Journal Européen de Physique H.

[107] Max Né ; J. Robert Oppenheimer (1927). "Zur Quantentheorie der Molekeln " [Sur la théorie quantique des molécules]. Annalen der Physik (en allemand). 389 (20) : 457-484.

[108] Dirac, PAM (1928). "La théorie quantique de l'électron" (PDF). Actes de la Royal Society A : Sciences mathématiques, physiques et techniques. 117 (778) : 610-624.

[109] Dirac, Paul AM (1933). "Le Lagrangien en mécanique quantique" (PDF). Physique Zeitschrift der Sowjetunion . 3 : 64-72.

[110] Feynman, Richard P. (1942). Le principe de moindre action en mécanique quantique (PDF) (Doctorat). Université de Princeton.

[111] Feynman, Richard P. (1948). "Approche spatio-temporelle de la mécanique quantique non relativiste". Examens de la physique moderne. 20 (2) : 367-387.

[112] Erdeyli , A. Expansions asymptotiques. 1956 Douvres.

[113] Erdeyli , A. Expansions asymptotiques d'équations différentielles avec points tournants. Revue de la littérature. Rapport technique 1, contrat Nonr-220(11). Numéro de référence. NR 043-121. Département de mathématiques, California Institute of Technology, 1953.

[114] Carrier, GF, M. Crook et CE Pearson. Fonctions d'une variable complexe. 1983 Livres Hod.

[115] Van Vleck, JH (1928). "Le principe de correspondance dans l'interprétation statistique de la mécanique quantique". Actes de l'Académie nationale des sciences des États-Unis d'Amérique. 14 (2) : 178-188.

[116] Chaichian , M. ; Demichev , AP (2001). "Introduction". Intégrales de chemin en physique Volume 1 : Processus stochastique et mécanique quantique. Taylor et François. p. 1ff. ISBN978-0-7503-0801-4.

[117] Vinokur, VM (2015-02-27). "Transition dynamique Vortex Mott"

[118] Hawking, SW (1974-03-01). Des explosions de trous noirs ? Nature. 248 (5443) : 30-31.

[119] Birrell, ND et Davies, PCW (1982) Champs quantiques dans un espace courbe. Monographies de Cambridge sur la physique mathématique. Presse de l'Universite de Cambridge, Cambridge.

[120] Maldacena, Juan (1998). "La limite Large N des théories des champs superconformes et de la supergravité". Progrès en physique théorique et mathématique. 2 (4) : 231-252.

[121] Witten, Edward (1998). "Espace anti-de Sitter et holographie". Progrès en physique théorique et mathématique. 2 (2) : 253-291.

[122] Grottes, Carlton M. ; Fuchs, Christophe A. ; Schack, Ruediger (20/08/2002). "États quantiques inconnus : la représentation quantique de Finetti ". Journal de physique mathématique. 43 (9) : 4537-4559.

[123] Jackson, JD Electrodynamique classique, 2e édition. Wiley 1975.

[124] Lorentz, Hendrik Antoon (1899), « Théorie simplifiée des phénomènes électriques et optiques dans les systèmes en mouvement » , *Actes de l'Académie royale des arts et des sciences des Pays-Bas* , **1** : 427-442.

[125] Misner, Charles W., Thorne, KS et Wheeler, JA Gravitation. Presse universitaire de Princeton, 2017. ISBN : 9780691177793.

[126] Penrose, R., W. Rindler (1984) Volume 1 : Calcul à deux spineurs et champs relativistes, Cambridge University Press, Royaume-Uni.

[127] Tolkien, JRR (1990). *Les monstres et les critiques et autres essais* . Londres : HarperCollinsPublishers .

References

[1] Newton, Isaac. "Philosophiæ Naturalis Principia Mathematica. July 5, 1687 (three volumes in Latin). English version: "The Mathematical Principles of Natural Philosophy", Encyclopædia Britannica, London. (1687).

[2] Leibniz, Gottfried Wilhelm Freiherr von; Gerhardt, Carl Immanuel (trans.) (1920). The Early Mathematical Manuscripts of Leibniz. Open Court Publishing. p. 93. Retrieved 10 November 2013..

[3] Dirk Jan Struik, A Source Book in Mathematics (1969) pp. 282–28.

[4] Leibniz, Gottfried Wilhelm. Supplementum geometriae dimensoriae, seu generalissima omnium tetragonismorum effectio per motum: similiterque multiplex constructio lineae ex data tangentium conditione, Acta Euriditorum (Sep. 1693) pp. 385–392.

[5] Euler, Leonhard. Mechanica sive motus scientia analytice exposita; 1736.

[6] Laplace, P S (1774), "Mémoires de Mathématique et de Physique, Tome Sixième" [Memoir on the probability of causes of events.], Statistical Science, 1 (3): 366–367.

[7] D'Alembert, Jean Le Rond (1743). Traité de dynamique .

[8] Lagrange, J. L. , Mécanique analytique, Vol. 1 (1788), Vol. 2 (1789). Expanded republished Vol. 1 1811 and Vol. 2 1815.

[9] Lagrange, J. L. (1997). Analytical mechanics. Vol. 1 (2d ed.). English translation of the 1811 edition.

[10] William R. Hamilton. On a General Method in Dynamics; by which the Study of the Motions of all free Systems of attracting or repelling Points is reduced to the Search and Differentiation of one central Relation, or characteristic Function. Philosophical Transactions of the Royal Society (part II for 1834, pp. 247-308).

[11] William R. Hamilton. Second Essay on a General Method in Dynamics'. This was published in the Philosophical Transactions of the Royal Society (part I for 1835, pp. 95-144).

[12] Hamilton, W. (1833). "On a General Method of Expressing the Paths of Light, and of the Planets, by the Coefficients of a Characteristic Function" (PDF). Dublin University Review: 795–826.

[13] Hamilton, W. (1834). "On the Application to Dynamics of a General Mathematical Method previously Applied to Optics" (PDF). British Association Report: 513–518.

[14] W.R. Hamilton(1844 to 1850) On quaternions or a new system of imaginaries in algebra, Philosophical Magazine,

[15] Simon L. Altmann (1989). "Hamilton, Rodrigues and the quaternion scandal". Mathematics Magazine. Vol. 62, no. 5. pp. 291–308.

[16] Werner Heisenberg (1925). "Über quantentheoretische Umdeutung kinematischer und mechanischer Beziehungen". Zeitschrift für Physik (in German). 33 (1): 879–893. ("Quantum theoretical re-interpretation of kinematic and mechanical relations")

[17] Schrödinger, E. (1926). "An Undulatory Theory of the Mechanics of Atoms and Molecules" (PDF). Physical Review. 28 (6): 1049–1070.

[18] Dirac, Paul Adrien Maurice (1930). The Principles of Quantum Mechanics. Oxford: Clarendon Press.

[19] Feigenbaum, M. J. (1976). "Universality in complex discrete dynamics" (PDF). Los Alamos Theoretical Division Annual Report 1975–1976.

[20] Morse, Marston (1934). The Calculus of Variations in the Large. American Mathematical Society Colloquium Publication. Vol. 18. New York.

[21] Milnor, John (1963). Morse Theory. Princeton University Press. ISBN 0-691-08008-9.

[22] Fizeau, H. (1851). "Sur les hypothèses relatives à l'éther lumineux". Comptes Rendus. 33: 349–355.

[23] Shankland, R. S. (1963). "Conversations with Albert Einstein". American Journal of Physics. 31 (1): 47–57.

[24] Winters-Hilt, S. Informatics and Machine Learning: from Martingales to Metaheuristics. (2021) Wiley.

[25] Goldstein, Herbert (1980). Classical Mechanics (2nd ed.). Addison-Wesley.

[26] Neother, E. (1918). "Invariante Variationsprobleme". Nachrichten von der Gesellschaft der Wissenschaften zu Göttingen.Mathematisch-Physikalische Klasse.1918: 235-257.

[27] Landau, Lev D.; Lifshitz, Evgeny M. (1969). Mechanics. Vol. 1 (2nd ed.). Pergamon Press.

[28] Percival, I.C. and D. Richards. Introduction to Dynamics. (1983) Cambridge University Press.

[29] Fetter, A.L and J.D Walecka, Theoretical Mechanics of Particles and Continua, Dover (2003).

[30] Kapitza, P.L. "Dynamic stability of the pendulum with vibrating suspension point," Sov. Phys. JETP 21 (5), 588–597 (1951) (in Russian).

[31] Lyapunov, A.M. The general problem of the stability of motion. 1892. Kharkiv Mathematical Society, Kharkiv, 251p. (in Russian).

[32] Arnold, V.I. Ordinary Differential Equations. MIT Press. (1978).

[33] Longair, M.S. Theoretical Concepts in Physics: An Alternative View of Theoretical Reasoning in Physics. Cambridge University Press. 2nd edition: 2003.

[34] Baker, G.L and J. Gollub. Chaoric Dynamics: An Introduction. Cambridge University Press. 1990.

[35] Mandelbrot, Benoît (1982). The Fractal Geometry of Nature. W H Freeman & Co.

[36] P.J. Myrberg. Iteration der rellen Polynome zweiten Grades. III, Annales Acad. Sci Fenn A, U 336 (1963) n.3, 1-18, MR 27.

[37] Arnold, Vladimir I. (1989). Mathematical Methods of Classical Mechanics (2nd ed.). New York: Springer.

[38] Woodhouse, N.M.J. Introduction to Analytical Dynamics. Springer, 2nd Edition. 2009.

[39] Bender, C.M. and S.A. Orszag. Advanced Mathematical Methods for Scientists and Engineers: Asymptotic Methods and Perturbation Theory. Springer. 1999.

[40] Winters-Hilt, S. The Dynamics of Fields, Fluids, and Gauges. (Physics Series: "Physics from Maximal Information Emanation" Book 2.)

[41] Winters-Hilt, S. The Dynamics of Manifolds. (Physics Series: "Physics from Maximal Information Emanation" Book 3.)

[42] Winters-Hilt, S. Quantum Mechanics, Path Integrals, and Algebraic Reality. (Physics Series: "Physics from Maximal Information Emanation" Book 4.)

[43] Winters-Hilt, S. Quantum Field Theory and the Standard Model. (Physics Series: "Physics from Maximal Information Emanation" Book 5.)

[44] Winters-Hilt, S. Thermal & Statistical Mechanics, and Black Hole Thermodynamics. (Physics Series: "Physics from Maximal Information Emanation" Book 6.)

[45] Winters-Hilt, S. Emanation, Emergence, and Eucatastrophe. (Physics Series: "Physics from Maximal Information Emanation" Book 7.)

[46] Winters-Hilt, S. Classical Mechanics and Chaos. (Physics Series: "Physics from Maximal Information Emanation" Book 1.)

[47] Winters-Hilt, S. Data analytics, Bioinformatics, and Machine Learning. 2019.

[48] Feynman, R.P. and A.R. Hibbs. Quantum Mechanics and Path Integrals. McGraw-Hill College. 1965.

[49] Landau, L.D.; Lifshitz, E.M. (1935). "Theory of the dispersion of magnetic permeability in ferromagnetic bodies". Phys. Z. Sowjetunion. 8, 153.

[50] Landau, Lev D.; Lifshitz, Evgeny M. (1980). Statistical Physics. Vol. 5 (3rd ed.). Butterworth-Heinemann.

[51] Braginskii, V. B. Measurement of weak forces in physics experiments. (1977). University of Chicago Press.

[52] Drever, R. W. P.; Hall, J. L.; Kowalski, F. V.; Hough, J.; Ford, G. M.; Munley, A. J.; Ward, H. (June 1983). "Laser phase and frequency stabilization using an optical resonator" (PDF). Applied Physics B. 31 (2): 97–105.

[53] Bunimovich, V.I. Fluctuational processes in radioreceivers. Gostekhizdat, USSR. 1950.

[54] Stratonovich, R.L. Selected problems in the theory of fluctuations in radiotechnology. Soviet Radio, USSR.

[55] Papoulis, Athanasios; Pillai, S. Unnikrishna (2002). Probability, Random Variables and Stochastic Processes (4th ed.). Boston: McGraw Hill.

[56] Reed, M, and Simon, B. Methods of modern mathematical physics. III. Scattering theory. Elsevier, 1979.

[57] Rutherford, E. (1911). "LXXIX. The scattering of α and β particles by matter and the structure of the atom". The London, Edinburgh, and Dublin Philosophical Magazine and Journal of Science. 21 (125): 669–688.

[58] Sommerfeld, Arnold (1916). "Zur Quantentheorie der Spektrallinien". Annalen der Physik. 4 (51): 51–52.

[59] Hibbeler, R. Engineering Mechanics: Dynamics. 14th Edition. 2015.

[60] Hibbeler, R. Engineering Mechanics: Statics and Dynamics. 14th Edition. 2015.

[61] Layek, G.C. An Introduction to Dynamical Systems and Chaos 1st ed. 2015. Springer.

[62] Lemons, D.S. A Student's Guide to Dimensional Analysis. Cambridge University Press. 1st edition: 2017.

[63] Langhaar, H.L. Dimensional Analysis and Theory of Models, Wiley 1951.

[64] Feynman, R. P. (1948). The Character of Physical Law. MIT Press (1967).

[65] Ince, E. L. Ordinary Differential Equations. Dover 1956.

[66] Abromowitz, M. and I.A. Stegun. Handbook of Mathematical Functions. Dover 1965.

[67] Fuchs, L.I. On the theory of linear differential equations with variable coefficients. 1866.

[68] Jaynes, E. T. Probability Theory: The Logic of Science. Cambridge University Press, (2003).

[69] Karlin, S. and H.M. Taylor. A First Course in Stochastic Processes 2nd Ed. Academic Press. 1975.

[70] Winters-Hilt, S. Unified Propagator Theory and a non-experimental derivation for the fine-structure constant. Advanced Studies in Theoretical Physics, Vol. 12, 2018, no. 5, 243-255.

[71] Wassily Hoeffding (1963) Probability inequalities for sums of bounded random variables, *Journal of the American Statistical Association*, 58 (301), 13–30.

[72] Azuma, K. (1967). "Weighted Sums of Certain Dependent Random Variables" (PDF). *Tôhoku Mathematical Journal.* **19** (3): 357–367.

[73] Compton, Arthur H. (May 1923). "A Quantum Theory of the Scattering of X-Rays by Light Elements". Physical Review. 21 (5): 483–502.

[74] Mason and Woodhouse. "Relativity and Electromagnetism" (PDF). Retrieved 20 February 2021.

[75] Merzbach, Uta C.; Boyer, Carl B. (2011), *A History of Mathematics* (3rd ed.), John Wiley & Sons.

[76] Robinson, Abraham (1963), Introduction to model theory and to the metamathematics of algebra, Amsterdam: North-Holland, ISBN 978-0-7204-2222-1, MR 0153570

[77] Robinson, Abraham (1966), Non-standard analysis, Princeton Landmarks in Mathematics (2nd ed.), Princeton University Press, ISBN 978-0-691-04490-3, MR 0205854

[78] R. D. Richtmyer (1978), *Principles of Advanced Mathematical Physics* Vol. 1 & 2, Springer-Verlag, New York.

[79] Tufillaro, N., T. Abbott and D. Griffiths. Swinging Atwood's Machine. American Journal of Physics, 52, 895–903, 1984.

[80] https://en.wikipedia.org/wiki/Logistic_map

[81] Winters-Hilt S. Topics in Quantum Gravity and Quantum field Theory in Curved Spacetime. UWM PhD Dissertation, 1997.

[82] Winters-Hilt S, I. H. Redmount, and L. Parker, "Physical distinction among alternative vacuum states in flat spacetime geometries," Phys. Rev. D 60, 124017 (1999).

[83] Friedman J. L., J. Louko, and S. Winters-Hilt, "Reduced Phase space formalism for spherically symmetric geometry with a massive dust shell," Phys. Rev. D 56, 7674-7691 (1997).

[84] Louko J and S. Winters-Hilt, "Hamiltonian thermodynamics of the Reissner-Nordstrom-anti de Sitter black hole," Phys. Rev. D 54, 2647-2663 (1996).

[85] Louko J, J. Z. Simon, and S. Winters-Hilt, "Hamiltonian thermodynamics of a Lovelock black hole," Phys. Rev. D 55, 3525-3535 (1997).

[86] Amari, S. and H. Nagaoka. Methods of Information Geometry. Oxford University Press. 2000.

[87] Winters-Hilt, S. Feynman-Cayley Path Integrals select Chiral Bi-Sedenions with 10-dimensional space-time propagation. Advanced Studies in Theoretical Physics, Vol. 9, 2015, no. 14, 667-683.

[88] Winters-Hilt, S. The 22 letters of reality: chiral bisedenion properties for maximal information propagation. Advanced Studies in Theoretical Physics, Vol. 12, 2018, no. 7, 301-318.

[89] Winters-Hilt, S. Fiat Numero: Trigintaduonion Emanation Theory and its Relation to the Fine-Structure Constant α, the Feigenbaum Constant C_∞, and π. Advanced Studies in Theoretical Physics, Vol. 15, 2021, no. 2, 71-98.

[90] Winters-Hilt, S. Chiral Trigintaduonion Emanation Leads to the Standard Model of Particle Physics and to Quantum Matter. Advanced Studies in Theoretical Physics, Vol. 16, 2022, no. 3, 83-113.

[91] Robert L. Devaney. An Introduction to Chaotic Dynamical Systems. Addison -Wesley.

[92] Landau, Lev D.; Lifshitz, Evgeny M. (1971). *The Classical Theory of Fields*. Vol. 2 (3rd ed.). Pergamon Press.

[93] Penrose, Roger (1965), "Gravitational collapse and space-time singularities", Phys. Rev. Lett., 14 (3): 57.

[94] Hawking, Stephen & Ellis, G. F. R. (1973). The Large Scale Structure of Space-Time. Cambridge: Cambridge University Press.

[95] Peebles, P. J. E. (1980). Large-Scale Structure of the Universe. Princeton University Press.

[96] B. Abi et al. Measurement of the Positive Muon Anomalous Magnetic Moment to 0.46 ppm
Phys. Rev. Lett. 126, 141801 (2021).

[97] Einstein, A. "On a heuristic point of view concerning the production and transformation of light" (Ann. Phys., Lpz 17 132-148)

[98] Balmer, J. J. (1885). "Notiz über die Spectrallinien des Wasserstoffs" [Note on the spectral lines of hydrogen]. Annalen der Physik und Chemie. 3rd series (in German). 25: 80–87.

[99] Bohr, N. (July 1913). "I. On the constitution of atoms and molecules". The London, Edinburgh, and Dublin Philosophical Magazine and Journal of Science. 26 (151): 1–25. doi:10.1080/14786441308634955.

[100] Bohr, N. (September 1913). "XXXVII. On the constitution of atoms and molecules". The London, Edinburgh, and Dublin Philosophical Magazine and Journal of Science. 26 (153): 476–502. Bibcode:1913PMag...26..476B. doi:10.1080/14786441308634993.

[101] Bohr, N. (1 November 1913). "LXXIII. On the constitution of atoms and molecules". The London, Edinburgh, and Dublin Philosophical Magazine and Journal of Science. 26 (155): 857–875. doi:10.1080/14786441308635031.

[102] Bohr, N. (October 1913). "The Spectra of Helium and Hydrogen". Nature. 92 (2295): 231–232.

[103] Max Planck. On the Law of Distribution of Energy in the Normal Spectrum. Annalen der Physik vol. 4, p. 553 ff (1901)

[104] Arthur H. Compton. Secondary radiations produced by x-rays. Bulletin of the National Research Council., no. 20 (v. 4, pt. 2) Oct. 1922.

[105] Davisson, C. J.; Germer, L. H. (1928). "Reflection of Electrons by a Crystal of Nickel". Proceedings of the National Academy of Sciences of the United States of America. 14 (4): 317–322.

[106] Michael Eckert. How Sommerfeld extended Bohr's model of the atom (1913–1916). The European Physical Journal H.

[107] Max Born; J. Robert Oppenheimer (1927). "Zur Quantentheorie der Molekeln" [On the Quantum Theory of Molecules]. Annalen der Physik (in German). 389 (20): 457–484.

[108] Dirac, P. A. M. (1928). "The Quantum Theory of the Electron" (PDF). Proceedings of the Royal Society A: Mathematical, Physical and Engineering Sciences. 117 (778): 610–624.

[109] Dirac, Paul A. M. (1933). "The Lagrangian in Quantum Mechanics" (PDF). Physikalische Zeitschrift der Sowjetunion. 3: 64–72.

[110] Feynman, Richard P. (1942). The Principle of Least Action in Quantum Mechanics (PDF) (PhD). Princeton University.

[111] Feynman, Richard P. (1948). "Space-time approach to non-relativistic quantum mechanics". Reviews of Modern Physics. 20 (2): 367–387.

[112] Erdeyli, A. Asymptotic Expansions. 1956 Dover.

[113] Erdeyli, A. Asymptotic Expansions of differential equations with turning points. Review of the Literature. Technical Report 1, Contract Nonr-220(11). Reference no. NR 043-121. Department of Mathematics, California Institute of Technology, 1953.

[114] Carrier, G.F, M. Crook and C.E. Pearson. Functions of a complex variable. 1983 Hod Books.

[115] Van Vleck, J. H. (1928). "The correspondence principle in the statistical interpretation of quantum mechanics". Proceedings of the

National Academy of Sciences of the United States of America. 14 (2): 178–188.

[116] Chaichian, M.; Demichev, A. P. (2001). "Introduction". Path Integrals in Physics Volume 1: Stochastic Process & Quantum Mechanics. Taylor & Francis. p. 1ff. ISBN 978-0-7503-0801-4.

[117] Vinokur, V. M. (2015-02-27). "Dynamic Vortex Mott Transition"

[118] Hawking, S. W. (1974-03-01). Black hole explosions? Nature. 248 (5443): 30–31.

[119] Birrell, N.D. and Davies, P.C.W. (1982) Quantum Fields in Curved Space. Cambridge Monographs on Mathematical Physics. Cambridge University Press, Cambridge.

[120] Maldacena, Juan (1998). "The Large N limit of superconformal field theories and supergravity". Advances in Theoretical and Mathematical Physics. 2 (4): 231–252.

[121] Witten, Edward (1998). "Anti-de Sitter space and holography". Advances in Theoretical and Mathematical Physics. 2 (2): 253–291.

[122] Caves, Carlton M.; Fuchs, Christopher A.; Schack, Ruediger (2002-08-20). "Unknown quantum states: The quantum de Finetti representation". Journal of Mathematical Physics. 43 (9): 4537–4559.

[123] Jackson, J.D. Classical Electrodynamics, 2nd Edition. Wiley 1975.

[124] Lorentz, Hendrik Antoon (1899), "Simplified Theory of Electrical and Optical Phenomena in Moving Systems" , *Proceedings of the Royal Netherlands Academy of Arts and Sciences*, 1: 427–442.

[125] Misner, Charles W., Thorne, K. S., & Wheeler, J. A. Gravitation. Princeton University Press, 2017. ISBN: 9780691177793.

[126] Penrose, R., W. Rindler (1984) Volume 1: Two-Spinor Calculus and Relativistic Fields, Cambridge University Press, United Kingdom.

[127] Tolkien, J.R.R. (1990). *The Monsters and the Critics and Other Essays*. London: HarperCollinsPublishers.

Indice

opérateur, 8, 26, 110, 156, 177, 180, 184, 205

opérateurs, 155

Oppenheimer, 229

Optique, 97, 101

optique, 101-102, 226

Optique, 223

optimal, 9, 89, 103

optimisation, 9

optimisé, 89

optimal, 11

orbite, 44-45, 50-53, 55-56, 58-59, 61, 63-64, 77, 113, 163, 170, 175

orbitale, 51, 54, 63-64, 163, 174

orbites, 41, 50-51, 53, 55-57, 61, 63, 77, 170

Ordonnance, 165

ordre, 2, 4-7, 17, 22-26, 28, 32, 42-43, 57, 61, 64-67, 76, 84, 88-91, 93, 129-130, 134, 136, 142-145, 152, 156-158, 161-163, 165-166, 177-178, 180, 182, 184-186, 188-192, 194, 198, 200, 207, 221

commandé, 139-140

ordres, 161, 190, 193

orientation, 64

orienté, 5

origine, 37, 59, 63, 73-74, 132-133, 135, 140, 202

orthogonal, 102, 119

oscillation, 4, 32, 34, 57, 63-64, 66-69, 74-76, 82, 85-86, 99, 142-143, 146

Oscillations, 90

oscillations, 32, 42-43, 45, 55-56, 60-61, 63-65, 67, 72-75, 77-78, 83-85, 92-94, 142, 144-145, 170

Oscillateur, 129, 138

oscillateur, 64-65, 68, 86, 90-91, 97-100, 142, 154

oscillateurs, 68

oscillatoire, 6, 12, 25, 57, 78-79

résultat, 93, 103, 142, 217

résultats, 110, 212, 217

sortant, 106-107, 110

P.

paire, 28, 137, 173, 176

paires, 22, 110

Palais, 7

Papoulis, 226

paraboles, 132

parabolique, 7, 51

paraboloïde, 60, 122

parallèle, 75

paramètre, 1, 16, 20, 23, 35, 43, 50, 52, 89, 103-104, 106, 108, 112, 114, 141-142, 145, 159, 161, 176

paramétrage, 19, 53–54, 146

paramétré, 20, 153

paramètres, 9, 16, 50, 63, 87, 92, 101, 106-107, 140-142, 146, 166, 181, 191, 221

Paramétrique, 87, 92

paramétrique, 88-89

Particule, 56, 63, 228

particule, 1, 5-6, 12, 19, 23-24, 27-28, 47, 51-52, 55-56, 60-61, 63, 77, 93, 106-108, 111, 114, 125, 154-157, 167, 169-175

Particules, 224

particules, 26-28, 37-39, 44, 60-61, 106-108, 111, 169-170, 175, 226

cloison, 26

Chemin, 12, 140, 225, 228, 230

chemin, 5-6, 11-12, 20-21, 25-26, 48, 93, 139, 153, 175-176